13	14	15	16	17	18
								₂He ヘリウム 4.003
			₅B ホウ素 10.81	₆C 炭素 12.01	₇N 窒素 14.01	₈O 酸素 16.00	₉F フッ素 19.00	₁₀Ne ネオン 20.18
10	11	12	₁₃Al アルミニウム 26.98	₁₄Si ケイ素 28.09	₁₅P リン 30.97	₁₆S 硫黄 32.07	₁₇Cl 塩素 35.45	₁₈Ar アルゴン 39.95
₂₈Ni ニッケル 58.69	₂₉Cu 銅 63.55	₃₀Zn 亜鉛 65.38	₃₁Ga ガリウム 69.72	₃₂Ge ゲルマニウム 72.63	₃₃As ヒ素 74.92	₃₄Se セレン 78.97	₃₅Br 臭素 79.90	₃₆Kr クリプトン 83.80
₄₆Pd パラジウム 106.4	₄₇Ag 銀 107.9	₄₈Cd カドミウム 112.4	₄₉In インジウム 114.8	₅₀Sn スズ 118.7	₅₁Sb アンチモン 121.8	₅₂Te テルル 127.6	₅₃I ヨウ素 126.9	₅₄Xe キセノン 131.3
₇₈Pt 白金 195.1	₇₉Au 金 197.0	₈₀Hg 水銀 200.6	₈₁Tl タリウム 204.4	₈₂Pb 鉛 207.2	₈₃Bi* ビスマス 209.0	₈₄Po* ポロニウム (210)	₈₅At* アスタチン (210)	₈₆Rn* ラドン (222)
₁₁₀Ds* ダームスタチウム (281)	₁₁₁Rg* レントゲニウム (280)	₁₁₂Cn* コペルニシウム (285)	₁₁₃Nh* ニホニウム (278)	₁₁₄Fl* フレロビウム (289)	₁₁₅Mc* モスコビウム (289)	₁₁₆Lv* リバモリウム (293)	₁₁₇Ts* テネシン (293)	₁₁₈Og* オガネソン (294)

₆₄Gd ガドリニウム 157.3	₆₅Tb テルビウム 158.9	₆₆Dy ジスプロシウム 162.5	₆₇Ho ホルミウム 164.9	₆₈Er エルビウム 167.3	₆₉Tm ツリウム 168.9	₇₀Yb イッテルビウム 173.0	₇₁Lu ルテチウム 175.0
₉₆Cm* キュリウム (247)	₉₇Bk* バークリウム (247)	₉₈Cf* カリホルニウム (252)	₉₉Es* アインスタイニウム (252)	₁₀₀Fm* フェルミウム (257)	₁₀₁Md* メンデレビウム (258)	₁₀₂No* ノーベリウム (259)	₁₀₃Lr* ローレンシウム (262)

( )内に示した。

フレンドリー物理化学

田中 潔　荒井 貞夫

三共出版

まえがき

　近年の入試方法の多様化に伴い，理工・医薬系学部に入学する学生でも理科科目，特に化学を十分に履修せずに入学する者が多く見うけられる。この傾向は，2003年度から始まった高等学校の新指導要領で学習して入学する学生には，さらに顕著になることが予想される。これらの入学者にも対応できるテキストが必要であると痛感していたしだいである。一方，化学を専門にする学生はもとより，他の理工系学部・学科の卒業者にも共通基礎的な素養として，化学の基本的な知識の修得がこれまで以上に求められている。これは，最近，多くの大学で見られるJABEE（日本技術者教育認定機構）による技術者教育プログラムの認定の際にも顕著に現れている。これらの状況にも対応できるよう，本書では，現在の高校化学IおよびIIの事項を可能な限り網羅するとともに，物理化学の基礎事項を主に解説し，たとえば極端な例だが，大学でほとんど初めて化学に接する学生でも，最終的には化学の基礎を修得できるよう配慮した。物理化学は，化学の基本となる法則や理論を対象に研究する分野である。これらの基礎を理解することは，化学を，あるいは物質について学ぶ上できわめて重要である。本書はこの目的のために，理系学生を対象に書かれた大学初年度の教科書あるいは参考書である。

　本書は1年間あるいは2セメスターのカリキュラムに対応して書かれている。はじめに序章では，化学を学ぶための基礎をまとめた。高等学校ですでに学んでいる学生にはその復習となる。1章以下の前半は，物質をミクロな観点からとらえ，原子と化学結合をとり上げ，さらに，原子や分子の集合体としての性質をまとめた。それらの性質が原子や分子における性質とどのように関連しているかについて述べた。後半は，物質をマクロな観点からとらえ，主にエンタルピーとギブズの自由エネルギーに注目しながら化学熱力学についてまとめた。さらにそれらと関連し，化学平衡や反応速度の重要性も述べた。13章では核化学についてもまとめており，化学熱力学や電気化学の章とともに講義することで，たとえば，一つのセメスターを原子力発電を含めたエネルギー問題にテーマをしぼることもできる。なお，各章末には演習問題がつけてあり，その解答

が巻末にある．理解を深めるために，解答は可能な限り詳細に記した．

　本書を利用する学生には，本書を通して，いわゆる法則といわれるものが，絶対の真実として暗記の対象となるものではなく，多くの観察や実験結果の積み重ねによって成り立っているものであることを理解していただければ幸いである．

　なお，内容はできうる限り平易にを心がけて執筆したつもりであるが，十分とはいえない．足りない箇所や誤っている点をご指摘賜れば幸甚である．

　本書を執筆するにあたり，多くの著作物を参考にさせていただいた．これらの著書名をあげることはしないが，著者の方々に心から御礼を申し上げる．また，いろいろとご協力をいただいた東京医科大学化学教室の利根川雅実氏に謝意を表したい．最後に本書の出版にあたり，ご尽力いただいた三共出版(株)の秀島功，細矢久子両氏に深く御礼申し上げる．

2004年春　　　　　　　　　　　　　　　　　　　　　　　　著者ら記す

目　次

序　章
- 0−1　有効数字 ……………………………………………………… 1
- 0−2　物理量と単位 ………………………………………………… 5
- 0−3　原子と原子量 ………………………………………………… 9
  - 0−3−1　原　子 ………………………………………………… 9
  - 0−3−2　原 子 量 ……………………………………………… 11
- 0−4　元素の周期表 ………………………………………………… 13
- 0−5　モルとアボガドロ定数 ……………………………………… 14
- 0−6　化学量論 ……………………………………………………… 17
  - 0−6−1　化 学 式 ……………………………………………… 17
  - 0−6−2　化学反応式 …………………………………………… 20
- 問　題 ………………………………………………………………… 21

1章　原子の内部
- 1−1　光の性質と原子スペクトル …………………………………… 24
- 1−2　ボーアの水素原子モデル ……………………………………… 29
- 1−3　電子の二重性：波動力学 ……………………………………… 32
- 1−4　水素原子の構造 ………………………………………………… 37
- 1−5　多電子原子の構造 ……………………………………………… 41
- 1−6　元素の諸性質と電子配置との関わり ………………………… 49
- 問　題 ………………………………………………………………… 52

2章　化合物の構造
- 2−1　化学結合 ………………………………………………………… 55
  - 2−1−1　イオン結合 ……………………………………………… 55
  - 2−1−2　共有結合 ………………………………………………… 56
  - 2−1−3　配位結合 ………………………………………………… 63

2－1－4　金　属　結　合 ………………………………………… 64
　　2－1－5　水素結合－電気陰性度と分極－ ………………………… 65
　2－2　共有結合と軌道の重なり ………………………………………… 70
　　2－2－1　分　子　軌　道 ………………………………………… 70
　　2－2－2　混成軌道と分子の形 …………………………………… 71
　問　　　題 ………………………………………………………………… 78

3章　気体の性質－自由な粒子－

　3－1　気体の諸法則 ……………………………………………………… 80
　3－2　気体分子運動論 …………………………………………………… 87
　3－3　実　在　気　体 …………………………………………………… 93
　問　　　題 ………………………………………………………………… 95

4章　物質の状態と分子間力

　4－1　分子間の引力 ……………………………………………………… 98
　4－2　気体の液化－臨界現象－ ………………………………………… 100
　4－3　液体の蒸気圧 ……………………………………………………… 102
　4－4　固体の融解・昇華 ………………………………………………… 106
　4－5　状　態　図 ………………………………………………………… 108
　4－6　固体の内部 ………………………………………………………… 110
　　4－6－1　結晶の構造 ………………………………………………… 110
　　4－6－2　結晶と液体のあいだ－ガラスと液晶－ ………………… 119
　問　　　題 ………………………………………………………………… 121

5章　溶液の性質

　5－1　溶液の濃度 ………………………………………………………… 124
　5－2　蒸気圧降下－ラウールの法則－ ………………………………… 126
　5－3　沸　点　上　昇 …………………………………………………… 127
　5－4　凝　固　点　降　下 ……………………………………………… 128
　5－5　浸　透　圧 ………………………………………………………… 130

5−6　液体混合物の相平衡 …………………………………… *132*
問　　題 ……………………………………………………… *136*

6章　イオン性溶液の性質

6−1　電解質溶液 …………………………………………… *139*
6−2　イオンの伝導率 ……………………………………… *141*
6−3　電気分解 ……………………………………………… *146*
6−4　モルイオン伝導率と輸率 …………………………… *148*
問　　題 ……………………………………………………… *150*

7章　状態変化に伴うエネルギー−熱化学−

7−1　熱，仕事およびエネルギー ………………………… *153*
7−2　内部エネルギーとエンタルピー …………………… *155*
7−3　熱容量 ………………………………………………… *157*
7−4　転移のエンタルピー ………………………………… *159*
7−5　反応のエンタルピー ………………………………… *160*
7−6　結合エンタルピー …………………………………… *169*
7−7　反応エンタルピーの温度依存性 …………………… *171*
問　　題 ……………………………………………………… *172*

8章　熱力学の第二法則−自然に起こる変化の方向−

8−1　自発的に起こる変化の方向 ………………………… *175*
8−2　エントロピー変化 …………………………………… *176*
8−3　熱力学の第二法則 …………………………………… *177*
8−4　物質のエントロピー ………………………………… *178*
8−5　ギブズの自由エネルギー …………………………… *181*
8−6　自由エネルギーと正味の仕事 ……………………… *185*
8−7　ヘルムホルツの自由エネルギー …………………… *187*
問　　題 ……………………………………………………… *187*

9章 化学平衡と熱力学

- 9−1 平衡定数 *189*
- 9−2 不均一系の化学平衡 *192*
- 9−3 平衡の移動 *193*
- 9−4 イオンを含む平衡−溶解度積− *196*
- 9−5 平衡定数とギブズの自由エネルギー *198*
- 9−6 相の間の平衡 *203*
- 問　　題 *206*

10章 酸と塩基

- 10−1 酸と塩基 *209*
  - 10−1−1 酸と塩基の定義 *209*
  - 10−1−2 酸および塩基の強さと解離定数 *212*
  - 10−1−3 酸と塩基の価数 *214*
- 10−2 酸，塩基，塩の水溶液のpH *215*
  - 10−2−1 水のイオン積と水溶液のpH *215*
  - 10−2−2 強酸，強塩基の水溶液のpH *217*
  - 10−2−3 弱酸および弱塩基の水溶液のpH *217*
  - 10−2−4 塩の水溶液のpH（塩の加水分解） *220*
- 10−3 酸−塩基滴定 *222*
  - 10−3−1 強酸と強塩基の滴定 *223*
  - 10−3−2 弱酸および弱塩基の滴定 *225*
- 10−4 緩衝液 *227*
- 問　　題 *229*

11章 電気化学−化学エネルギーと電気エネルギー−

- 11−1 酸化と還元 *231*
- 11−2 酸化数 *232*
- 11−3 化学電池 *233*
- 11−4 起電力と平衡 *236*

11－5　標準電極電位 ……………………………………… *238*
11－6　実用電池 …………………………………………… *241*
11－7　pHと水素電極 ……………………………………… *243*
11－8　起電力とギブズの自由エネルギー変化 ………… *244*
問　　題 ……………………………………………………… *246*

12章　化学変化の速度

12－1　化学反応速度 ……………………………………… *249*
　12－1－1　化学反応の速さ ……………………………… *249*
　12－1－2　1次反応 ……………………………………… *251*
　12－1－3　2次反応 ……………………………………… *253*
12－2　反応速度の温度依存性 …………………………… *255*
12－3　速度式の解釈－反応機構－ ……………………… *259*
12－4　触媒と酵素 ………………………………………… *261*
問　　題 ……………………………………………………… *264*

13章　核化学

13－1　同位体－放射性核種と安定核種－ ……………… *266*
13－2　放射性壊変と放射線 ……………………………… *267*
13－3　半減期 ……………………………………………… *270*
13－4　核の結合エネルギー ……………………………… *271*
13－5　核分裂反応と原子力 ……………………………… *273*
13－6　核融合 ……………………………………………… *274*
問　　題 ……………………………………………………… *275*

解　　答 ……………………………………………………… *276*
参　　考 ……………………………………………………… *311*
索　　引 ……………………………………………………… *315*

序　　　章

　化学や物理の世界で言われる科学的方法とは，じっくりと自然現象を観察することで多くの情報（データ）を集めることから始まる。情報は定性的なものと定量的なものに分けることができるが，このうち定量的な情報は，当然，定量的な測定から得られるものである。そしてこれらのデータの中から，自然の理解に役立つある傾向を見つけ出していき，これらが集まると一つの法則ができ上がっていく。法則は，あくまで現象の傾向を教えてくれるのであって，なぜ自然の現象がそのようになるのかまでは説明してくれないものである。そこで多くの説明が試みられ，これらが積み重なって一つの理論となっていく。理論はたえず実験事実によって検証されるだけでなく，実験を先導していく役割も担っている。このように実験と理論のお互いの作用によって化学や物理は発展するものと言える。

　以上のように化学や物理は定量的な実験を基礎としていることがわかる。定量的な実験から得られるものは測定値であることから，はじめに測定値の性質，たとえば数値の精密さや単位，および数値の取扱い上の規則をまとめておこう。続いて，化学を学ぶ上で基礎的な知識となる原子の性質，周期表，モルとアボガドロ数および化学量論について学ぼう。

0-1　有効数字

　測定値は，必ず測定器具の精密さに支配されているので，その精密さによって有効な数字は決まってくる。たとえば，容量を測定する際に使われる計量容器で説明しよう（図0・1）。左にある最小目盛りが $0.1\ cm^3$ の計量容器では，目測で目盛り間を読み，容量はたとえば $22.62\ cm^3$ と読み取れる。最後の数字は目測で読んだものであり，不確実なものである。したがって $22.61\ cm^3$ あるいは $22.63\ cm^3$ よりは $22.62\ cm^3$ に近いことを表している。このように不確かな数字を1桁加えて得られる数字を有効数字（significant figure または significant digit）といい，この場合の有効数字の桁数は4桁である。一方，右の計量容器の最小目盛りは $1\ cm^3$ であり，これを使うと，目測で $22.6\ cm^3$ と読める。

6は不確かな数字であり，この場合の有効数字の桁数は3桁となる。両方を比較すると，明らかに左の計量容器から得られる測定値の方が精度は高いことがわかる。すなわち，有効数字の桁数は測定値の精度の高低を表しているといえる。

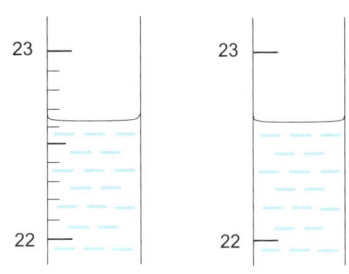

図0・1　目盛りの異なる計量容器による容量の測定

数字の0は置かれた位置により有効数字の桁数に数えられる場合とそうでない場合があるので，有効数字の桁数を表す上で0の役割には注意が必要である。規則は次のようにまとめられる。

(a) 0以外の数字に挟まれた0は有効数字になる。たとえば，1005の有効数字は4桁である。

(b) 小数点より右側にある0は一番外側であっても有効数字となる。たとえば，12.0や1.20は，いずれも有効数字3桁である。

(c) 小数点以下の位を示すために使われる0は有効数字とはならない。たとえば，0.123や0.00123あるいは0.120は，いずれも有効数字3桁である。

(d) 整数で末端から連続している0は，有効数字なのかそうでないのか曖昧さが生じる。たとえば，1200という数字は，測定器具の精密さにより，その有効数字は2桁，3桁あるいは4桁ともいえる。この曖昧さを解消するには次の科学的表記法が有用である。この方法によれば1200は次のように表すことができる。

　　1.2×10^3　　有効数字2桁
　　1.20×10^3　　有効数字3桁
　　1.200×10^3　　有効数字4桁

有効数字と計算

以上のように有効数字の最後の桁の数字は不確かな数字であり，これを掛け

数値の表し方

(a) 計算して出てくる数値を必要な桁まで処理する（丸めるという）ときは，四捨五入による。ただし，末尾の5や，それに続く数字が0のときの5（たとえば，〜50や〜500など）を丸めるには，その前の桁の数字が偶数ならば切り捨て，奇数ならば切り上げる。

(b) 連続する計算途中で桁数が大きくなり計算が複雑になるときは，有効数字より1〜2桁多く残しその後を切り捨てる。また，計算の途中で不確かな数字を記すときには，小さな数字を使う。ここで切り捨ててしまうのは，一つの数値を下位から順に繰り返し丸めるといった誤りを防ぐためである。たとえば，2.949321を一度で2桁に丸めれば2.9であるが，いったん2.9_5と1桁多く丸めておき，のちに2桁にすれば3.0となってしまうからである。

(c) 気体定数などのように十分大きな桁が与えられている数値を計算に使うときには，その計算に使われる他の数値のうちの精度がもっとも低いものより1〜2桁多いところまでを使う。

(d) 数値の中には測定値でないものがある。たとえば，定義の中で与えられる数（1 m は 1000 mm や，^{12}C は 12 とするなど）や数えられる数（部屋にいる人数など）は，不確定なものは含んでおらず，正確な値あるいは絶対数とよばれ，無限の桁数の有効数字を持つとする。

例題 0・1 次の数値を有効数字3桁で表すといくらか。

(a) 1.234 (b) 1.575 (c) 1.5850 (d) 1.58501 (e) 15000
(f) 0.001234

(a) 1.23 (b) 1.58 (c) 1.58 (d) 1.59 (e) 1.50×10^4
(f) 1.23×10^{-3}

数値の計算

(a) 加減法の計算では，答の数値の最後の桁が，計算に使われた数値のうちで最後の桁のもっとも高いものに一致する。

例1 $x = 10.1 + 0.25 + 3.214$ を求めてみる。

それぞれの数値の最後の数字が ± 1 の不確かさを持つとすれば

$$x = (10.1 \pm 0.1) + (0.25 \pm 0.01) + (3.214 \pm 0.001)$$
$$= 13.564 \pm 0.111$$

となり，小数点以下1桁目がすでに不確かである。したがって結果は，四捨五入で小数点以下1桁に丸め13.6とする。このように，計算に使われた数値の中で最後の桁がもっとも高いのは10.1であり，計算結果13.6の最後の桁と一致していることがわかる。

(b) 乗除法の計算では，答の有効数字の桁数が，計算に使われた数値のうちで有効数字の桁数が最小のものに一致する。

例2 $x = 6.02 \times 18$ を求めてみる。

それぞれの数値の最後の数字が ± 1 の不確かさを持つとすれば

$$6.01 \times 17 \leqq x \leqq 6.03 \times 19$$
$$\therefore \quad 102.17 \leqq x \leqq 114.57$$

となり十の位がすでに不確かである。数学的に求めた値は108.36であり，したがって，答としては 1.1×10^2 とする。この桁数は，計算に使われた数値18の有効数字2桁と一致している。

(c) 対数は二つの部分，すなわち，指標とよばれる整数と仮数とよばれる小数から成り立っている。指標は真数における小数点の位置の関数であり有効数字ではない。仮数は，すべてが有効数字とみなされる。したがって対数の計算では，対数の小数部分の有効数字の桁数は，真数の有効数字の桁数と一致する。

例3 $x = \log 328$ を求めてみる。

真数が (328 ± 1) の範囲であるとすると

$$\log 327 \leqq x \leqq \log 329$$
$$\therefore \quad 2.51454 \leqq x \leqq 2.51719$$

となり，小数点以下3桁目が不確かであるから，$\log 328 = 2.51587\cdots$ の小数点以下3桁目までが有効である。したがって，答としては $x = 2.516$ となる。

例題0・2 有効数字の桁数に注意して，次の計算結果を求めよ。ただし，値はすべて測定値とする。

(a) $1.35 \text{ m} + 25.3 \text{ m} - 0.0266 \text{ m}$

(b) 2.6 kg × (9.80 ms^{-1})^2
(c) 33.56 m^2 − (2.35 m × 1.3 m)

(a) $1.35 + 25.3 - 0.0266 = 26.6234 = 26.6$ (m)
(b) $2.6 \times 9.80^2 = 249.704 = 2.5 \times 10^2$ (kg m^2 s^{-2}) $= 2.5 \times 10^2$ (J)
(c) $33.56 - (2.35 \times 1.3) = 33.56 - 3.0_5 = 30.5$ (m^2)

0−2 物理量と単位

 測定を行えば，その結果は，数値にある決まった単位 (unit) を付けたかたちの物理量 (physical quantity) として報告される。たとえば，長さも一つの物理量となるが，いま，正方形の一辺を3種類の異なる目盛りを持つ物差しで測定する場合を考えてみよう（図0・2）。測定して得られた 0.022 m は，cm 単位で表せば 2.2 cm であり，mm 単位で表せば 22 mm である。このように同じ一辺の長さを表す数値が 0.022 や 2.2 あるいは 22 であり，数値だけでは意味がないことが分かる。物理量を記すには数値に単位を付けてはじめて意味を持つようになるのである。つまり

　　　物理量 ＝ 数値 × 単位

の構造を持っている。したがって単位は代数の量のように扱うことができ，掛算，割算，消去もできる。そうすると，（物理量）／単位　という式は，その指定した単位での測定値となり，無次元の量である。たとえば，さきほどの例でいえば

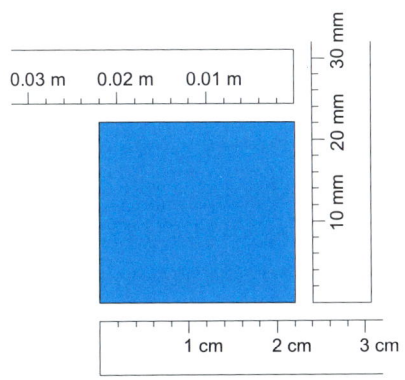

図0・2　目盛りの異なる物差しによる正方形の一辺の測定

(0.022 m) / m = 0.022,　　(2.2 cm) / cm = 2.2,　　(22 mm) / mm = 22

となる．また，セルシウス温度 t（単位，℃）を絶対温度 T（absolute temperature, 単位は K，ケルビン温度や熱力学温度ともいう）に換算する式

$$T/\text{K} = t/℃ + 273.15$$

の両辺はともに無次元となり，次元として等しいことを表している．なお，物理量の表示には，斜体文字（イタリック）を用いる約束になっている．たとえば，質量は m，長さは l，絶対温度は T などである．

SI 単位系

SI 単位系（フランス語の Systeme International から由来し，国際単位系と訳すこともある）では，単位はすべて次の7種の基本単位（base unit）からつくられる．

表 0・1　SI 基本単位

物理量	SI 単位の名称	SI 単位の記号
長さ	メートル（meter）	m
質量	キログラム（kilogram）	kg
時間	秒（second）	s
電流	アンペア（ampere）	A
熱力学的温度	ケルビン（kelvin）	K
物質量	モル（mole）	mol
光度	カンデラ（candela）	cd

他のすべての物理量は誘導単位（derived unit；組立て単位ともいう）を使って報告される．表 0・2 で示すように，誘導単位は基本単位の組合せで表すことができる．組み合されている基本単位をよく見ると，たとえば，エネルギーに関する次のような誘導単位の組合せもよく理解できる．

$$1\,\text{J} = 1\,\text{Pa}\,\text{m}^3 = 1\,\text{Ws} = 1\,\text{AsV} = 1\,\text{CV} = 1\,\text{kg}\,\text{m}^2\text{s}^{-2}$$

しばしば基本単位や誘導単位は，測定値を表すのに大きすぎたり小さすぎたりして不便なときがある．このようなときには，10の整数乗倍，または整数乗分の1を表す接頭語を SI 単位に修飾することによって解決する．たとえば，1 ns は 10^{-9} s，1 MJ は 10^6 J を表す．その他の接頭語は次の表 0・3 にまとめた．

表0・2　特別の名称と記号を持つSI誘導単位

物理量	SI単位の名称	SI単位の記号	SI単位の定義
力	ニュートン	N	m kg s^{-2}
圧力	パスカル	Pa	m^{-1} kg s^{-2} (=N m^{-2})
エネルギー	ジュール	J	m^2 kg s^{-2}
仕事率	ワット	W	m^2 kg s^{-3} (=J s^{-1})
電気量	クーロン	C	s A
電位差	ボルト	V	m^2 kg s^{-3} A^{-1} (=J A^{-1} s^{-1})
電気抵抗	オーム	Ω	m^2 kg s^{-3} A^{-2} (=V A^{-1})
電気容量	ファラッド	F	m^{-2} kg^{-1} s^4 A^2 (=A s V^{-1})
周波数	ヘルツ	Hz	s^{-1}

なお，これらの接頭語を使うときには次の点に注意すること。

(a) 接頭語は重ねない。質量のSI基本単位はkgであるが，kkgとはせずにMgとする。

(b) 接頭語と単位記号を組み合わせたものは単一の記号とみなし，その累乗はカッコを使わずに表す。たとえば，1リットル (l) と同じになる1 dm^3 は(dm)^3 の意味であり，d(m)^3 ではない。

表0・3　SI接頭語

大きさ	接頭語	記号	大きさ	接頭語	記号
10^1	デカ (deca)	da	10^{-1}	デシ (deci)	d
10^2	ヘクト (hecto)	h	10^{-2}	センチ (centi)	c
10^3	キロ (kilo)	k	10^{-3}	ミリ (milli)	m
10^6	メガ (mega)	M	10^{-6}	マイクロ (micro)	μ
10^9	ギガ (giga)	G	10^{-9}	ナノ (nano)	n
10^{12}	テラ (tera)	T	10^{-12}	ピコ (pico)	p
10^{15}	ペタ (peta)	P	10^{-15}	フェムト (femto)	f
10^{18}	エクサ (exa)	E	10^{-18}	アト (atto)	a
10^{21}	ゼタ (zetta)	Z	10^{-21}	ゼプト (zepto)	z
10^{24}	ヨタ (yotta)	Y	10^{-24}	ヨクト (yocto)	y

ここですこし単位の記し方についてもまとめておこう。

(a) 単位記号は立体文字（ローマン体）で書く。たとえば，温度の SI 基本単位は K であって斜体文字（イタリック）K とは書かない。

(b) 単位の商は，たとえば，$J\,K^{-1}\,mol^{-1}$ あるいは J/K mol のように書くことができる。斜線を使う後者の例では，(J/K) × mol のように誤解されかねないのに対し，負の指数を使う前者の表示では，そのような曖昧さを除くことができる。

単位の換算

単位の中には，SI 単位系以外にも，CGS 単位系（cm，g そして s を基本単位とする単位系），あるいは慣用単位といわれるものがある。たとえば，エネルギーを表す cal や kWh は慣用単位として日常でもよく使われている。これらの単位間での換算はしばしば必要になってくるし，少し複雑な単位の換算も必要になることが多い。このようなときには換算係数表示法が大変有用である。たとえば，$0.234\,dm^3$ が何 cm^3 であるかを考えてみよう。

$$1\,dm = 10^{-1}\,m$$
$$1\,cm = 10^{-2}\,m$$

対応する体積単位間の関係を得るには，両辺を 3 乗すればよい。

$$(1\,dm)^3 = (10^{-1}\,m)^3 \quad より \quad 1\,dm^3 = 10^{-3}\,m^3$$
$$(1\,cm)^3 = (10^{-2}\,m)^3 \quad より \quad 1\,cm^3 = 10^{-6}\,m^3$$

したがって，それぞれ

$$\frac{10^{-3}\,m^3}{1\,dm^3} = \frac{1\,dm^3}{10^{-3}\,m^3} = 1$$

$$\frac{10^{-6}\,m^3}{1\,cm^3} = \frac{1\,cm^3}{10^{-6}\,m^3} = 1$$

の換算係数が得られるので，必要な方を $0.234\,dm^3$ に掛けていけばよい。すなわち

$$0.234\,dm^3 \times \frac{10^{-3}\,m^3}{1\,dm^3} \times \frac{1\,cm^3}{10^{-6}\,m^3} = 234\,cm^3$$

となる。

例1 気体定数は $R = 0.082057 \text{ atm dm}^3 \text{ K}^{-1} \text{ mol}^{-1}$ である。これを $\text{J K}^{-1} \text{ mol}^{-1}$ で表せ。

> $1 \text{ J} = 1 \text{ Pa m}^3$ であるから，問題は結局 atm を Pa に，dm^3 を m^3 に換算することに等しい。したがって
>
> $\quad 1 \text{ atm} = 101325 \text{ Pa}$（定義による）
>
> $\quad 1 \text{ dm}^3 = 10^{-3} \text{ m}^3$
>
> から
>
> $\quad R = 0.082057 \text{ atm dm}^3 \text{ K}^{-1} \text{ mol}^{-1} \times \dfrac{101325 \text{ Pa}}{1 \text{ atm}} \times \dfrac{10^{-3} \text{ m}^3}{1 \text{ dm}^3}$
>
> $\quad\quad = 8.3144 \text{ Pa m}^3 \text{ K}^{-1} \text{ mol}^{-1} = 8.3144 \text{ J K}^{-1} \text{ mol}^{-1}$
>
> となる。

0-3 原子と原子量

物質を構成する基本的な単位は原子 (atom) ということができる。それでは，1661 年に R. Boyle により"それ以上分解できない単純な物質"として定義されている元素 (element) とはどのような関係にあるのだろうか。両者の現代的な関係は次のようにいうことができる。元素は"同じ原子番号を有する原子の種類"である。同じ原子番号を有する原子のみからなる物質，すなわち単体を元素ということもあるが，両者は区別されるべきである。それでは原子番号 (atomic number) をはじめ原子の性質について次にまとめていこう。

0-3-1 原　子

原子は，図 0・3 に示すように，中心に正の電荷を持つ原子核 (atomic nucleus) があり，そのまわりを負電荷を持つ電子 (electron) がとり巻いている。原子核は陽子 (proton) と中性子 (neutron) からなり，陽子と中性子は総称して核子 (nucleon) という。陽子と電子の電荷は符号が反対で，絶対値は等しい。この値は電荷の最小単位で，電気素量 (elementary charge，記号は e で $e = 1.6022 \times 10^{-19}$ C) とよばれる。一方，中性子は電荷を持たない。陽子と中性子の質量はほぼ等しく，電子の約 1840 倍である。陽子と中性子の数の和を質量数 (mass number, A) という。原子核の陽子の数は，その元素の原子番号 (atomic number, Z) に等しい。電気的に中性な原子では，電子の数は陽子数，つまり原子番号 Z

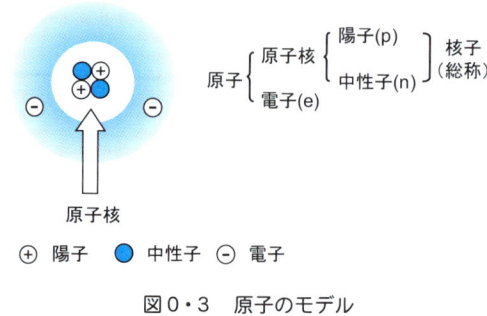

図0・3　原子のモデル

に等しい．原子番号Zに対応して，一つあるいは二つのアルファベットをあて，それを元素記号（symbol of elements）あるいは原子記号（atomic symbol）とよぶ．たとえば，$Z=6$をCとして炭素，あるいは$Z=1$をHとして水素とする．

　原子番号と質量数により規定される1個の原子種を核種（nuclide）という．核種を表すには，元素記号の左下に原子番号，左肩に質量数を付記する．たとえば，天然の炭素には質量数12と13の2種類の核種が存在し，$^{12}_{6}C$，$^{13}_{6}C$と記される．なお，原子番号6を略し，^{12}C，^{13}Cとすることも多い．このように原子番号は同じであるが質量数が異なる核種を，互いに同位体（isotope）という（図0・4）．ナトリウムやフッ素などの20元素は，それぞれ一つの核種からなるが，多くの元素は2種以上の核種からなっている．その存在量の割合を存在比（relative abundance）という．

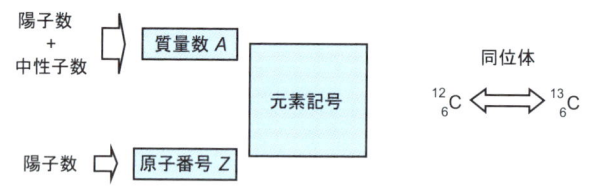

図0・4　核種の表し方と同位体

　各元素に含まれる核種の相対的な質量および存在比は，質量分析計（mass spectrometer）により測定できる．その原理を図0・5に示した．質量分析計では，真空下でイオン化した原子を電場で加速し，次いで磁場に導くと，磁場の

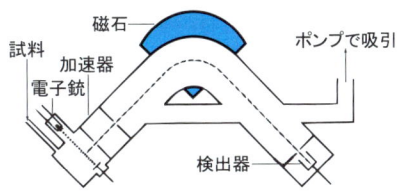

図0・5　質量分析計の構造

影響で進路が曲がる。曲がりの程度はイオンの質量が小さい程大きいので，磁場の強さを変えていくと質量の異なるイオンが次々に検出器のところに焦点を結ぶようになる。この検出器の出力を質量スペクトル(mass spectrum)という。たとえば，炭素の質量スペクトルは図0・6のようになり，二つのピークの高さから，^{12}C，^{13}C の存在比を 98.93% と 1.07% と決めることができる。

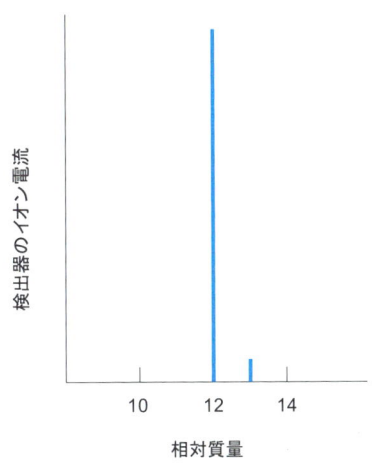

図0・6　炭素の質量スペクトル

0-3-2　原 子 量

原子1個の質量はおよそ $10^{-27} \sim 10^{-25}$ kg の範囲にある。これらの数値はとても小さいので，原子の質量をそのまま比較するのは大変不便である。そこである原子の質量の相対値を用いることが考案された。この相対質量の基準として，^{12}C 核種の質量の値を厳密に 12 と定めて，他原子の相対質量の値を求めることが 1961 年に決められた。たとえば，^{12}C 1個の質量は，1.9926×10^{-26} kg

であり，フッ素原子1個の質量は3.1547 × 10⁻²⁶ kg であることから，フッ素原子の相対質量は

$$\frac{12 \times 3.1547 \times 10^{-26} \text{ kg}}{1.9926 \times 10^{-26} \text{ kg}} = 18.998$$

となる。

2種類以上の核種からなる元素の場合には，それぞれの核種の相対質量と存在比から，その元素を構成する原子の相対質量の平均値が計算される。この値を，その元素の原子量（atomic weight，記号は A_r）という。もちろん，フッ素やナトリウムなどのように1種類の核種からなる元素は，相対質量がそのまま原子量となる。また，原子量は単位を持たない無次元量である。ここで，炭素を例にして，その原子量を求めてみよう。炭素は2種類の核種 ^{12}C, ^{13}C からなり，それらの相対質量はそれぞれ12と13.00335で，存在比は98.93%と1.07%である。したがって

$$A_r(\text{C}) = 12 \times 0.9893 + 13.00335 \times 0.0107 = 12.01$$

となる。

原子量はさきほども述べたように単位を持たないが，原子のようにミクロな物質の質量を表すのに，原子質量単位（atomic mass unit，記号は u）があらたに考案された。これは，^{12}C核種の質量の1/12を単位としたもので，1 u は1.66054 × 10⁻²⁷ kg に相当する。定義からもわかるように，^{12}C, ^{13}C の核種の相対質量を原子質量単位で表せば，それぞれ12 u と13.00335 u となる。また，陽子，中性子，電子の質量を原子質量単位で表すと，次のようになる。

　　　陽子：1.007276 u　　　中性子：1.008665 u　　　電子：0.000549 u

このように，陽子と中性子の質量はほぼ1 u に等しく，同位体を持たずに単独で存在する元素の原子量は陽子と中性子の数の和に近い数となることも理解できる。代表的な元素の原子量と同位体存在比および核種の質量を表0・4にまとめた。

表 0・4　元素の原子量と同位体存在比

原子番号	元素記号	核種			原子量(A_r)
		質量数	存在比(%)	質量(u)	
1	H	1	99.9885	1.007825	1.00794
		2	0.0115	2.014102	
2	He	3	1.4×10^{-4}	3.01603	4.00260
		4	99.9999	4.00260	
3	Li	6	7.59	6.01512	6.941
		7	92.41	7.01600	
6	C	12	98.93	12	12.0107
		13	1.07	13.00335	
7	N	14	99.632	14.0031	14.0067
		15	0.368	15.0001	
8	O	16	99.757	15.9949	15.9994
		17	0.038	16.9991	
		18	0.205	17.9992	
9	F	19	100	18.9984	18.9984
11	Na	23	100	22.98977	22.98977
17	Cl	35	75.78	34.9689	35.453
		37	24.22	36.9659	
92	U	234	0.0055	234.0410	238.0289
		235	0.7200	235.0439	
		238	99.2745	238.0508	

0−4　元素の周期表

　元素を原子番号の順に並べていくと，後で述べる原子の体積や第一イオン化エネルギーのような元素の性質が周期的に変化することがわかる。このような規則性を，元素の周期律（periodic law）といい，1869年にロシアのMendeleevとドイツのLothar Meyerによって独立に発見された。この規則性を利用して，性質が類似した元素が縦の列に並ぶように配列したものを元素の周期表

(periodic table)という。周期表の縦の列を族（group）といい，左から順に1族，2族，……，18族とよぶ。横の行は周期（period）といい，第1周期から第7周期まである。

　周期表の両側にある1族，2族と，12族から18族までの元素は，典型元素（representative elements）とよばれている。典型元素以外の元素は遷移元素（transition elements）とよばれ，第4周期以降の3族から11族に並んでいる。表0・5に示すように，典型元素には金属元素（metal）と非金属元素（nonmetal）があるのに対し，遷移元素はすべて金属元素となる。典型元素に分類されている族のうちあるものは次の慣用名でも知られている。

　　　　1族の元素（Hを除く）…アルカリ金属（alkali metals）
　　　　2族の元素（Be, Mgを除く）…アルカリ土類金属（alkaline earth metals）
　　　　17族の元素…ハロゲン（halogens）
　　　　18族の元素…希ガス（noble gases）

表0・5　元素の周期表

族\周期	1	2	3	4	5	6	7	8	9	10	11	12	13	14	15	16	17	18
1	H																	He
2	Li	Be				金属元素			非金属元素→				B	C	N	O	F	Ne
3	Na	Mg											Al	Si	P	S	Cl	Ar
4	K	Ca	Sc	Ti	V	Cr	Mn	Fe	Co	Ni	Cu	Zn	Ga	Ge	As	Se	Br	Kr
5	Rb	Sr	Y	Zr	Nb	Mo	Tc	Ru	Rh	Pd	Ag	Cd	In	Sn	Sb	Te	I	Xe
6	Cs	Ba	●	Hf	Ta	W	Re	Os	Ir	Pt	Au	Hg	Tl	Pb	Bi	Po	At	Rn
7	Fr	Ra	◎															

　　　　　　　アルカリ土類金属
　　　　アルカリ金属
　　典型元素　　　　遷移元素　　　　　　　　　　　ハロゲン
　　　　　　　　　　　　　　　　　　　　　　　　希ガス
　　　　　　　　　　　　　　　　　　　　　　典型元素

●はランタノイド，◎はアクチノイドとよばれる元素群で，それぞれ15種の元素が配属されている。

0-5　モルとアボガドロ定数

　原子が結合して物質に固有な単位粒子をつくっている場合がある。この粒子

を分子（molecule）という。たとえば，メタンでは CH_4 という化学式で表す分子が単位粒子となっている。厳密な意味での分子をつくらない物質，たとえば，組成式が NaCl で示される塩化ナトリウムの結晶では，ナトリウムイオン Na^+ と塩化物イオン Cl^- が規則正しく並んでいて，NaCl という単位粒子をつくっているわけではない。しかし，この場合でも便宜上 NaCl を単位粒子と考える。したがって，原子量と同じ基準で表した，物質を構成する単位粒子（分子など）の相対質量を分子量（molecular weight，記号は M_r）という。分子量は，単位粒子を構成する原子の原子量の和に等しい。なお，NaCl のような組成式で表される場合には，組成式で示された各原子の原子量の和を式量（formula weight）ということもある。

例1 $C_6H_{12}O_6$ で表されるグルコースの分子量を計算せよ。

$$M_r = A_r(C) \times 6 + A_r(H) \times 12 + A_r(O) \times 6$$
$$= 12.01 \times 6 + 1.008 \times 12 + 16.00 \times 6 = 180.16$$

さきに述べたように，炭素原子 ^{12}C 1個の質量は原子質量単位で表せば 12 u であり，これを g で表せば

$$12 \text{ u} = 12 \times 1.66054 \times 10^{-24} \text{ g} = 1.99265 \times 10^{-23} \text{ g}$$

となる。この質量はあまりにも小さくて人間が実感するわけにはいかない。そこで原子1個の質量を考えるよりも，原子をある塊で数え，しかもその質量が人間の実感に添うような単位が考案された。この塊の単位をモルといい，記号 mol で表す。1 mol は 6.022×10^{23} 個の塊をいい，これだけの数があれば，1 mol の物質量（amount of substance）があるという。ただし，この単位を使うときには，対象とするものをしっかりと明示しなければならない。たとえば，水素 1 mol といってもあまり意味がない。対象とするものが水素分子（H_2）なのか水素原子（H），あるいはそのイオン（H^+）なのかはっきりさせなければいけない。もちろん対象となるものがゴルフボールでもりんごでも，あるいは馬でもよい。しかし，たとえば，ゴルフボール 1 mol といえば，地球をおよそ 10000 m の厚さでおおうほどの量といわれるから，逆に，使うには不便である。やはり原子や分子などのミクロな世界の物質に適切な単位といえる。ゴルフボールの場合には，12個の塊を表す1ダースの方がよりわかりやすいということになる。

それでは 6.022×10^{23} という数字はどこから出てきたのであろうか。これは

モルの定義に関係がある。モルの定義は次の通りである。12 g の ^{12}C に含まれる炭素原子と同数の単位粒子を含む系の物質量を 1 mol とする。つまり，12 g の ^{12}C に含まれる炭素原子が 6.022×10^{23} 個なのであり，これをアボガドロ定数（Avogadro constant；記号は L）という（図 0・7）。したがって

$$L = 6.022 \times 10^{23} \text{ mol}^{-1}$$

であり，単位 mol^{-1} を持つことに注意。なお，単位を持たない数字そのものをアボガドロ数という。

1 mol の物質の質量をモル質量（molar mass）といい，g mol^{-1} の単位で表す。たとえば，酸素の原子量を 16.00 とすれば，この数値に g mol^{-1} をつければ，酸素 1 mol の質量となる。これは，原子量の定義が，^{12}C を 12 とし，これの相対的質量が原子量であり，しかも，同じ核種の 12 g を 1 mol としていることによる。分子量の基準も原子量と同じであるから，やはり，分子量に g mol^{-1} をつければ，分子 1 mol の質量となる。たとえば，水 H_2O の分子量は 18.02 であるから，18.02 g の水が 1 mol に相当する。このように原子や分子のようなミクロな粒子でも，モル質量を導入することによって，人間が実感できる手頃な質量になるのである。

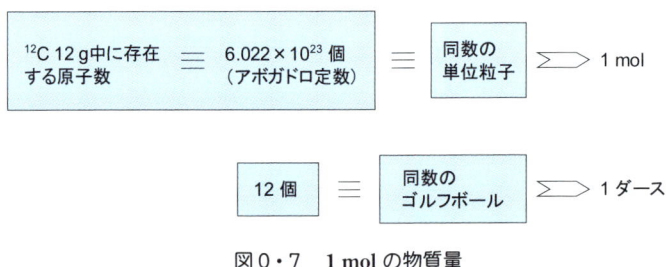

図 0・7　1 mol の物質量

(例 2) 25.0 g のメタノール CH_4O の物質量と分子数を求めよ。

メタノールの分子量は

$$M_r = A_r(\text{C}) + A_r(\text{H}) \times 4 + A_r(\text{O})$$
$$= 12.01 + 1.008 \times 4 + 16.00 = 32.04$$

であるから，そのモル質量は 32.04 g mol^{-1} となる。
したがって，その物質量 n は

$$n = \frac{25.0 \text{ g}}{32.04 \text{ g mol}^{-1}} = 0.780_2 \text{ mol} = 0.780 \text{ mol}$$

また，分子数は

$$6.022 \times 10^{23} \text{ mol}^{-1} \times 0.780_2 \text{ mol} = 4.70 \times 10^{23}$$

0−6 化 学 量 論

与えられた化学反応に関わる反応物と生成物の数量的関係を扱うのが，化学量論(stoichiometry)である．ある量の反応物からはどれくらいの量の生成物が得られるのか，逆にある量の生成物を得るのに必要な反応物の量はどれくらいか，適正な量はいくらかなどの情報を，化学量論から容易に導くことができる．

0−6−1 化 学 式

化学式（chemical formula）は，元素記号を用いて物質を表す式の総称で，いろいろな種類があり，それぞれがある種の情報を発信している．そこで，はじめに化学式の種類についてまとめておこう．

(a) 分子式（molecular formula）：1個の分子の中にある各種の原子の実際の数を示す式．

> 例としては，水やアンモニアの分子式は H_2O や NH_3 であり，グルコースの分子式は $C_6H_{12}O_6$ である．

(b) 組成式：元素組成をもっとも簡単に示す式．有機化合物の場合，実験的に求めた組成式を実験式（empirical formula）ということがある．

> たとえば，塩化ナトリウムの組成式は NaCl であるし，グルコースの組成式あるいは実験式は CH_2O である．

(c) 示性式：官能基（有機化合物に特定の性質を付与する原子団，例：-OH，-COOH，-NH_2 など）の存在を明示した式．

> たとえば，エタノールは C_2H_5OH であり，酢酸は CH_3COOH となる．

(d) 構造式（structural formula）：分子内での原子の結合の仕方を示す式．

> たとえば，水やアンモニアの構造式は
>
> $$H-O-H \qquad H-\underset{\underset{H}{|}}{N}-H$$
>
> と表し，元素記号間の線が，原子間の化学結合を示している．

(e) イオン式：イオンを表すもので，元素記号の右上に電荷の符号と価数をつけた式。

たとえば，ナトリウムイオン Na^+ やカルシウムイオン Ca^{2+}，あるいは塩化物イオン Cl^- のように表す。なお，イオンには，アンモニウムイオン NH_4^+ や硝酸イオン NO_3^- のように，2個以上の原子からなる原子団が電荷を持つ多原子イオンもある。

化学式から多くの役に立つ情報が得られる。たとえば，化合物の組成百分率の情報である。これは，全体の質量に対するそれぞれの元素の質量百分率である。この情報を基にして化合物中のある元素の質量も計算することができる。

例1 酢酸 CH_3COOH の組成百分率を求めよ。

酢酸の分子量は

$$M_r = A_r(C) \times 2 + A_r(H) \times 4 + A_r(O) \times 2$$
$$= 12.01 \times 2 + 1.008 \times 4 + 16.00 \times 2 = 60.05_2$$

であるから，1 mol の質量は 60.05_2 g となる。

$$\% \, C = \frac{炭素の質量}{酢酸の質量}$$

となるから

$$\% \, C = \frac{24.02 \text{ g}}{60.05_2 \text{ g}} \times 100 = 40.00 \, \%$$

同様に

$$\% \, O = \frac{32.00 \text{ g}}{60.05_2 \text{ g}} \times 100 = 53.29 \, \%$$

したがって

$$\% \, H = 100 - 40.00 - 53.29 = 6.71 \, \%$$

例2 肥料となる硫酸アンモニウム $(NH_4)_2SO_4$ 10 g 中の硫黄（S）の質量はいくらか。

硫酸アンモニウムの分子量は

$$M_r = A_r(N) \times 2 + A_r(H) \times 8 + A_r(S) + A_r(O) \times 4$$
$$= 14.01 \times 2 + 1.008 \times 8 + 32.07 + 16.00 \times 4 = 132.15_4$$

であるから，1 mol の質量は 132.15_4 g となる。したがって

$$\% \text{S} = \frac{32.07 \text{ g}}{132.15_4 \text{ g}} \times 100 = 24.26_7 \%$$

よって 10 g 中の硫黄（S）の質量は

$$10 \text{ g} \times 0.2426_7 = 2.427 \text{ g}$$

有機化合物の構造を決定する手段の一つとして使われる場合が多いが，元素分析という方法がある。この方法では，ある化合物を完全に燃焼させたときに生じる CO_2 と H_2O の質量から化合物中の C と H の含量を求める。N は，窒素ガス（N_2）にして，その体積を求めることで定量する。O の含量を直接求めるのは困難なので，もとの化合物の量から C，H および N の量を引くことにより計算することが多い。

例3 炭素，水素および酸素からなり，分子量が 62 の有機化合物がある。この化合物の 3.00 mg を秤量して，元素分析したところ，CO_2 が 4.26 mg および H_2O が 2.61 mg 生成した。この化合物の実験式および分子式を求めよ。

CO_2 の分子量は 44.0，炭素の原子量は 12.0 より，4.26 mg の CO_2 に含まれる炭素の質量は

$$4.26 \text{ mg} \times \frac{12.0}{44.0} = 1.16_1 \text{ mg}$$

同様に，2.61 mg の H_2O に含まれる水素の質量は

$$2.61 \text{ mg} \times \frac{2.0}{18.0} = 0.29_0 \text{ mg}$$

酸素の質量は

$$3.00 \text{ mg} - (1.16_1 \text{ mg} + 0.29_0 \text{ mg}) = 1.54_9 \text{ mg}$$

したがって，この化合物に含まれる，炭素，水素および酸素の物質量の比は

$$\frac{1.16_1 \text{ mg}}{12.0 \text{ g mol}^{-1}} : \frac{0.29_0 \text{ mg}}{1.0 \text{ g mol}^{-1}} : \frac{1.54_9 \text{ mg}}{16.0 \text{ g mol}^{-1}} = 0.097 : 0.29 : 0.097 = 1 : 3 : 1$$

よって，実験式は CH_3O となる。

また，CH_3O の原子量の総和は 31 であり，分子量が 62 になるには分子式は $C_2H_6O_2$ となる。

0－6－2　化学反応式

化学反応式とは化学反応において起こる変化を表したもので，反応物の分子式を左に，生成物の分子式を右におき，→で結んだものである。両辺の分子式に含まれる原子数は互いに等しくならなくてはいけない。したがって，化学反応式の大変役に立つ点は，反応物と生成物の量的関係を正確に表しているところにある。たとえば，水の生成反応を表す次の化学反応式からは，2個の水素分子は酸素分子1個と反応し，2個の水分子を生成することがわかる。また，この式は，2 mol あるいは4.0 g の水素分子が，1 mol あるいは32.0 g の酸素分子と反応し，2 mol あるいは 36.0 g の水分子が生成することも表している。

$$2H_2 + O_2 \longrightarrow 2H_2O$$

水素分子	酸素分子	水分子
2個	1個	2個
2 mol	1 mol	2 mol
4.0 g	32.0 g	36.0 g

正確な化学反応式を書くためには，次の二つのステップを考える。
(a)　初めにすべての反応物と生成物の正しい式を書く。
(b)　化学式の前の係数（化学量論係数という）を調整することにより化学反応式の両辺をつり合せる。

たとえば，ブタン C_4H_{10} が完全燃焼すると，二酸化炭素 CO_2 と水 H_2O になる。このときの化学反応式は次のようにつくることができる。ブタン分子の4個のCはすべて CO_2 になり，10個のHはすべて H_2O になるから，C_4H_{10} 分子1個から4個の CO_2 分子が，また，5個の H_2O 分子ができる。したがって，O_2 の係数をaとして次の化学反応式が書ける。

$$C_4H_{10} + aO_2 \longrightarrow 4CO_2 + 5H_2O$$

式の両辺で，O原子数が等しくならなければならないので，a = 13/2となり，上式は次のようになる。

$$C_4H_{10} + 13/2\, O_2 \longrightarrow 4CO_2 + 5H_2O$$

両辺を2倍して，すべての係数を整数で表すこともできる。

$$2C_4H_{10} + 13O_2 \longrightarrow 8CO_2 + 10H_2O$$

化学反応式の中には，反応に関与するイオンをイオン式で示した反応式があ

る．これをイオン反応式（ionic equation）という．イオン反応式も，通常の化学反応式と同様につくることができる．注意すべき点は，左辺の電荷の総和と右辺の電荷の総和が等しくなることである．たとえば，亜鉛 Zn が塩酸と反応し，水素 H_2 が発生する反応について考えてみよう．反応物と生成物は次のようになる．

$$Zn + aH^+ \longrightarrow Zn^{2+} + H_2$$

水素の原子数および電荷のつり合いを考えれば，a＝2となることがわかる．したがって

$$Zn + 2H^+ \longrightarrow Zn^{2+} + H_2$$

となる．

例題0・3 酸性雨によるケルンの大聖堂やウエストミンスター寺院などの建造物の被害は次の反応式で表すことができる．

(a) $aCaCO_3 + bH^+ \longrightarrow cCa^{2+} + dCO_2 + eH_2O$

また，自由の女神の被害は次のように書ける．

(b) $aCu + bHNO_3 \longrightarrow cCu(NO_3)_2 + dNO + eH_2O$

化学反応式の係数を求めよ．

(a) $a = c = d = e = 1$　$b = 2$
(b) $a = c = 3$　$b = 8$　$d = 2$　$e = 4$

問　題

0・1 次の数を科学的表記法により記せ．また，有効数字の桁数が示されている場合には，その桁数で記せ．

(a) 0.00065　(b) 0.00825　(c) 0.0120　(d) 0.01200
(e) 30400（有効数字3桁）　(f) 3800（有効数字2桁）
(g) 4800（有効数字3桁）　(h) 5000（有効数字2桁）

0・2 下記の数値を測定値として考え，結果を適切な桁数の有効数字で答えよ．

(a) 18.7444 g に 13 g を加える．

(b) 48.743 mg から 0.12 mg を引く。

(c) 一辺が 1.6 cm の正方形の面積はいくらか.

(d) 20.8 m を 4.1 m で割る。

0・3 単位の換算について次の問いに答えよ。
(a) 気体定数は $R = 0.082057$ atm dm^3 K^{-1} mol^{-1} である。これを熱の単位として古くから知られる cal を用いて表せ。ただし，1 cal = 4.184 J とする。
(b) ある野球選手のスピードボールは時速 92.5 mile である。これを cm s^{-1} の単位で表せ。ただし，1 mile = 1.60 km とする。

0・4 球状の原子がある。この原子と中心にある原子核の球径を，それぞれ正確に 10^{-10} m と 10^{-14} m とする。原子の質量を 1 u として次の問いに答えよ。
(a) この原子の密度を kg m^{-3} と g cm^{-3} の単位で表せ。
(b) 質量が原子核に集中しているとして，この原子核の密度を kg m^{-3} の単位で表せ。

0・5 自然界にある水素には ^{1}H と ^{2}H の2種類の核種が存在する。水素の原子量を 1.0080 として次の問いに答えよ。
(a) 水素分子 H$_2$ には何種類の質量の異なる分子が存在するか。
(b) ^{1}H と ^{2}H の相対質量を 1.0078 と 2.0141 とすると，それぞれの核種の存在比を求めよ。

0・6 自然界にある炭素には ^{12}C と ^{13}C の2種類の核種が存在する。同様に，塩素にも2種類の核種があるのに対し，フッ素は ^{19}F として単独に存在している。それぞれの核種の質量と存在比が次のようにまとめられるとき，クロロトリフルオロメタン CF$_3$Cl について以下の問いに答えよ。
(a) CF$_3$Cl には何種類の質量の異なる分子が存在するか。
(b) CF$_3$Cl の分子量が 104.51 ならば ^{35}Cl の存在比 x を求めよ。

	質量数	存在比（％）	相対質量
炭　素	12	99.00	12
	13	1.00	13.00
フッ素	19	100	19.00
塩　素	35	x	35.00
	37	$100-x$	37.00

0・7　炭素，水素，窒素および酸素からなり，分子量が262の有機化合物がある。この化合物の2.00 mgを秤量して，元素分析したところ，CO_2 が5.37 mg，H_2O が0.687 mgおよび N_2 が0.214 mg生成した。この化合物の実験式および分子式を求めよ。

0・8　次の化学反応式の係数を求めよ。

(a)　$aSO_2 + bO_2 \longrightarrow cSO_3$

(b)　$aNO + bO_2 \longrightarrow cNO_2$

(c)　$aNO_2 + bH_2O \longrightarrow cHNO_3 + dNO$

(d)　$aC_6H_{12}O_6 + bO_2 \longrightarrow cCO_2 + dH_2O$

0・9　1トンの石炭（すべてCとする），メタン，ブタンあるいはグルコースが燃焼するときに発生する二酸化炭素の質量を求めよ。

0・10　黄鉄鉱（FeS_2）を燃焼すると二酸化硫黄と酸化鉄（Ⅲ）が生成する。この二酸化硫黄を触媒のもとで空気中の酸素と反応させると三酸化硫黄となり，これを水と反応させると硫酸が得られる。この方法で4 molの黄鉄鉱から生成する硫酸の物質量を求めよ。

1章 ●原子の内部

　これまでに原子は中心に正に荷電した原子核があり，そのまわりには負に荷電した電子が取りまいていることを学んだ。この電子の運動のようなミクロな世界での動きを，マクロな世界での動きを説明する古典力学の法則で説明できるのだろうか。答はノーである。たとえば，1個の電子と1個の陽子からなる水素原子における電子の運動においては，どのようなエネルギー状態でもとれるわけではなく，エネルギー値には制限がある。この制限は古典力学からは説明できない。原子のようなミクロな世界での運動を説明するには量子力学の力を得なければならない。このような電子の状態を含む原子のしくみを知ることは大変重要であり，これにより元素の周期表や化学的性質および物理的性質，さらには原子間の結合までも理解することができる。ここでは原子の内部，特に電子の状態がどのようになっているのか学んでいこう。

1−1　光の性質と原子スペクトル

　電子について考える前に，はじめに光の性質についてまとめておこう。光は電磁放射（electromagnetic radiation）の一つの形態で，回折や干渉現象を示すことから，波動（電磁波）であると理解される。光の波はあらゆる波長（wavelength）のものがあり，図1・1に示す電磁スペクトル（electromagnetic spectrum）を持つ。他方，光は光子（photon）とよばれるエネルギーの束とみなすことができる。つまり，光についての実験事実を説明するには，光の二重性，すなわち光は波としても粒子（光子）としても振舞うということを仮定する必要がある。

　光子のエネルギーは電磁波の振動数(frequency，周波数ともいう)と，プランクの式

$$E = h\nu \tag{1-1a}$$

で関係付けられる。ここで，νは電磁波の振動数でSI単位はs^{-1}，ヘルツ（hertz）ともよばれHzで表現される（1 Hz = 1 s^{-1}）。hはプランクの定数（Planck's constant）で $h = 6.626 \times 10^{-34}$ Js，Eは光子のエネルギーである。(1-1a)式で電磁波の振動数とエネルギーとの関係は一義的に定義される。また電磁波の波長λと振動数ν，および波数（wave number）$\tilde{\nu}$は次の関係にある。

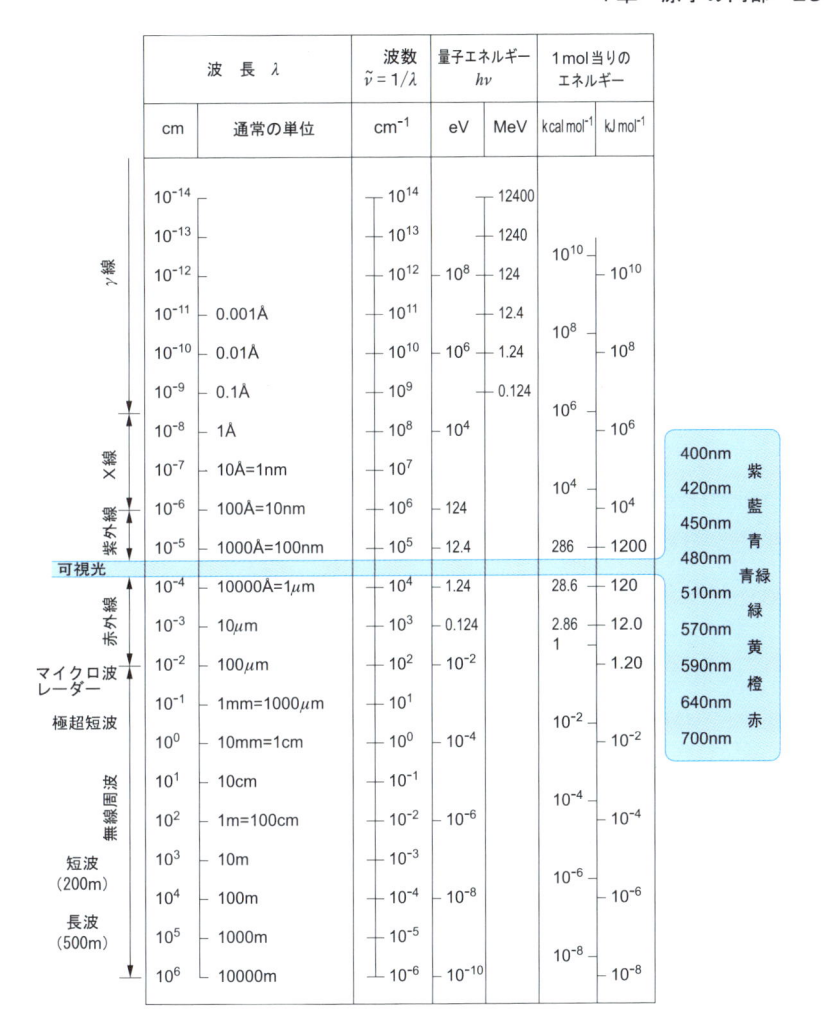

波長 λ		波数 $\tilde{\nu}=1/\lambda$	量子エネルギー $h\nu$		1mol当りのエネルギー	
cm	通常の単位	cm⁻¹	eV	MeV	kcal mol⁻¹	kJ mol⁻¹
10^{-14}		10^{14}		12400		
10^{-13}		10^{13}		1240	10^{10}	
10^{-12}		10^{12}	10^8	124		10^{10}
10^{-11}	0.001Å	10^{11}		12.4	10^8	
10^{-10}	0.01Å	10^{10}	10^6	1.24		10^8
10^{-9}	0.1Å	10^9		0.124	10^6	
10^{-8}	1Å	10^8	10^4			10^6
10^{-7}	10Å=1nm	10^7			10^4	
10^{-6}	100Å=10nm	10^6	124			10^4
10^{-5}	1000Å=100nm	10^5	12.4		286	1200
10^{-4}	10000Å=1μm	10^4	1.24		28.6	120
10^{-3}	10μm	10^3	0.124		2.861	12.0
10^{-2}	100μm	10^2	10^{-2}			1.20
10^{-1}	1mm=1000μm	10^1			10^{-2}	
10^0	10mm=1cm	10^0	10^{-4}			10^{-2}
10^1	10cm	10^{-1}			10^{-4}	
10^2	1m=100cm	10^{-2}	10^{-6}			10^{-4}
10^3	10m	10^{-3}			10^{-6}	
10^4	100m	10^{-4}	10^{-8}			10^{-6}
10^5	1000m	10^{-5}			10^{-8}	
10^6	10000m	10^{-6}	10^{-10}			10^{-8}

領域区分（左側）: γ線, X線, 紫外線, 可視光, 赤外線, マイクロ波レーダー, 極超短波, 無線周波, 短波(200m), 長波(500m)

可視光の色（右側）:
- 400nm 紫
- 420nm 藍
- 450nm 青
- 480nm 青緑
- 510nm 緑
- 570nm 黄
- 590nm 橙
- 640nm 赤
- 700nm

1Å = 10^{-10} m, 1cal = 4.184 J
1eV = 1.602 × 10^{-19} J（電位差 1V 中におかれた電子 1個が獲得する運動エネルギーを 1eV という）

図1・1 電磁波のスペクトル

$$\nu = \frac{c}{\lambda} \qquad \tilde{\nu} = \frac{1}{\lambda}$$

ここで c は光の速度で $c = 2.9979 \times 10^8 \mathrm{ms}^{-1}$ である。したがって(1-1a)式は，波長および波数とは

$$E = h\nu = \frac{hc}{\lambda} = hc\tilde{\nu} \tag{1-1b}$$

の関係となる。

　光の干渉や回折の現象は，光が波として振舞うと考えると説明できる。一方光子の概念は，1905年にEinsteinが光電効果の実験結果を考察し，光は電磁波であると同時に粒子としての性質を示すと推論したことから始まる。光電効果（photoelectric effect）とは，図1・2（a）に示すように金属に光をあてると，金属の表面から電子が飛び出してくる現象である。図1・2（b）は放出する電子によって流れる電流 I と，入射する光子のエネルギー $h\nu$ との関係を示している。電流 I は，光子のエネルギーが限界値 $h\nu_c$ を超えるまでは観測されない。また，この限界値は金属の種類によってそれぞれ異なった値を示すことになる。すなわち，照射光の振動数がその金属固有の，あるしきい値を超えない限り，光の強度がどんなに大きくても電子はまったく放出されず，逆に弱い光であっても振動数がそのしきい値を超えれば，電子はただちに放出される。さらに放出された電子の運動エネルギーは入射光の振動数に正比例するが，光の強度には関係しない。これらの事実から強く推論できるのは，何らかの粒子状の照射物が金属中の電子をたたき出すのに必要なエネルギーを持っていれば，光電効果はそれと電子が衝突することにより起こると解釈できる。その照射物が $h\nu$ だけのエネルギーを持つ光子であり，しかも ν はその電磁波の振動数であるとすれば，この現象を無理なく理解できる。エネルギーの保存則から，放出された電子の運動エネルギーは

$$\frac{1}{2}m_e v^2 = h\nu - \Phi \tag{1-2}$$

に従うはずである。m_e は電子の質量，Φ は電子を取り去るのに必要なエネルギーで，その金属の仕事関数（work function）という。(1-2)式は，電子が獲得する運動エネルギーは照射光の強度や照射時間に比例するのではなく，照射光

の振動数に比例することを表しており，観測結果を矛盾なく説明している。

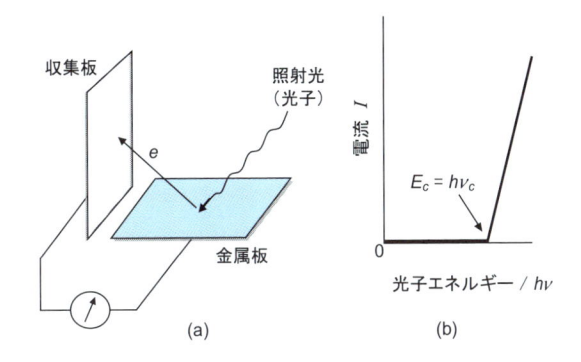

図 1・2 (a) 金属表面での光電効果の測定
(b) 光電効果の光子エネルギー依存性

> **例題 1・1** 60 W の黄色の電灯から 1 秒間に放射される光子の数はいくらか。ただし，黄色の光の波長は 560 nm であり，効率は 100 % とする。
>
> 60 W の電灯は，エネルギーがすべて光に変わると仮定すれば，1 秒間に 60 J のエネルギーを放射する（1 Ws = 1 J に注意）。560 nm の光子 1 個のエネルギーは
>
> $$E = h\nu = \frac{hc}{\lambda} = \frac{(6.626 \times 10^{-34}\ \text{Js})(2.9979 \times 10^{8}\ \text{ms}^{-1})}{560 \times 10^{-9}\ \text{m}} = 3.55 \times 10^{-19}\ \text{J}$$
>
> である。したがって，60 J のエネルギーを運ぶ光子の数は
>
> $$\frac{60\ \text{J}}{3.55 \times 10^{-19}\ \text{J}} = 1.6_9 \times 10^{20} = 1.7 \times 10^{20}$$
>
> となる。

電磁放射は，たとえば，原子がエネルギーを吸収したときに起こる。原子がエネルギーを吸収すると，低いエネルギー準位から高いエネルギーへと遷移する。これは励起とよばれる。励起状態にある原子は，より低い安定なエネルギー準位に向かって遷移する。このとき，特定の振動数を持つ電磁波を放射する。

各元素は，励起されるとその元素固有の一連の振動数からなるスペクトルを与える。そのスペクトルは励起された元素によって発せられるので，発光スペクトル（emission spectrum）または原子スペクトル（atomic spectrum）とよばれる。たとえば，低圧の水素に放電すると薄赤紫色の光が発生してくる。放電

されると，はじめに水素分子はばらばらにされ水素原子が発生し，水素原子がさらに励起され，いろいろな励起状態をとることになる。この励起状態から安定なエネルギー準位に遷移するときに放射される電磁波に赤紫色を呈するものが含まれているのである。これをプリズムや回折格子に通すと，個々の振動数の電磁波に分離される（図1・3）。

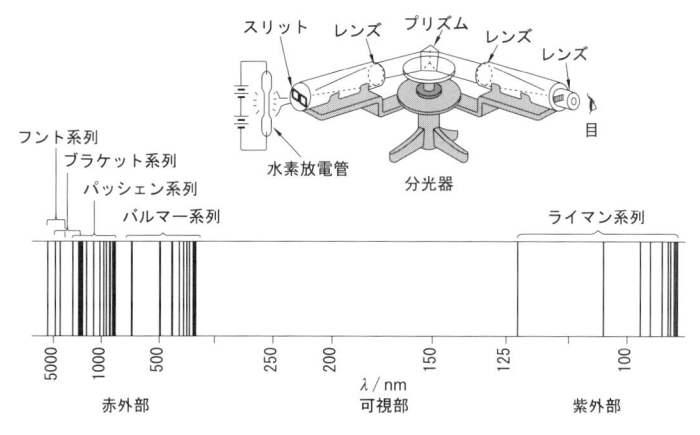

図1・3 水素の原子スペクトルの発生とそのスペクトル系列

短波長側で間隔がつまってくる一連の線列をスペクトル系列という。1885年にBalmerは，水素の原子スペクトルにおける可視部のスペクトル系列（波長656.3 nm, 486.1 nm, 434.0 nm, 410.2 nm, ・・・）が次の式に従うことを発見した。

$$\frac{1}{\lambda} = R_\infty \left(\frac{1}{4} - \frac{1}{n^2} \right) \qquad n = 3, 4, 5, 6, \cdots \tag{1-3}$$

ここでR_∞はある定数である。その後の検出器の性能の向上とともに，赤外領域や紫外領域にも同様のスペクトル系列があることが明らかになった。これらの系列はもっと一般的な形のリュードベリ-リッツの式（Rydberg-Ritz formula）

$$\frac{1}{\lambda} = R_\infty \left(\frac{1}{n_1^2} - \frac{1}{n_2^2} \right) \qquad n_1 = 1, 2, 3, 4, \cdots \tag{1-4}$$

で表されることがわかった。R_∞は水素に対するリュードベリ定数（Rydberg constant；数値は$1.097 \times 10^7 \mathrm{m}^{-1}$）である。$n_1$と$n_2$はそれぞれ整数で$n_1 < n_2$の関係にある。$n_1$はそれぞれ異なるスペクトル系列に対応しており，たとえば，ライマン系列（Lyman series）は$n_1 = 1$で$n_2 = 2, 3, 4, \cdots$となり，波長は紫外

領域にある。バルマー系列（Balmer series）は $n_1 = 2$ に対応しており，波長は可視部にある。一方，パッシェン（Paschen），ブラケット（Brackett），フント（Pfund），ハンフリース（Humphreys）の各系列は $n_1 = 3, 4, 5, 6$ に対応し，波長は赤外領域にある。各系列で，短い波長の方を見ていくとだんだん互いに接近してくることが分かるが，各系列でもっとも波長の短い線を系列極限（series limit）という。この系列極限よりも短波長の光子のエネルギーが吸収されたときには，原子はイオン化されることになる。

1－2　ボーアの水素原子モデル

Bohrは，1913年に水素原子モデルに基づいて，はじめて原子スペクトルの現象を説明しようとした。そこでは，水素原子が励起されるとは，原子核のまわりにある電子が励起されることを意味しており，これにより，水素原子のエネルギー準位を非常に正確に計算する式を導き出すことに成功した。ボーアの理論は後に原子構造に関する現代的理論（量子力学）に取って代わられたが，現代的理論は多くの基本的な概念をボーアの理論から引き継いでいるので，これを知ることは有益である。ボーアの水素原子モデルでは，水素原子は電荷$+e$を持つ重い原子核のまわりを1個の電子（電荷$-e$，質量m_e）が環状の軌道内を動いていると仮定した（図1・4）。そしてこの円運動する電子のエネルギーに量子論をとりこみながら次のような仮定をした。

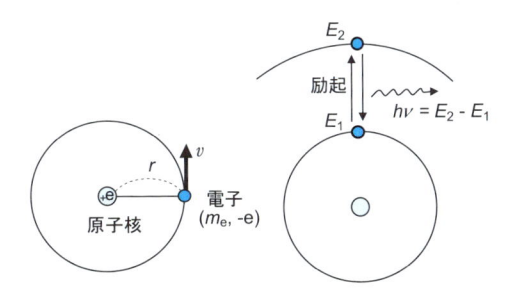

図1・4　ボーアの水素原子モデル

（1）　電子がある決まった軌道上を運動している限り，外に対してエネルギー（すなわち光子のエネルギー）を放出することはなく，一定のエネルギー状態（定常状態）を持続する。

(2) 軌道を回る電子の角運動量（$m_e vr$, v は電子の速度, r は軌道の半径）は不連続な一群の値のみを取ることが許されている。その値は, $h/2\pi$ の整数倍である（量子条件）。

$$m_e vr = n\frac{h}{2\pi} \tag{1-5}$$

ここで n は整数で量子数（quantum number）という。

(3) 電子が一つの定常状態（stationary state）から他の定常状態に移るとき, すなわち, ある軌道から別の軌道に遷移するとき, 光が放出されたり吸収されたりする。このときの光の振動数 ν は次式で与えられる（ボーアの振動数条件(Bohr frequency condition)）。

$$h\nu = E_2 - E_1 \tag{1-6}$$

ただし, E_1 と E_2 はそれぞれエネルギーが低い状態および高い状態を表す。

半径 r で円軌道を回る電子においては, 遠心力 $m_e v^2/r$ と原子核との間のクーロン力 $e^2/4\pi\varepsilon_o r^2$ がつり合うことから

$$\frac{m_e v^2}{r} = \frac{e^2}{4\pi\varepsilon_o r^2} \tag{1-7}$$

ここで ε_o は真空の誘電率で, $8.854\times10^{-12}\,\mathrm{C^2 N^{-1} m^{-2}}$ の値を持つ。(1-5)式と(1-7)式から

$$r = \frac{\varepsilon_o h^2}{\pi m_e e^2} n^2 \tag{1-8}$$

$n=1$ に対応する r (5.29×10^{-11}m) は最小軌道半径で, ボーア半径(Bohr radius)とよばれる。

半径 r の円軌道上の電子の定常状態におけるエネルギー E は, 運動エネルギー $(1/2)m_e v^2$ と位置エネルギー $-e^2/4\pi\varepsilon_o r$ の和であるとして

$$E = \frac{1}{2}m_e v^2 + \frac{-e^2}{4\pi\varepsilon_o r} \tag{1-9}$$

(1-9)式は(1-7)式と(1-8)式より

$$E = -\frac{m_e e^4}{8\varepsilon_o^2 h^2}\left(\frac{1}{n^2}\right) \tag{1-10}$$

いま，量子数が n_2 の状態から n_1 の状態に遷移するとき放出される光子のエネルギーを ΔE，振動数を ν，波長を λ とすれば，ボーアの振動数条件から

$$\Delta E = h\nu = \frac{hc}{\lambda} = \frac{m_e e^4}{8\varepsilon_o^2 h^2}\left(\frac{1}{n_1^2} - \frac{1}{n_2^2}\right) \tag{1-11a}$$

$$\frac{1}{\lambda} = \frac{m_e e^4}{8\varepsilon_o^2 h^3 c}\left(\frac{1}{n_1^2} - \frac{1}{n_2^2}\right) \tag{1-11b}$$

これはリュードベリ-リッツの式 (1-4) と同形であり，リュードベリ定数 R_∞ に該当する $m_e e^4/8\varepsilon_o^2 h^3 c$ を計算すると $1.097 \times 10^7 \mathrm{m}^{-1}$ となり，実験値から求めたものとよく一致する。量子数 n と水素の原子スペクトルにおける各系列の関係を図 1・5 に示した。

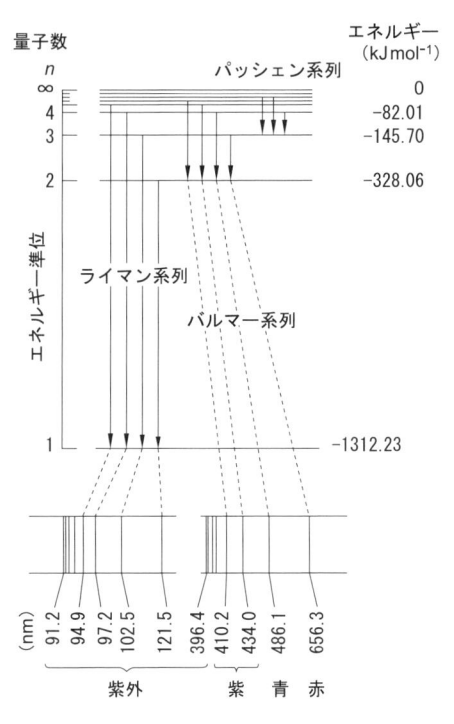

図1・5　スペクトル系列とエネルギー準位

> **例題 1・2** 水素原子で $n = 5$ から $n = 2$ への遷移の際に放出される光の振動数および波長を計算せよ。また，このスペクトル線はどの系列に属するか。
>
> 放出される光の波長と量子数との関係は
>
> $$\frac{1}{\lambda} = \frac{m_e e^4}{8\varepsilon_o^2 h^3 c}\left(\frac{1}{n_1^2} - \frac{1}{n_2^2}\right) = \left(1.097 \times 10^7 \text{ m}^{-1}\right)\left(\frac{1}{n_1^2} - \frac{1}{n_2^2}\right)$$
>
> で表される。したがって
>
> $$\frac{1}{\lambda} = \left(1.097 \times 10^7 \text{ m}^{-1}\right)\left(\frac{1}{2^2} - \frac{1}{5^2}\right)$$
>
> となる。よって
>
> $$\lambda = 4.341 \times 10^{-7} \text{m} = 434.1 \text{ nm}$$
>
> また振動数 ν は
>
> $$\nu = \frac{c}{\lambda} = \frac{2.9979 \times 10^8 \text{ ms}^{-1}}{4.341 \times 10^{-7} \text{ m}} = 6.906 \times 10^{14} \text{ s}^{-1}$$
>
> となる。波長は 434.1 nm の可視部にあり，バルマー系列に属する。

以上のようにボーアの原子モデルで原子スペクトルは見事に説明されたが，同じ成果は波動力学の概念を使うことで，ボーア理論にあるいくつかの欠点なしに得ることができる。欠点のうちの二つをあげておく。ボーア理論では，電子のエネルギー準位はとびとびの状態しか許されないという量子条件，つまりエネルギーの量子化（quantization of energy）の概念が導入されているが，これは線スペクトルを説明するため以外に十分な根拠がなく，任意的である。また，原子核のまわりを回る電子が一定の進路（軌道）内で一定の速さで運動すると仮定した。このことは，ハイゼンベルグの不確定性の原理（uncertainty principle）とよばれる原理と相容れない。この原理によれば，電子の位置と速さを同時に正確に知ることはできないのである。続いて電子の波動性について見ていこう。

1－3 電子の二重性：波動力学

原子中の電子の挙動について，現在認められている理論は，波動力学または量子力学（quantum mechanics）とよばれている。この考え方は，de Broglie によって 1924 年に提案された仮説によって開かれた。さきに述べたように，光の

性質をすべて説明するには，光を波および粒子（光子）として見なければならない。ド・ブロイは，質量がある動く物体もすべて光と同じように波の性質を持っていると提案した。すなわち，すべての物体は，粒子であると同時に物質波（material wave）としても振舞うと考えた。

はじめに光子について考えてみよう。振動数 ν を持つ光子のエネルギーは(1-1a)式から

$$E = h\nu \tag{1-1a}$$

となる。一方，アインシュタインの質量-エネルギーの等価性の関係から，同じエネルギーは

$$E = mc^2 \tag{1-12}$$

と表され，質量 m に対応していることになる。この質量 m は ν の振動数を持つ光子の有効質量というべきものである。(1-1a)式と(1-12)式を等しいとおいて

$$mc^2 = h\nu$$

$\nu = c/\lambda$ だから

$$mc^2 = \frac{hc}{\lambda} \quad \text{つまり} \quad mc = \frac{h}{\lambda}$$

が得られる。ド・ブロイは質量 m を持ち，速さ v で運動する粒子に対して同様の式を提案した。

$$mv = \frac{h}{\lambda} \tag{1-13}$$

運動量 $p = mv$ から，この式は

$$p = \frac{h}{\lambda} \tag{1-14}$$

とも表される。したがって，この粒子には波長

$$\lambda = \frac{h}{mv} = \frac{h}{p}$$

の波がともなっているとした。

> **例題1・3** あるピッチャーが速さ$150\,\mathrm{km\,h^{-1}}$の速球を投げた。このボールの波長を計算せよ。ボールの質量は$100\,\mathrm{g}$とする。
>
> (1-13)式を用いて
> $$\lambda = \frac{h}{mv} = \frac{6.626 \times 10^{-34}\,\mathrm{Js}}{(100\,\mathrm{g})(150\,\mathrm{km\,h^{-1}})}$$
>
> $1\,\mathrm{J} = 1\,\mathrm{kg\,m^2\,s^{-2}}$を含む単位の換算係数法より
> $$\lambda = \frac{6.626 \times 10^{-34}\,\mathrm{kg\,m^2\,s^{-2}\,s}}{(100\,\mathrm{g})(150\,\mathrm{km\,h^{-1}})} \left(\frac{1\,\mathrm{g}}{10^{-3}\,\mathrm{kg}}\right)\left(\frac{1\,\mathrm{km}}{10^3\,\mathrm{m}}\right)\left(\frac{3600\,\mathrm{s}}{1\,\mathrm{h}}\right)$$
> $$= 1.59 \times 10^{-34}\,\mathrm{m}$$
>
> この値は極めて小さい。このように目に見える巨視的な物体を波動力学で扱い，計算することはできるが，その結果が巨視的な物体を扱う古典力学のモデルに重要な影響を及ぼすことはない。

> **例題1・4** 電位差$1\,\mathrm{V}$中におかれた電子1個が獲得する運動エネルギーを$1\,\mathrm{eV}$という。$10.0\,\mathrm{eV}$の電子の波長を求めよ。ただし，$1\,\mathrm{eV} = 1.602 \times 10^{-19}\,\mathrm{J}$，電子の質量を$m_e = 9.11 \times 10^{-31}\,\mathrm{kg}$とする。
>
> $10.0\,\mathrm{eV}$の電子の運動エネルギーが$(1/2)\,m_e v^2$に等しいとおけば
> $$\frac{1.602 \times 10^{-19}\,\mathrm{J}}{1\,\mathrm{eV}}(10.0\,\mathrm{eV}) = \frac{1}{2}m_e v^2 = \frac{1}{2}(9.11 \times 10^{-31}\,\mathrm{kg})v^2$$
>
> $1\,\mathrm{J} = 1\,\mathrm{kg\,m^2\,s^{-2}}$であるから
> $$v^2 = 3.517 \times 10^{12}\,\mathrm{m^2\,s^{-2}}$$
>
> したがって
> $$v = 1.87_5 \times 10^6\,\mathrm{ms^{-1}}$$
>
> (1-13)式を用いて
> $$\lambda = \frac{h}{m_e v} = \frac{6.626 \times 10^{-34}\,\mathrm{Js}}{(9.11 \times 10^{-31}\,\mathrm{kg})(1.87_5 \times 10^6\,\mathrm{ms^{-1}})} = 3.88 \times 10^{-10}\,\mathrm{m}$$

この二つの例題で明らかなように，電子のような微視的な物体の場合には波長は十分に大きく，波としての性質が顕著になることが予想される。

原子核を取り囲む電子が波でもあると考えると，ボーア理論における角運動量の量子条件と同じ結論を導くことができる。電子波の考え方を，2次元の水

素原子モデルに適用すると，たとえば，図 1・6 (a) のように書くことができる。図のように，波の振幅が 0 になる部分が動かない波，つまり定在波(standing wave)，であることが必要である。電子の波が定在波でない場合には，図 1・6 (b) で表すように，電子波は干渉作用により安定には存在できないからである。定在波になるためには，おのずから波長に制限を受けることになる。つまり，波長は円周の整数分の 1 になる必要がある。

$$\frac{2\pi r}{\lambda} = n \qquad (n = 1, 2, 3, \cdots) \tag{1-15}$$

電子の軌道角運動量 $m_e vr$ は，(1-13)式と(1-15)式から

$$m_e vr = \frac{h}{\lambda} r = \frac{h}{2\pi} n \qquad (n = 1, 2, 3, \cdots)$$

となり，ボーア理論の角運動量の量子条件(1-5)式そのものとなる。

振幅が0になる部分が不動

波が重なっていない

(a) 定在波の場合　　(b) 定在波でない場合

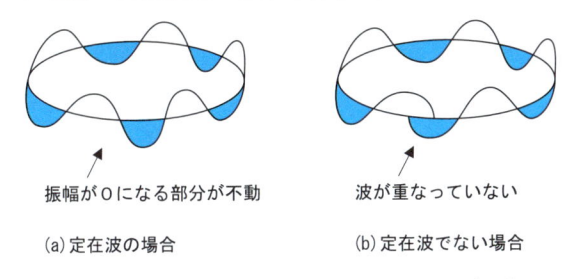

図 1・6　水素原子の 2 次元電子波によるモデル化

このド・ブロイの仮定はただちには受け入れられなかったが，1927 年に Davisson と Germer は，光の回折と同じように電子も回折することを明らかにし，(1-13) 式にある m, v, λ の関係を正確に示した。これによりド・ブロイの仮定は確証されることになった。

Schrödinger は 1926 年に電子の波動性に基づいて新しい力学を展開した。これを波動力学あるいは量子力学という。この考え方では，電子は波動現象に適した方程式に従うものと考えた。原子や分子中の電子の挙動は，シュレーディンガーの波動方程式 (1-16) で表される。

$$-\frac{h^2}{8\pi^2 m_e}\left(\frac{\partial^2 \psi}{\partial x^2} + \frac{\partial^2 \psi}{\partial y^2} + \frac{\partial^2 \psi}{\partial z^2}\right) + V\psi = E\psi \tag{1-16}$$

ここで，h はプランク定数，m_e は電子の質量，V はポテンシャルエネルギー，E は全エネルギー，ψ（ギリシャ文字でプサイと読む）は波動関数（wave function）を表している。

　水素原子では，陽子は電子より約1840倍も重く，事実上固定していると仮定すれば，水素原子についてのシュレーディンガー方程式は電子1個についての式になり，完全に解くことができる。古典力学で運動方程式を解くと，その答は物体の正確な位置と正確な速さを与えるが，シュレーディンガーの波動方程式の解は，波動関数の形で求められる。これは電子の正確な位置も速さも与えていない。その代わりに，波動関数の2乗が，電子がある位置に存在する確率を表している。3次元の空間に存在する確率の大小を濃淡で表現し雲のように表す。これを電子雲（electron cloud）という。つまり，電子は，惑星のように一定の軌道上を一定の速さで運動しているのではなく，電子雲中のどこかに存在することは予測できるが，その位置は確定できないというものである。この意味でボーアのモデルにおける軌道（orbit）とは異なるものである。波動関数のことをorbitalというが，本書ではこれも軌道という語で表すことにする。さらに，波動方程式を解くと，ただ一つの解が得られるというのではなく，特有のいくつかの解（波動関数）からなる1組を得る点でも古典力学とは異なっている。波動力学では，各波動関数が1組の量子数で特徴付けられ，この量子数に対応する波動関数だけが許される。この量子数は，ボーア理論の (1-5) 式で表される量子数と類似の関係にあるが，いわゆる波動方程式を解く上で意味のある解を得るための条件とでもいうべきものである。各波動関数は，それぞれ一つのエネルギー状態（(1-16)式のE）に対応していることから，電子の取り得るエネルギー準位はとびとびの状態しか許されないことになり，ボーア理論の量子条件と同様の結果が導かれる。

　電子のような微小な粒子は，どこにいるのか，どこに行くのかを同時に知ることはできず，ただ，ある位置に存在する確率だけが波動関数から導かれると述べたが，これは，1927年に提唱されたハイゼンベルグの不確定性原理に基づくものである。この原理は，もし，微小な粒子の位置xと運動量pとを同時に測定しようとするならば，それらには次の式の関係による誤差は避けられないとするものである。

$$\Delta x \cdot \Delta p \geqq \frac{h}{4\pi} \tag{1-17}$$

この式は粒子の位置の不確定さΔxと運動量の不確定さΔpの積が一定の値

($h/4\pi$) と等しいか，それよりも大きくなければならないことを示している。

1−4　水素原子の構造

　水素原子の波動関数は，それぞれ3種類の量子数 n, l, m で規定される。それぞれの量子数は整数でなければならない。量子数 n は主量子数（principal quantum number）とよばれ，軌道のエネルギーは主量子数 n だけによって決まっている。この軌道エネルギーは，ボーア理論を使って導かれるエネルギーと同じで，(1-10)式で与えられる。量子数 l は方位量子数（azimuthal quantum number）とよばれ，主として軌道の形を決める。磁気量子数（magnetic quantum number）とよばれる量子数 m は，軌道の空間での配向を表している。許される量子数 n, l, m の値には，数学的な条件から一定の制限がある。その値をまとめると次のようになる。

　　　主量子数　　　　　$n = 1, 2, 3, 4, \cdots$
　　　方位量子数　　　　$l = 0, 1, 2, 3, \cdots, n-1$
　　　磁気量子数　　　　$m = -l, -l+1, \cdots, 0, \cdots, l-1, l$

n は1から始まる正の整数，l は与えられた n に対して $0, 1, 2, 3, \cdots, n-1$ の n 個の値をとる。主量子数が同じすべての軌道は，その原子の同じ殻(shell)に属するといわれる。それぞれの殻は，一つかそれ以上の副殻(subshell)によって構成され，副殻は方位量子数によって特定される。主量子数はそのまま数字で表されるが，方位量子数は，各数値に対して次の記号が用いられる。

l	0	1	2	3
表示文字	s	p	d	f

　主量子数と方位量子数は数字と記号を組み合せて表され，同じ n, l の値をとる軌道は，同じ副殻にあるといわれる。それぞれの副殻は，一つかそれより多くの軌道で構成されている。副殻内の一つの軌道は m の値によって規定される。m は，l の値に関係し，$-l, -l+1, \cdots, 0, \cdots, l-1, l$ の $(2l+1)$ 個の値をとることになる。量子数とこれらの原子軌道の関係は次の表 1・1 のようにまとめられる。

表 1・1　量子数と原子軌道

主量子数 n（殻）	方位量子数 l（副殻）	副殻 名称	磁気量子数 m（軌道）
1	0	1s	0
2	0	2s	0
	1	2p	$-1, 0, +1$
3	0	3s	0
	1	3p	$-1, 0, +1$
	2	3d	$-2, -1, 0, +1, +2$
4	0	4s	0
	1	4p	$-1, 0, +1$
	2	4d	$-2, -1, 0, +1, +2$
	3	4f	$-3, -2, -1, 0, +1, +2, +3$

　さて，次頁に示した原子軌道は，空間のある点に電子を見いだす確率を与えるもので，図に描くときには濃淡表示でその確率を表す．この方法によれば，たとえば1s，2s軌道は，図1・7(a)に示される．しかし，もっと簡単な方法は，図1・7(b)で描いたような境界面（boundary surface）だけを示すものである．この境界面の内側には電子の約90％が存在していることを表している．これによればs軌道は球形となり，1s，2s，3s軌道の順で大きな形となっていく．また，図1・7(a)で示すように，2s軌道には間にまったく電子が存在しない領域（これを節（node）とよぶ）が一つあることがわかる．3s軌道は2個の節を持つ．一方，2p軌道には，軌道の空間での配向を表す磁気量子数が3個あることから，それぞれを境界面で表示すれば，x，y，z軸方向に向いた2個のローブの形になる．それぞれをp_x，p_y，p_zとよぶ．そこでは節の面は原子核をよぎり，2個のローブを分断している．3p軌道も同様の2個のローブの形になるが，s軌道と同じように2個のローブの内側にもう1個の節を持っている．図1・7(b)にはd軌道も境界面の表示法で示してある．

(a) 電子密度を濃淡表示で表す

1s　　　2s

(b) 境界面を使って表す（境界面の中に電子を見出す確率は９０％）

1s　　　2s

p 軌道

p_x　　　p_y　　　p_z

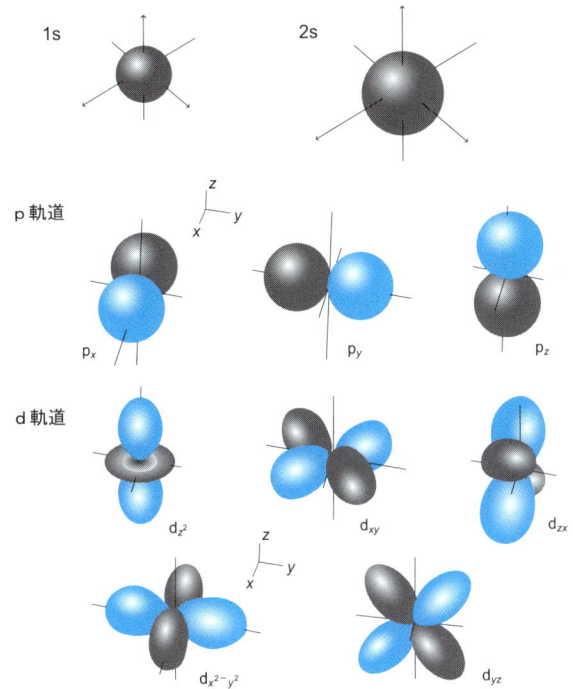

d 軌道

d_{z^2}　　　d_{xy}　　　d_{zx}

$d_{x^2-y^2}$　　　d_{yz}

図 1・7　水素原子の原子軌道の表示

　水素原子の電子が 1s 軌道を占めるときに最低のエネルギーを持ち，原子は基底状態にあるという．その状態は，図 1・7 で示すように 1s 電子（1s 軌道を占める電子）が原子核のまわりに球対称に広がっているのであり，境界面のまわりを回っていると考えるべきではない．水素原子の各軌道のエネルギー準位を図 1・8 に示した．

　3 種類の量子数 n, l, m は，波動方程式を解くときに条件として自然に出てくるものであるが，これらに加えて，4 番目の量子数がある．これは実験の結果はじめて知られるようになった．1921 年に，Stern と Gerlach は，銀の原子線が

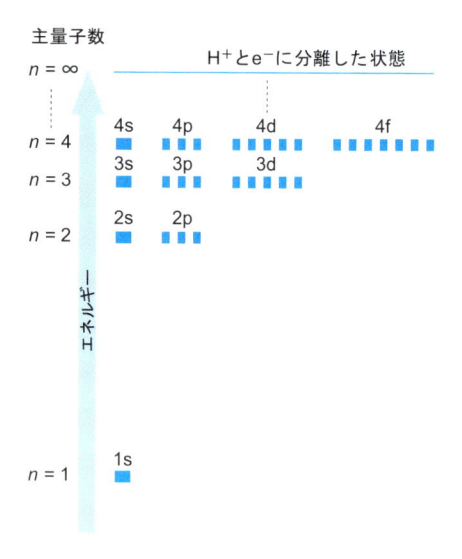

図 1・8　水素原子の軌道のエネルギー準位

不均一な磁場を通ると二つの成分に分離することを示した．銀原子には，対になっていない電子が 1 個あることから，彼らは，電子が自分自身の軸のまわりを自転していると考え，その自転と磁場の相互作用で原子線が分離したと説明した．原子線が 2 成分に分離することから，電子の自転は空間で二つの方向に限られることになる．この方向を反対向きの矢印で表す．

↑ と ↓

上向きの矢印（↑）は，電子の自転の軸が磁場の方向を向いていることを示し，これをスピン量子数（spin quantum number）$+1/2$ であるとした．また，電子の自転の軸が磁場の反対方向を向いているものを下向きの矢印（↓）で表し，$-1/2$ のスピン量子数を持つとした．このように原子内の電子はスピン量子数 m_s を持ち，その値は $+1/2$ または $-1/2$ となる．

以上のように，原子内の電子の状態を決める 4 種類の量子数（n, l, m, m_s）がそろったことになる．電子は，これらの量子数で性格が決められ，同じ性格のものはただ一つもない．これは，次に述べる多電子原子の中の電子にもあてはまるものである．

1−5 多電子原子の構造

　水素原子での 1s, 2s, 3s, ・・・軌道は，もっと複雑な，水素以外の多電子原子の構造を記述するのにも使われる。これらの軌道は基本的には水素のものと同じだが，詳細にみれば違う点もある。たとえば，原子核の電荷が大きいので，内部の電子は核の近くまで引きつけられ，軌道の広がりも小さくなる。その結果，同じ 1s 軌道でも，この軌道を占有する電子のエネルギーは，水素原子での 1s 電子の持つエネルギーより低い準位にある。さて，図 1・8 に示すように，水素原子の軌道の場合には，主量子数は同じで異なる副核に属する軌道，たとえば 2s と 2p 軌道は同じエネルギー準位を持つ。このように二つ以上の状態が，同じエネルギーを持つ状況を縮退(degeneracy)という。それでは多電子原子でも同じようにこれらの軌道は縮退しているのだろうか。答はノーである。これは，多電子原子の場合には，たとえば，2s と 2p 軌道が電子に占有されるときは，必ずそれらよりも低いエネルギー準位で内殻の 1s 軌道に電子が 2 個存在していることから起こる現象である。核の正電荷は内殻にある電子により部分的に遮蔽されているので，外殻にある電子に感じられる正電荷は核の電荷全体よりは小さくなる。外殻にある電子に感じられる電荷全体を有効核電荷(effective nuclear charge)という。図 1・9 には，2s および 2p 電子の電子密度を濃淡表示で表している。図中の実線は，1s 軌道の境界面を表している。2p 電子よりも 2s 電子の方が，1s 軌道の境界面の中により大きな電子密度を持っていることがわかる。つまり，2s 電子は 2p 電子よりも 1s 軌道の境界面の中に

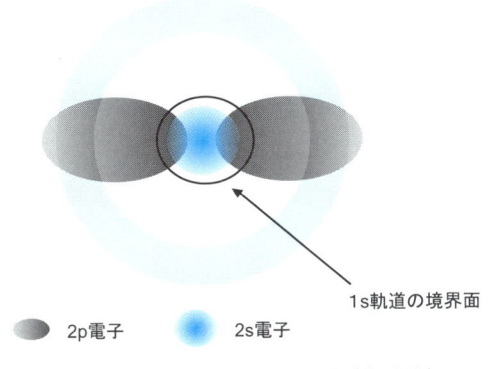

図 1・9　2s 電子と 2p 電子の浸透の比較
　　　　　実線は，1s 軌道の境界面を表す

浸透しやすいといえる。このことは，2s電子の方が，1s電子による核電荷の遮蔽効果を受ける割合が小さい。すなわち，2s電子の方が2p電子よりも大きな有効核電荷を受けていることになる。その結果，2p電子と比較し，2s電子の方が，核電荷による電気的な引力を強く受け，エネルギーが低くなる。

　以上のように，各軌道電子の，より内側にある殻への浸透(penetration)のしやすさが原因となって，2sと2p軌道以外の縮退した軌道間でもエネルギーに差が出てくる。多電子原子の各軌道のエネルギー準位を図1・10に示した。上にある軌道のエネルギー準位は接近していて，逆転することもある。

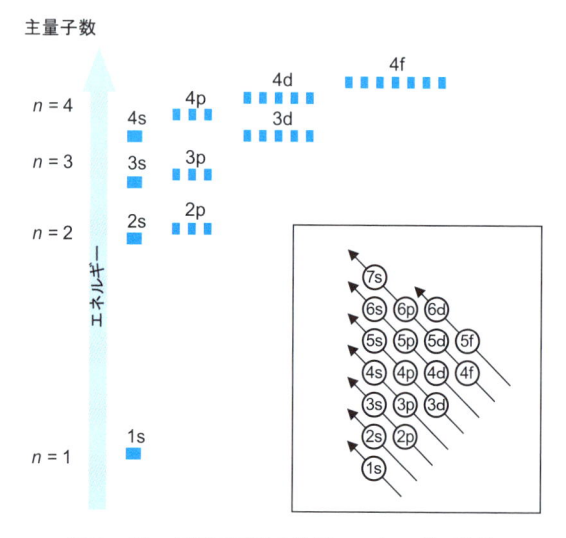

図1・10　多電子原子の軌道のエネルギー準位

　電子が原子核のまわりの軌道に分配される様子を電子構造 (electronic structure) あるいは電子配置 (electron configuration) という。この電子配置に関係した重要な原理・規則に，パウリの禁制原理 (Pauli exclusion principle) とフントの規則 (Hund's rule) がある。パウリの禁制原理とは，一つの原子の中の電子で，4種類の量子数がすべて同じ電子は存在できないことをいう。つまり，量子数 n, l, m が同じ場合には，スピン量子数の異なる2個の電子しか持ちえないことを意味する。このことから，一つの軌道にはいる電子の数は2個までであり，2個の電子のスピンは逆向きとなる。一方，フントの規則とは，電子が縮

退したいくつかの軌道にはいるときには，電子はそれぞれの軌道にそのスピンが同じ方向に向くようにはいり，縮退した軌道がすべて1個ずつの電子で占められるまで続くというものである．これは，電子が同じ軌道を占めるよりは，異なる軌道にある方が，平均して互いに離れることができ，反発が小さくなるからである．

以上のことをまとめると，次の規則によって基底状態にある中性原子の電子配置は決まっていく．

1. 原子の原子番号がZであれば，Z個の電子を収容する．正負のイオンの場合にもZから電子を引いたり足したりすることによりこの規則が適用できる．

2. 低いエネルギーの軌道に電子を1個ずつ付け加えていく．軌道のエネルギーの順序は，1s, 2s, 2p, 3s, 3p, 4s, 3d, 4p, 5s, 4d, 5p, 6sの順である．

3. どの軌道にも2個より多くの電子をいれてはいけない．

このルールに従い，水素H（$Z=1$）とヘリウムHe（$Z=2$）の電子配置は

H $\underline{\uparrow}$ He $\underline{\uparrow\downarrow}$
   1s   1s

となる．電子配置のこのような表現方法は，ふつう軌道図表（orbital diagram）とよばれる．ヘリウムのように，同じ1s軌道に2個の電子をおくときには，パウリの禁制原理からスピンが反対方向を向くことになる．この電子配置は，また，H 1s^1 および He 1s^2 と表現できる．リチウム Li（$Z=3$）とベリリウム Be（$Z=4$）は

Li $\underline{\uparrow\downarrow}$ $\underline{\uparrow}$ 1s^{2}2s$^1 \equiv$ [He]2s^1
    1s   2s

Be $\underline{\uparrow\downarrow}$ $\underline{\uparrow\downarrow}$ 1s^{2}2s$^2 \equiv$ [He]2s^2
    1s   2s

と表現できる．すでに1s副殻は完全に占められており，2個の電子は閉殻（closed shell）を形成しているという．したがって，3番目，4番目の電子は1s軌道にははいれず，次にエネルギーが低い2s軌道にはいる．それらの電子配置はLi 1s^{2}2s^1, Be 1s^{2}2s^2 と書ける．また，これらは Li [He] 2s^1, Be [He] 2s^2 とも表現できる．これは，最外殻電子（もっともnの大きい殻にある電子）の配置に注目したもので，それより中にある殻の電子，つまり芯電子（core electron）を[ ]で略記する．この例では，満たされた1s軌道（1s副殻）はヘリウム殻

とよばれ，[He]と書く。これはまた希ガスの電子配置に対応している。この表記法によれば，通常，化学結合に直接関与する最外殻電子すなわち価電子（valence electron）の配置がすぐにわかり大変都合がよい。

続いて，ホウ素B（$Z=5$）は，2s軌道よりも高いエネルギーを持つ2p副殻に1個電子がはいるが，次の炭素C（$Z=6$）が問題である。2p副殻には3個の2p軌道が縮退しているが，6番目の電子は，フントの規則から，5番目の電子がはいっている2p軌道とは別の2p軌道にスピンが同じ方向に向くようにはいる。同様に，$Z=7$の窒素Nの7番目の電子は，3番目の2p軌道にはいっていく。

B　　↑↓　　↑↓　　↑　　＿＿　＿＿　　　$1s^22s^22p^1 \equiv [He]2s^22p^1$
　　　1s　　2s　　　　2p

C　　↑↓　　↑↓　　↑　↑　＿＿　　　$1s^22s^22p^2 \equiv [He]2s^22p^2$
　　　1s　　2s　　　　2p

N　　↑↓　　↑↓　　↑　↑　↑　　　$1s^22s^22p^3 \equiv [He]2s^22p^3$
　　　1s　　2s　　　　2p

最後に，酸素O，フッ素Fに続いてネオンNe（それぞれ$Z=8,9,10$）で2p副殻がすべて占有される。2p副殻が完成するとき閉殻配置になるという。

O　　↑↓　　↑↓　　↑↓　↑　↑　　　$1s^22s^22p^4 \equiv [He]2s^22p^4$
　　　1s　　2s　　　　2p

F　　↑↓　　↑↓　　↑↓　↑↓　↑　　　$1s^22s^22p^5 \equiv [He]2s^22p^5$
　　　1s　　2s　　　　2p

Ne　↑↓　　↑↓　　↑↓　↑↓　↑↓　　　$1s^22s^22p^6 \equiv [He]2s^22p^6$
　　　1s　　2s　　　　2p

ナトリウムNa（$Z=11$）にはもう1個電子があり，それは次の3s軌道にはいり，その配置は$1s^22s^22p^63s^1 \equiv [Ne]3s^1$となる。ここでは，満たされた1s，2sおよび2p副殻はネオン殻となり，[Ne]と略記される。

ここまでくれば元素の周期性を説明できる。周期表の第3周期，ナトリウムNa（$Z=11$）からアルゴンAr（$Z=18$）は，3s副殻と3p副殻が電子で占められていくところである。図1・10からもわかるように，次のエネルギー準位は，3dではなく4s軌道である。したがって，第4周期のカリウムK（$Z=19$）とカルシウムCa（$Z=20$）の電子配置は，それぞれ$1s^22s^22p^63s^23p^64s^1 \equiv [Ar]4s^1$と

$1s^22s^22p^63s^23p^64s^2 \equiv [Ar]4s^2$ となる．さて，次のエネルギー準位が 3d 副殻となるが，この殻には 5 種類の縮退した軌道があり，結果として 10 個の電子を収めることができる．したがって，$Z=21$ のスカンジウム Sc から亜鉛 Zn ($Z=30$) までは 3d 副殻が完成していくところといってよい．ただし，クロム Cr ($Z=24$) と銅 Cu ($Z=29$) では，その電子位置は，Cr $[Ar]3d^54s^1$ および Cu $[Ar]3d^{10}4s^1$ となることに注意が必要である．これは，高いエネルギー準位にある 3d 副殻が詰まっていくと，その電子-電子の反発が，4s 軌道と 3d 軌道のエネルギー差と同じ程度になって，単純な解析ではもはやうまくいかなくなるからである．なお，3d 副殻を満たしていくスカンジウム Sc から銅 Cu までが第一遷移元素と分類される．

3d 副殻が満たされた後，ガリウム Ga ($Z=31$) からクリプトン Kr ($Z=36$) では，4p 副殻が完成していく．この後，$Z=37$ のルビジウム Rb と $Z=38$ のストロンチウム Sr が続き，5s 軌道が完全に満たされる．さらに続いて，4d 副殻がイットリウム Y ($Z=39$) からカドミウム Cd ($Z=48$) の間で，また，5p 副殻がインジウム In ($Z=49$) からキセノン Xe ($Z=54$) まで，そして 6s 軌道がセシウム Cs ($Z=55$) とバリウム Ba ($Z=56$) で満たされる．4d 副殻が満たされていくイットリウム Y から銀 Ag までが第二遷移元素とよばれる．

エネルギー準位から予想されるのは，6s 副殻の上には 4f 副殻があり，そこには 7 種類の縮退した軌道があることから，次の 14 個の元素が 4f 副殻を満たしていくことである．実際は，ランタン La ($Z=57$) の最後の電子が 5d 副殻にはいった後に，4f 副殻が満たされていき，$Z=58$ から 71 までの元素の電子配置が完成する．ランタンから $Z=71$ のルテチウム Lu までの 15 元素をランタノイド元素という．同様に，5f 副殻が満たされていくアクチニウム Ac ($Z=89$) からローレンシュウム Lr ($Z=103$) までの 15 元素をアクチノイド元素とよぶ．これまでの元素の電子配置をまとめれば，表 1・2 のようになる．また，周期表と各副殻との関係は図 1・11 のようにまとめることができる．この図から，1 族の元素であるアルカリ金属は，最外殻となる s 軌道に 1 個の電子を持つことがわかり，お互いに化学的性質が似てくると予想できる．同様にアルカリ土類金属がある 2 族は，2 個の電子で占められた s 軌道が最外殻となることがわかる．1 族と 2 族を除いた 13～18 族の典型元素は p 副殻が最外殻になり，特

表1・2　原子の電子配置

周期	原子番号	元素	K	L		M			N				O				P				Q
			1s	2s	2p	3s	3p	3d	4s	4p	4d	4f	5s	5p	5d	5f	6s	6p	6d	6f	7s
1	1	H	1																		
	2	He	2																		
2	3	Li	2	1																	
	4	Be	2	2																	
	5	B	2	2	1																
	6	C	2	2	2																
	7	N	2	2	3																
	8	O	2	2	4																
	9	F	2	2	5																
	10	Ne	2	2	6																
3	11	Na				1															
	12	Mg				2															
	13	Al	[Ne] ネオン構造 $(1s^2 2s^2 2p^6)$			2	1														
	14	Si				2	2														
	15	P				2	3														
	16	S				2	4														
	17	Cl				2	5														
	18	Ar	2	2	6	2	6														
4	19	K						‥	1												
	20	Ca						‥	2												
	21	Sc						1	2												
	22	Ti						2	2												
	23	V						3	2												
	24	Cr						5	1												
	25	Mn						5	2												
	26	Fe	[Ar] アルゴン構造 $(1s^2 2s^2 2p^6 3s^2 3p^6)$					6	2												
	27	Co						7	2												
	28	Ni						8	2												
	29	Cu						10	1												
	30	Zn						10	2												
	31	Ga						10	2	1											
	32	Ge						10	2	2											
	33	As						10	2	3											
	34	Se						10	2	4											
	35	Br						10	2	5											
	36	Kr	2	2	6	2	6	10	2	6											
5	37	Rb							‥	‥			1								
	38	Sr							‥	‥			2								
	39	Y									1	‥	2								
	40	Zr									2	‥	2								
	41	Nb									4	‥	1								
	42	Mo									5	‥	1								
	43	Tc	[Kr] クリプトン構造 $(1s^2 2s^2 2p^6 3s^2 3p^6 3d^{10} 4s^2 4p^6)$								6	‥	1								
	44	Ru									7	‥	1								
	45	Rh									8	‥	1								
	46	Pd									10	‥	‥								
	47	Ag									10	‥	1								
	48	Cd									10	‥	2								
	49	In									10	‥	2	1							
	50	Sn									10	‥	2	2							

第一遷移元素（Sc〜Cu）
第二遷移元素（Y〜Ag）

（ □ ：典型元素, □ ：遷移元素）
（ □ ：ランタノイド, アクチノイド）
Zn, Cd, Hgは遷移元素としても分類される。

周期	原子番号	元素	K	L		M			N				O				P				Q
			1s	2s	2p	3s	3p	3d	4s	4p	4d	4f	5s	5p	5d	5f	6s	6p	6d	6f	7s
5	51	Sb				クリプトン構造					10	··	2	3							
	52	Te									10	··	2	4							
	53	I									10	··	2	5							
	54	Xe	2	2	6	2	6	10	2	6	10	··	2	6							
6	55	Cs	2	2	6	2	6	10	2	6	10	··	2	6	··	··	1				
	56	Ba	2	2	6	2	6	10	2	6	10	··	2	6	··	··	2				
	57	La	2	2	6	2	6	10	2	6	10	··	2	6	1	··	2				
	58	Ce	2	2	6	2	6	10	2	6	10	2	2	6	··	··	2				
	59	Pr	2	2	6	2	6	10	2	6	10	3	2	6	··	··	2				
	60	Nd	2	2	6	2	6	10	2	6	10	4	2	6	··	··	2				
	61	Pm	2	2	6	2	6	10	2	6	10	5	2	6	··	··	2				
	62	Sm	2	2	6	2	6	10	2	6	10	6	2	6	··	··	2				
	63	Eu	2	2	6	2	6	10	2	6	10	7	2	6	··	··	2				
	64	Gd	2	2	6	2	6	10	2	6	10	7	2	6	1	··	2				
	65	Tb	2	2	6	2	6	10	2	6	10	9	2	6	··	··	2				
	66	Dy	2	2	6	2	6	10	2	6	10	10	2	6	··	··	2				
	67	Ho	2	2	6	2	6	10	2	6	10	11	2	6	··	··	2				
	68	Er	2	2	6	2	6	10	2	6	10	12	2	6	··	··	2				
	69	Tr	2	2	6	2	6	10	2	6	10	13	2	6	··	··	2				
	70	Yb	2	2	6	2	6	10	2	6	10	14	2	6	··	··	2				
	71	Lu	2	2	6	2	6	10	2	6	10	14	2	6	1	··	2				
	72	Hf	2	2	6	2	6	10	2	6	10	14	2	6	2	··	2				
	73	Ta	2	2	6	2	6	10	2	6	10	14	2	6	3	··	2				
	74	W	2	2	6	2	6	10	2	6	10	14	2	6	4	··	2				
	75	Re	2	2	6	2	6	10	2	6	10	14	2	6	5	··	2				
	76	Os	2	2	6	2	6	10	2	6	10	14	2	6	6	··	2				
	77	Ir	2	2	6	2	6	10	2	6	10	14	2	6	7	··	2				
	78	Pt	2	2	6	2	6	10	2	6	10	14	2	6	9	··	1				
	79	Au	2	2	6	2	6	10	2	6	10	14	2	6	10	··	1				
	80	Hg	2	2	6	2	6	10	2	6	10	14	2	6	10	··	2				
	81	Tl	2	2	6	2	6	10	2	6	10	14	2	6	10	··	2	1			
	82	Pb	2	2	6	2	6	10	2	6	10	14	2	6	10	··	2	2			
	83	Bi	2	2	6	2	6	10	2	6	10	14	2	6	10	··	2	3			
	84	Po	2	2	6	2	6	10	2	6	10	14	2	6	10	··	2	4			
	85	At	2	2	6	2	6	10	2	6	10	14	2	6	10	··	2	5			
	86	Rn	2	2	6	2	6	10	2	6	10	14	2	6	10	··	2	6			
7	87	Fr	2	2	6	2	6	10	2	6	10	14	2	6	10	··	2	6	··	··	1
	88	Ra	2	2	6	2	6	10	2	6	10	14	2	6	10	··	2	6	··	··	2
	89	Ac	2	2	6	2	6	10	2	6	10	14	2	6	10	··	2	6	1	··	2
	90	Th	2	2	6	2	6	10	2	6	10	14	2	6	10	··	2	6	2	··	2
	91	Pa	2	2	6	2	6	10	2	6	10	14	2	6	10	2	2	6	1	··	2
	92	U	2	2	6	2	6	10	2	6	10	14	2	6	10	3	2	6	··	··	2
	93	Np	2	2	6	2	6	10	2	6	10	14	2	6	10	5	2	6	··	··	2
	94	Pu	2	2	6	2	6	10	2	6	10	14	2	6	10	6	2	6	··	··	2
	95	Am	2	2	6	2	6	10	2	6	10	14	2	6	10	7	2	6	··	··	2
	96	Cm	2	2	6	2	6	10	2	6	10	14	2	6	10	7	2	6	1	··	2
	97	Bk	2	2	6	2	6	10	2	6	10	14	2	6	10	8	2	6	1	··	2
	98	Cf	2	2	6	2	6	10	2	6	10	14	2	6	10	10	2	6	··	··	2
	99	Es	2	2	6	2	6	10	2	6	10	14	2	6	10	11	2	6	··	··	2
	100	Fm	2	2	6	2	6	10	2	6	10	14	2	6	10	12	2	6	··	··	2
	101	Md	2	2	6	2	6	10	2	6	10	14	2	6	10	13	2	6	··	··	2
	102	No	2	2	6	2	6	10	2	6	10	14	2	6	10	14	2	6	··	··	2
	103	Lr	2	2	6	2	6	10	2	6	10	14	2	6	10	14	2	6	··	··	2

に17族元素のハロゲンはそのp副殻に5個の電子があり,もしもあと1個の電子が足されれば18族元素の希ガスと同じ電子配置となる。また,3族から11族の遷移元素および12族の元素はd副殻が最外殻になることもわかる。

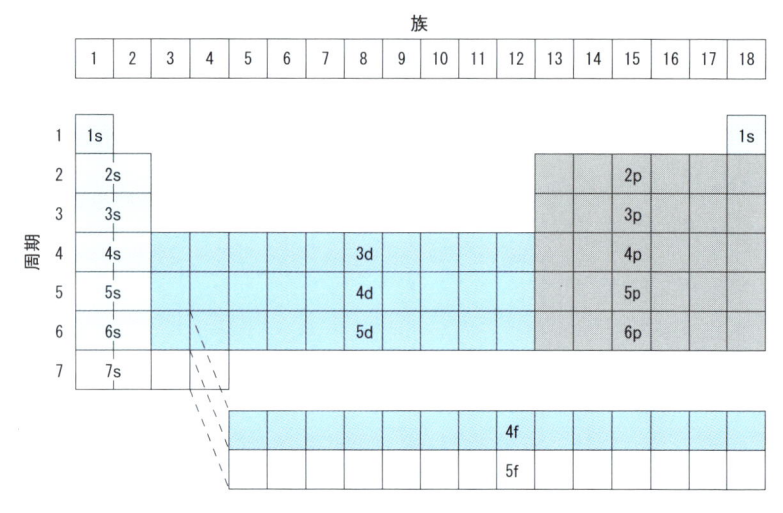

図1・11 最外殻となる副殻と周期表との関係

> **例題1・5** 塩素 Cl と鉛 Pb の基底状態での電子配置を予測せよ。
>
> 塩素 Cl の原子番号 Z は17であるから,ネオンまでの殻に10個の電子がはいり,残りの7個は最外殻にはいる。そのうちの2個が3s軌道にはいってこれを満たすから,3p副殻には5個がはいる。したがって電子配置は
>
>   Cl $1s^2 2s^2 2p^6 3s^2 3p^5 \equiv [Ne]3s^2 3p^5$
>
> となる。一方,鉛 Pb は $Z=82$ であるから,第1周期から第5周期までと第6周期の一部を満たすことになる。したがって,周期表の左から右に周期を次々に進んでいって副殻1s, 2s, 2p, 3s, 3p, 4s, 3d, 4p, 5s, 4d, 5p, 6s, 4f, 5dの順に電子を満たし,最後に最外殻の6p副殻に2個の電子をいれて完成する。したがって
>
>   Pb $1s^2 2s^2 2p^6 3s^2 3p^6 4s^2 3d^{10} 4p^6 5s^2 4d^{10} 5p^6 6s^2 4f^{14} 5d^{10} 6p^2$
>
> となる。もし,殻ごとにすべての副殻をまとめると
>
>   Pb $1s^2 2s^2 2p^6 3s^2 3p^6 3d^{10} 4s^2 4p^6 4d^{10} 4f^{14} 5s^2 5p^6 5d^{10} 6s^2 6p^2$
>
> と表すことができる。

1-6 元素の諸性質と電子配置との関わり

元素の物理的性質は，周期表の左から右あるいは上から下への順で変化していることが多い。このことは，それらの諸性質が原子の電子配置の変化として説明できることが多いためである。ここでは，物理的性質として，イオン化エネルギー（ionization energy）および電子親和力（electron affinity）を取り上げ，それらと原子の電子配置との関わりを明らかにしていこう。

ある元素の化学的なふるまいを決定する重要な性質の一つに，その最外殻にある電子の取れやすさがある。基底状態の気体の中性原子から電子を1個取り除くのに最小限必要なエネルギーを第一イオン化エネルギー I_1 という。つまり，ある元素Eについて

$$E(g) \longrightarrow E^+(g) + e^-(g)$$

の過程で必要なエネルギーである。中性原子から電子を奪うために仕事をしなければならないから，この過程は吸熱過程である。そして通常，単位量（たとえばmol）の原子当りのエネルギーとして表す。2番目の電子を取り除くのに必要なエネルギーが第二イオン化エネルギー I_2 であり，第一イオン化エネルギーよりもいつも大きな値になる。これは，正に帯電したイオンから電子を取り除く方が，中性原子から取り除くよりも多くのエネルギーが必要だからである。表1・3には周期表の最初の20元素が持つ第一イオン化エネルギーと第二イオン化エネルギーをまとめてある。この表から，希ガス型の電子配置を持つ電子の殻は，非常に大きな安定性を持っていることが指摘できる。希ガスそのものの第一イオン化エネルギーが大きいこと以外にも，1族の元素では，第一イオン化エネルギーは比較的小さいが，第二イオン化エネルギーはそれよりずっと大きく，しかも同じ周期の元素の中でも1番大きいことが分かる。1族の元素は，最外殻のs軌道に1個の電子を持つものであり，そこから電子1個が除かれた後の電子配置は希ガス型となり，そこからさらに電子を取り除き希ガス構造に乱れを起こすことの困難さを反映している。

表 1・3 最初の 20 元素の第一イオン化エネルギー I_1, 第二イオン化エネルギー I_2, 電子親和力 E_A および原子半径

	I_1 / kJ mol⁻¹	I_2 / kJ mol⁻¹	E_A / kJ mol⁻¹	原子半径 / nm
H	1312.0	—	72.8	0.037 a)
He	2372.3	5250.4	−21	0.140 b)
Li	513.3	7298.0	59.8	0.152 c)
Be	899.4	1757.1	< 0	0.111 c)
B	800.6	2427	23	0.086 c)
C	1086.2	2352	122.5	0.077 a)
N	1402.3	2856.1	−7	0.074 a)
O	1313.9	3388.2	141	0.074 a)
F	1681	3374	322	0.072 a)
Ne	2080.6	3952.2	−29	0.154 b)
Na	495.8	4562.4	52.9	0.186 c)
Mg	737.7	1450.7	< 0	0.160 c)
Al	577.4	1816.6	44	0.143 c)
Si	786.5	1577.1	133.6	0.118 c)
P	1011.7	1903.2	71.7	0.108 c)
S	999.6	2251	200.4	0.106 c)
Cl	1251.1	2297	348.7	0.099 a)
Ar	1520.4	2665.2	−35	0.188 a)
K	418.8	3051.4	48.3	0.232 c)
Ca	589.7	1145	2.4	0.197 c)

a) 共有結合半径 b) 固体中の原子間距離から求めたファンデルワールス半径
c) 単体の結晶における原子半径

図 1・12 は,はじめの数種の元素について第一イオン化エネルギーがどのように変化していくのか,また,その原子半径との関わりを描いたものであるが,非常によく原子半径の傾向と逆の形で一致していることが分かる。原子半径は,第 2 周期の中では,Li から F まで次第に小さくなっていくが,これは,原子核の電荷が増加すると電子を引き寄せるからである。その結果,だんだんと電子を取り除きにくくなり,第一イオン化エネルギーが大きくなっていく。Ne から Na にいくと,希ガス配置の外側にある 3s 軌道にはいるので,核電荷の影響が内部の電子によって遮蔽されるためイオン化エネルギーが大きく減少してくる。Be と B の間で少しイオン化エネルギーが減少するのは,最外殻電子が Be では 2s 電子で,B では 2p 電子となり,2p 電子の方が束縛がすこしゆるいためである。N と O の間で少し減少するのは,O の電子は一つの 2p 軌道に 2 個の電子がはいっており,互いに反発していることから取れやすくなっているため

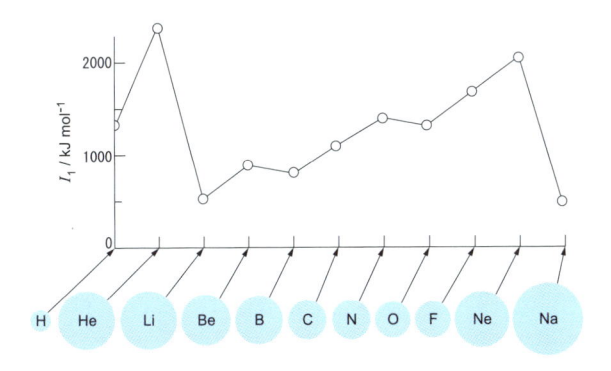

図1・12　第一イオン化エネルギー I_1 と原子の大きさ

と説明できる。

図1・13には，他の元素を含めて，それらの第一イオン化エネルギーをまとめてある。族の中では下にいくほど減少し，周期の中では右へいくほど通常増加することが示されている。

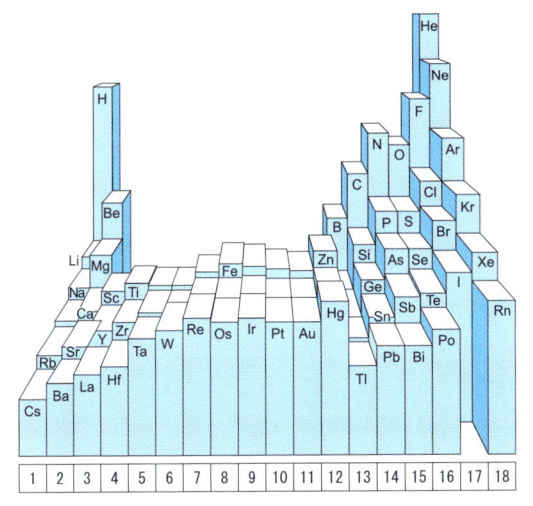

図1・13　元素の第一イオン化エネルギー I_1

電子親和力 E_A は，基底状態にある中性の気体原子に電子が付加されたとき放出されるエネルギーである。つまり，元素 E について

$$\text{E}(g) + e^-(g) \longrightarrow \text{E}^-(g)$$

の過程に関与するエネルギーである．この過程がエネルギーの面から起こっても差し支えないとき，つまり発熱過程のときに正の値になるように決められている．したがって，電子親和力が大きいときには，放出されるエネルギーが大きく，原子が電子を強く引きつけることを示している．ハロゲン原子では，付加される電子がp副殻のすき間にはいり核と強い相互作用を持つので，電子親和力が大きい．一方，希ガスでは，付加する電子は核から離れたところに，遮蔽作用のある内殻電子より外側の新しい副殻にはいらなければならないために，電子親和力は小さくなる（表1・3）．

例題1・6 水素原子1個および1mol当りのイオン化エネルギーを計算せよ．

水素原子の場合，軌道のエネルギーはボーア理論と同じ式で表される．したがって，水素原子1個のイオン化エネルギーは，(1-11a)式の $n_1=1$ と $n_2=\infty$ に対応する．

$$\Delta E = \frac{m_e e^4}{8\varepsilon_o^2 h^2}\left(\frac{1}{n_1^2}-\frac{1}{n_2^2}\right) = \frac{m_e e^4}{8\varepsilon_o^2 h^2}$$

$$= \frac{(9.11\times 10^{-31}\text{ kg})(1.602\times 10^{-19}\text{ C})^4}{8(8.854\times 10^{-12}\text{ C}^2\text{ N}^{-1}\text{ m}^{-2})^2(6.626\times 10^{-34}\text{ Js})^2} = 2.18\times 10^{-18}\text{ J}$$

また，水素原子1mol当りのイオン化エネルギーは

$$L\times \Delta E = (6.022\times 10^{23}\text{ mol}^{-1})(2.18\times 10^{-18}\text{ J}) = 1.31\times 10^3\text{ kJ mol}^{-1}$$

となる．

例題1・7 炭素は比較的大きな発熱性の電子親和力を持つが，窒素の場合には，電子親和力は小さくやや吸熱性である．その違いを電子配置の違いから説明せよ．

炭素と窒素の電子配置は，それぞれ $1s^22s^22p^2$ と $1s^22s^22p^3$ である．炭素では，加わる電子は空の2p軌道にはいるので電子–電子の反発は小さく，電子を取り込みやすい．一方，窒素の場合には，3種類の2p軌道はすでに占められており，そこに電子は付加することになる．その結果，電子–電子の反発は大きくなるために電子は取り込まれにくい．

問　題

1・1 波数が $5.00\times 10^4\text{ cm}^{-1}$ の光子の波長と振動数を求めよ．

1・2 波長が, (a) 1 km(ラジオ波) (b) 1 cm(マイクロ波) (c) 10 μm (赤外線) (d) 600 nm (赤色可視光) (e) 200 nm (紫外線) (f) 150 pm (X線) の電磁波の光子1個当り,および1 mol 当りのエネルギーをそれぞれ求めよ.

1・3 金属 Cs の表面から電子を1個取り去るのに 3.43×10^{-19} J のエネルギーが必要である.波長が 300 nm の光をあてたとき,飛び出してくる電子の運動エネルギーと速度を求めよ.

1・4 常温で水素分子は 1930 ms^{-1} で運動している.この水素分子の波長を求めよ.

1・5 水素原子の軌道の中で,$n=1$ から $n=2$,$n=2$ から $n=4$,および $n=3$ から $n=5$ の励起が起こるとき,もっともエネルギーの大きい励起はどれか.

1・6 $n=4$ の殻にはいる電子のそれぞれについて4個の量子数をすべて記せ.また,すべての軌道について副殻を記せ.

1・7 次の量子数で表される軌道は許されるか.
(a) $n=2, l=2, m=0$
(b) $n=3, l=2, m=0$
(c) $n=5, l=2, m=-3$

1・8 Rb,Rb$^+$,Co,Co^{2+},Br,Br$^-$ の基底状態における電子配置を記せ.

1・9 200 nm の波長を持つ光をナトリウム原子に照射したとき,ナトリウムから飛び出す1個の電子の最大エネルギーが 1.703×10^{-19} J であった.ナトリウム原子のイオン化エネルギーを求めよ.

2章●化合物の構造

地球上には様々な物質が存在する。たとえば,海水には質量で96.5%を占める水に,塩化ナトリウム,塩化マグネシウム,硫酸マグネシウムなどの塩類が含まれている。また,空気の成分として体積がもっとも多いのは窒素(78.1%)であり,つぎに酸素(20.93%),アルゴン(0.93%),二酸化炭素(0.03%)がある。このほか,ネオン,ヘリウム,クリプトン,水素,キセノンなども微量含まれている。これら物質の中で,アルゴン(Ar),ネオン(Ne),ヘリウム(He),クリプトン(Kr),キセノン(Xe)は希ガスとよばれ,一つの原子で構成される分子である(単原子分子)。一方,水(H_2O),窒素(N_2),酸素(O_2),二酸化炭素(CO_2),水素(H_2)はいずれも二つ以上の原子が結合してできた分子である。また,塩化ナトリウム(NaCl)は,ナトリウムイオン(Na^+)と塩化物イオン(Cl^-)が結合してできた化合物である。では,原子の種類によってなぜこのような違いが生まれるのだろうか。

周期表18族のヘリウム(He, $1s^2$),ネオン(Ne, $1s^2 2s^2 2p^6$),アルゴン(Ar, $1s^2 2s^2 2p^6 3s^2 3p^6$)などの電子配置を思い出そう(表1・2)。これら原子のもっとも外側の電子殻は,すべて8個(第1周期では2個)の電子で満たされている。このような電子配置は安定であるため,他の原子と結合したりイオンにはならない。すなわち,希ガスは化学的に不活性な気体であり,単独の原子のままで安定に存在している。

ヘリウムやネオンなどの希ガス元素を除くと,原子は単独でいるのではなく,同じ原子や他の元素の原子と結びついて存在している。では,原子やイオンはどのように結びつき N_2 や O_2 のような単体や H_2O や CO_2 のような分子,また NaCl のような塩をつくっているのだろうか。ここでは原子同士の結びつき,すなわちイオン結合・共有結合・配位結合・金属結合・水素結合などの化学結合について学ぼう。そして,化学結合によって生まれる分子の立体構造について理解を深めよう。

2-1 化学結合

2-1-1 イオン結合

塩化ナトリウム (NaCl) はナトリウムイオン(Na^+)と塩化物イオン(Cl^-)から構成されている。ナトリウム原子と塩素原子が近づくと，ナトリウム原子($1s^2 2s^2 2p^6 3s^1$)は電子を一つ放出して塩素原子に渡し，最外殻が8電子のネオンと同じ安定な電子配置 ($1s^2 2s^2 2p^6$) をとろうとする。こうして電子を失い正電荷を持った原子や原子団を陽イオン（カチオン cation ともいう）という。ナトリウムイオン（Na^+）である。この場合，Na は1個の電子を失ったので，ナトリウムイオンの価数は1価である。一方，ナトリウムからの電子を1個取り入れた塩素原子($1s^2 2s^2 2p^6 3s^2 3p^5$)は，アルゴンと同じ安定な電子配置($1s^2 2s^2 2p^6 3s^2 3p^6$)をとる。そして負電荷をもつ陰イオン（アニオン anion ともいう）である塩化物イオン（Cl^-）となる（Cl^-の価数は1価）。こうして生じた Na^+ と Cl^- は，正と負のイオン間に働く静電気力(electrostatic force，クーロン力ともいう)により引き合い結合をつくる。このような電気的引力によるイオン間の結合をイオン結合(ionic bond)という。

$$Na\cdot + \cdot\ddot{\underset{..}{Cl}}: \longrightarrow Na^+ : \ddot{\underset{..}{Cl}} : ^-$$

周期表の左側にあり電子を放出して陽イオンになりやすい（イオン化エネルギーが小さい）金属原子と，周期表の右側にあり電子を受け入れて陰イオンになりやすい(電子親和力が大きい)非金属原子間でイオン結合をつくりやすい。

イオン間のクーロン力には方向性がなく，空間のどの方向にも作用する。そこで，陽イオンと陰イオンがお互いに相互作用するよう交互にまわりを取り囲まれ，3次元的に規則正しく配列したイオン結晶を形成し(図2・1)，全体として電気的に中性となっている。すなわち，NaCl という単独の分子は存在しない。

イオンからできている物質では，つぎのような関係が成り立つ。

　　(陽イオンの価数) × (陽イオンの数)
　　= (陰イオンの価数) × (陰イオンの数)

そこで，陽イオンと陰イオンの価数がわかれば，イオンの構成元素の組成を示す組成式を書くことができる。組成式では，NaCl や $CaCl_2$ のように陽イオン，陰イオンの順に元素記号を並べ，イオンの電荷は示さずに右下にイオンの数の

比を添える。

　イオンからなる物質には，NaCl，NaBr，KCl などの塩，NaOH，KOH などの塩基，さらに MgO，CaO のような金属元素の酸化物などがある。イオン結晶は，一般に結合力が大きいので，硬く，比較的融点が高い。また，固体のままでは電気を通さないが，融解したり水に溶かしたりすると，陽イオンや陰イオンに分かれ自由に移動できるようになるので電気伝導性を示す。

> **例題2・1**　Na^+ と SO_4^{2-} がイオン結合してできる物質の組成式と名称を答えよ。
>
> Na^+（1価の陽イオン）と SO_4^{2-}（2価の陰イオン）との結合であるので，組成式は Na_2SO_4 となる。名称は硫酸ナトリウム。

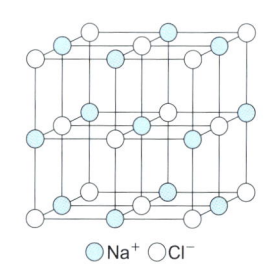

○ Na^+　○ Cl^-

図2・1　塩化ナトリウムの結晶構造

結晶中のイオンの配置は，イオンの電荷と大きさで決まる。Na^+ のイオン半径（0.116 nm）は Cl^- のイオン半径（0.167 nm）より小さいため，Na^+ は6個の Cl^- でつくるすきまに入った面心立方格子といわれる構造をしている。結晶全体では，同数のナトリウムイオンと塩化物イオンからなり，電気的に中性である（結晶構造の詳細は4章参照）。

2−1−2　共有結合

　塩化ナトリウムのように，陽イオンになりやすい（陽性の強い）原子 Na と陰イオンになりやすい（陰性の強い）原子 Cl の組合せでは，Na から Cl に電子が移りイオン結合ができた。これに対し，陽性・陰性の程度に差のない原子間の結合はどのようになるのだろうか。水素分子について考えてみよう。水素分子では，一つの原子から他の原子に電子が移ることなく，それぞれの水素原子（$1s^1$）が1個の電子を出し合い，2個の電子を二つの水素原子が共有する。こうして，いずれの水素原子も希ガス（ヘリウム）の電子配置($1s^2$)をとることができる。このような結合を共有結合（covalent bond）という。

$$\text{H}\cdot\ +\ \cdot\text{H}\ \longrightarrow\ (\text{H}:\text{H})$$

さらに詳しくみてみよう（図2・2）。水素原子が近づき最外殻の 1s 軌道が一部重なり合うようになると，それぞれの水素原子の電子は相手の原子の原子核とも引き合い，系のエネルギーは安定化する。さらに接近すると正電荷を持つ原子核どうしの反発がはたらき，エネルギーは増大し不安定となる。この両者のかねあいで，それぞれの水素原子に属していた電子は，もっともエネルギーが低くなった距離で二つの原子核両方に属して，落ち着く。こうして，2つの水素原子は安定なヘリウムの電子配置をとる。

安定な分子をつくるための最適な核間距離は結合距離（bond distance あるいは bond length）とよばれ，水素分子では 0.074 nm である。また，この過程で 432 kJ mol^{-1} のエネルギーが放出される。つまり，二つの水素原子が持っているエネルギーより，水素分子の持つエネルギーは 432 kJ mol^{-1} だけ少ない（安定である）。これを結合エネルギーという。逆に，水素分子の結合を切断して二つの水素原子とするには 432 kJ mol^{-1} のエネルギーが必要で，これを結合解離エネルギー（bond dissociation energy）とよぶ。

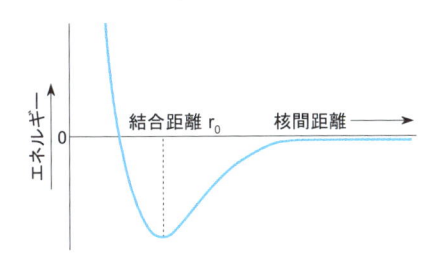

図2・2　水素分子生成のエネルギー変化と核間距離

同様にフッ素原子（1s^{2}2s^{2}2p^5 で最外殻に7個の電子を持つ）が，それぞれ1個の電子を出し合って電子対をつくり，これを共有するとフッ素分子となる。それぞれのフッ素原子のまわりには8個の電子が存在し，希ガス（ネオン）の電子配置（Ne，1s^{2}2s^{2}2p^6）をとって安定化している。

$$:\!\ddot{\text{F}}\!\cdot\ +\ \cdot\ddot{\text{F}}\!:\ \longrightarrow\ (:\!\ddot{\text{F}}\!:\!\ddot{\text{F}}\!:)$$

このように，原子が最外殻に8個の電子を持つ希ガスの閉殻構造をとること

をオクテット則（octet rule）という。ここで，原子の最外殻電子で，化学結合の生成に関係する電子を価電子（原子価電子ともいう）といい，内側の電子殻の電子と区別する（希ガス元素の価電子の数はゼロ）。水素，炭素，窒素，酸素の価電子を示しておこう。

$$H\cdot \quad \cdot \dot{C}\cdot \quad \cdot \dot{N}: \quad :\dot{O}:$$

次にメタン（天然ガスの主成分。無色無臭無毒の気体で都市ガスとして利用されている）の結合を見てみよう。炭素の電子配置（$1s^2 2s^2 2p^2$）から，炭素の価電子は4個であることがわかる。そこで，炭素と水素はそれぞれ一つずつ電子を出し合い，二つの電子を互いに共有して結合をつくっている。こうして，メタンの炭素は四つの共有結合をつくることにより，まわりに8個の電子を集め安定なネオンの電子配置となっている。また，4個の水素もそれぞれヘリウムの電子配置をとっている。

$$\cdot \dot{C}\cdot + 4H\cdot \longrightarrow \begin{array}{c} H \\ H:\ddot{C}:H \\ H \end{array}$$

以上，水素・フッ素・メタンで示したような，元素記号のまわりに価電子の数に相当する点を付けて結合を表した分子式をルイス構造（Lewis structure）という。

ルイス構造を書いてみよう

分子をルイス構造で表すと，分子の立体構造が予測でき，さらに化学反応を考えるときに重要な非共有電子対が分子のどの原子上にあるかがわかるので，ルイス構造の書き方を十分身につけることが必要である。ルイス構造は以下の手順で書くとよい。

（ⅰ）分子の骨格を書く。

$$H \quad O \quad H$$

（ⅱ）原子が持つ価電子の合計を計算する。

$$2H\cdot （2個）+ :\dot{O}: （6個）= 8個$$

（ⅲ）隣り合う原子の間に電子2個を配置する。

（ⅳ）残りの電子をすべての原子上に配置する。

(v) 水素では 2 個，そのほかの原子には 8 個の電子をそれぞれの原子のまわりに振り分ける。こうして表したルイス構造の共有電子対を 1 本の線（価標という）で表した式を構造式という。そして，1 組の共有電子対がつくる一つの共有結合を単結合（single bond）という。また，結合に関与していない電子対を非共有電子対（unshared electron pair，あるいは孤立電子対 lone pair electrons）という。

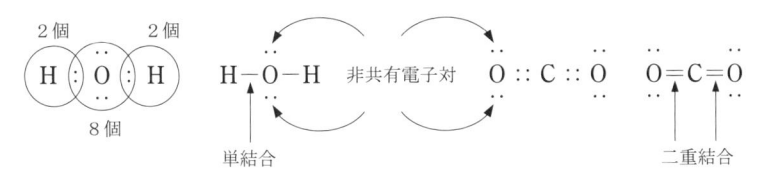

$$H \overset{..}{:} \overset{..}{O} \overset{..}{:} H \qquad H-\overset{..}{\underset{..}{O}}-H \text{ 非共有電子対} \qquad \overset{..}{O}::C::\overset{..}{O} \qquad \overset{..}{O}=C=\overset{..}{O}$$

（2個 2個 8個／単結合／二重結合）

(vi) イオンの場合，価電子の合計は次のように計算する。

　　＋1 イオン：（構成原子の価電子の合計）－ 1
　　－1 イオン：（構成原子の価電子の合計）＋ 1

たとえばオキソニウムイオン（H_3O^+）の価電子の合計は $3H\cdot + :\overset{..}{O}: -1 = 8$ 個

(vii) 形式電荷を考える。

オキソニウムイオンの酸素のまわりの 8 個の電子のうち，3 個は水素から供給されているので，酸素原子に属する電子は 5 個となる。酸素の価電子（6 個）より 1 個足りないので，酸素上に＋1 をつける。このようにイオンあるいは分子の構成原子上の電荷を形式電荷（formal charge）とよぶ。

$$H:\overset{..}{\underset{..}{O}}:H + H^+ \longrightarrow H:\overset{..}{\underset{H}{O}}:H \quad \text{オキソニウムイオン}$$

　　形式電荷 ＝（中性原子の価電子の数）－ {(非共有電子の数)
　　　　　　　＋ 1/2(共有電子の数)}

(viii) 共鳴構造を書く。

実験的に得られた分子構造を表現するために，二つ以上のルイス構造を用いなければならない場合もある。炭酸イオン CO_3^{2-} のルイス構造を形式電荷とともに表すと次頁の図（A）のようになる。C と O との結合には単結合と二重結合の 2 種類あるが，三つの C－O 結合距離の実測値はいずれも等しく 0.131 nm である。

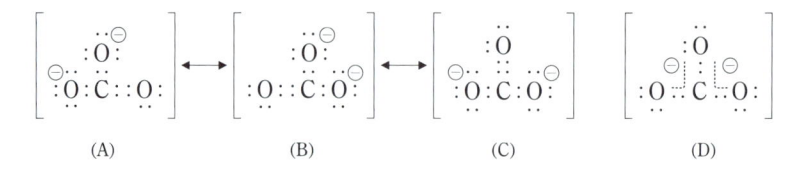

$$\left[\begin{array}{c}:\ddot{\text{O}}:^{\ominus}\\ ^{\ominus}:\ddot{\text{O}}:\text{C}::\text{O}:\end{array}\right] \leftrightarrow \left[\begin{array}{c}:\ddot{\text{O}}:\\ :\ddot{\text{O}}:\text{C}::\ddot{\text{O}}:^{\ominus}\end{array}\right] \leftrightarrow \left[\begin{array}{c}:\ddot{\text{O}}\\ ^{\ominus}:\ddot{\text{O}}:\text{C}:\ddot{\text{O}}:^{\ominus}\end{array}\right] \leftrightarrow \left[\begin{array}{c}:\ddot{\text{O}}\\ ^{\ominus}:\ddot{\text{O}}\text{⋯}\text{C}\text{⋯}\ddot{\text{O}}:^{\ominus}\end{array}\right]$$

(A)　　　　　　(B)　　　　　　(C)　　　　　　(D)

　この事実をルイス構造で表現するため，三つの構造（A，B，C）を双頭の矢印（↔）で結んだ式で表す（平衡を表す2本の矢印⇄と区別すること）。これを共鳴混成体（resonance hybrid）という。また，構造(A，B，C)を共鳴構造（resonance structure あるいは極限構造 canonical structure）という。それぞれの共鳴構造では，原子の位置は変化せず電子の位置だけが変化している。すなわち，CO_3^{2-}は三つの構造（A，B，C）の間を行ったり来たりしているのではなく，三つの共鳴構造の重ね合わせと考えられる。したがって，真の構造を(D)と表すこともできる。共鳴構造がたくさん書ける化合物ほど安定となる。

　(ix) オクテットを満足しない化合物もある。三フッ化ホウ素 BF_3（無色の気体：ポリマー合成の触媒）はホウ素が6電子を持つ電子不足型化合物，五塩化リン PCl_5（白緑色の固体：有機合成用試薬）はリンが10電子を持つ超原子価化合物である。

$$:\ddot{\text{F}}:\ddot{\text{B}}:\ddot{\text{F}}: \qquad \begin{array}{c}:\ddot{\text{Cl}}:\\ :\ddot{\text{Cl}}:\text{P}:\ddot{\text{Cl}}:\\ :\ddot{\text{Cl}}::\ddot{\text{Cl}}:\end{array}$$
$$:\ddot{\text{F}}:$$

例題2・2　硝酸 HNO_3 のルイス構造と形式電荷を書け。

　HNO_3 の価電子の合計は H(1) + N(5) + O(6×3) = 24 個である。まず隣り合う原子間に電子2個をそれぞれ配置した後，残りの16個の電子をOとNがオクテットを満足するよう配置すればよい。ここで，Nのまわりの8個の電子のうち，4個はOから供給されているので，Nに属する電子は4個となる。したがって，Nの価電子5より1個たりない。すなわち，Nの形式電荷は (5) − (1/2)×8 = 1 となり，+1である。Hと結合している酸素と二重結合の酸素は6個の電子を持っているので形式電荷はゼロである。さらに，N−O 単結合の酸素の形式電荷は (6) − {6 + (1/2)×2} = −1であり，硝酸のルイス構造を形式電荷とともに示すと，図のようになる。形式電荷の和はゼロであるので，分子全体として硝酸は中性である。また，二つの共鳴構造

(ア，イ)の共鳴混成体として表せる。

$$\left[\text{H:O:N::O:}^{\oplus}_{} \; \text{:O:}^{\ominus}_{} \right] \longleftrightarrow \left[\text{H:O:N:O:}^{\oplus \; \ominus}_{} \; \text{:O:} \right] \qquad \text{H:O:N:O:}^{\oplus \; \ominus}_{} \; \text{:O:}^{\ominus}$$

　　　　　　(ア)　　　　　　　　　　　(イ)　　　　　　　　　(ウ)

硝酸のルイス構造は(ウ)のようにも表せる。しかし，形式電荷をできるだけ少なくなるように，また形式電荷の絶対値が最小になるようなルイス構造(ア)，(イ)にするとよい。

原子価殻電子対反発理論 VSEPR (valence-shell electron-pair repulsion) 法で分子の立体構造を推定する。

分子は平面ではなく立体的なものである。分子のルイス構造が書けるようになると，VSEPR法によって分子やイオンの立体構造を予想することができる。VSEPR法の手順は以下に従う。

(ⅰ) ルイス構造を書く。

(ⅱ) 中心原子のまわりの電子対の反発がもっとも少なくなるように，電子対を空間に配置する。このとき単結合，二重結合，三重結合などの結合電子対や非共有電子対はそれぞれ一つのまとまりと考える。こうして，中心原子のまわりの電子対の数が2，3，4，5，6のとき，立体構造はそれぞれ直線，正三角形，正四面体，三方両錐，正八面体になる。

(ⅲ) 電子対の反発の強さは，非共有電子対 － 非共有電子対 ＞ 非共有電子対 － 結合電子対 ＞ 結合電子対 － 結合電子対 の順であるので，非共有電子対をできるだけ他の電子対から離して空間に配置する。

以下，具体的にみていこう。

(a) 電子対2組

CO_2のルイス構造を書くと，中心原子の炭素の電子対は2組である。この電子対の反発を避けるため，分子の形は直線となる。

　　　　　　　　　　　結合距離 0.116 nm

$$\text{O::C::O} \qquad \text{O=C=O} \quad \text{直線形}$$

(b) 電子対3組

BF_3 のホウ素の価電子は3，フッ素の価電子は7であるので，ルイス構造は図のようになる。ホウ素原子のまわりには3組の電子対があるので，正三角形をとる。

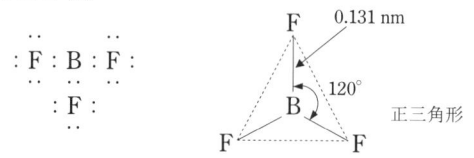

(c) 電子対4組

CH_4 の炭素原子のまわりには4組の電子対がある。四つの電子対間の反発がもっとも小さくなるように，正四面体構造をとる。

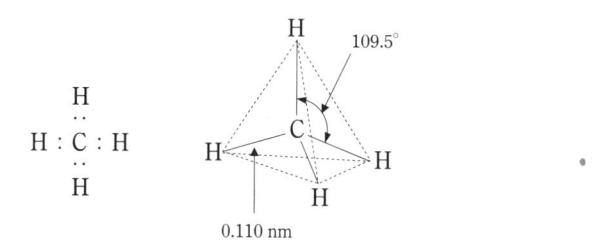

NH_3 と H_2O も中心原子のまわりには4組の電子対があるので正四面体構造がよい。しかし，NH_3 の窒素原子上には1組の，H_2O の酸素原子上には2組の非共有電子対がある。非共有電子対どうしの反発は，非共有電子対と結合電子対間の反発より大きい。したがって非共有電子対どうしが離れる結果H－O－Hの結合角は正四面体角109.5°より小さな角度104.5°，H－N－Hの結合角はそれより少し大きな106.7°である。

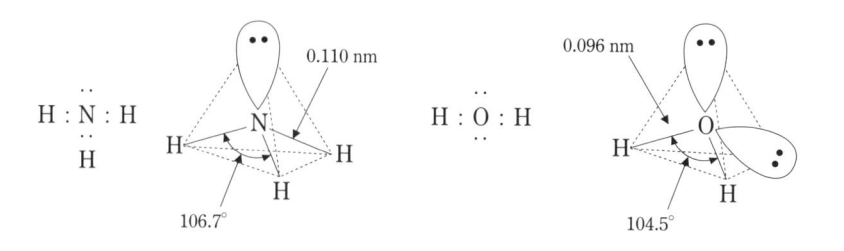

(d) 電子対5組

PCl$_5$のPのまわりには5組の電子対があるので,三方両錐となる。

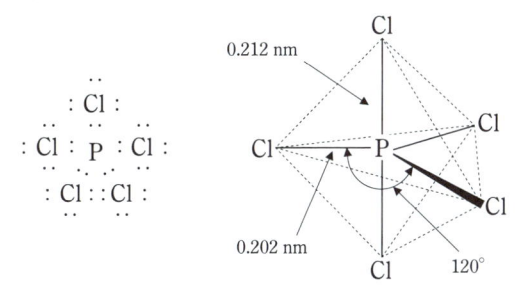

(e) 電子対6組

六フッ化イオウ SF$_6$(無色無臭,電気絶縁用の気体として利用される)のSのまわりには6組の電子対があるので,正八面体となる。

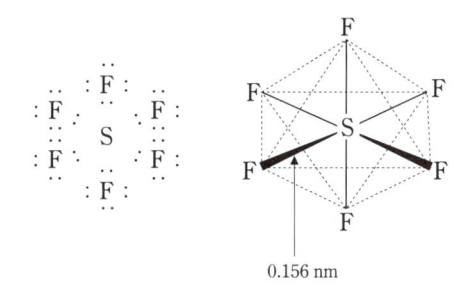

> **例題2・3** VSEPR法より,PO$_4^{3-}$の立体構造を予測せよ。
>
> ルイス構造を書くと,中心原子Pのまわりに4組の電子対があるので,正四面体構造となる。

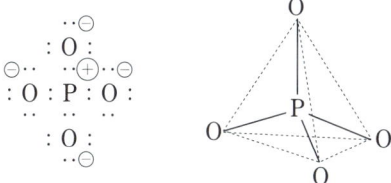

2-1-3 配位結合

共有結合では,結合をつくる二つの原子がそれぞれ一つずつ電子を出し合って電子対が形成された。一方,結合に必要な電子対が一方の原子だけから提供

される結合を配位結合（coordinate bond）という。たとえば，アンモニア(NH_3)と水素イオン H^+ が反応してできたアンモニウムイオン（ammonium ion NH_4^+）を考えよう。アンモニアには共有結合による三つの N－H 結合の他に，窒素原子上に非共有電子対が存在する。この非共有電子対を水素イオンに与えて共有することで N－H 配位結合ができる。しかし，生成したアンモニウムイオンは，正四面体構造をしており四つの N－H 結合の長さは同じである。したがって，いったん結合が形成されてしまうと，配位結合と共有結合を区別することはできない。

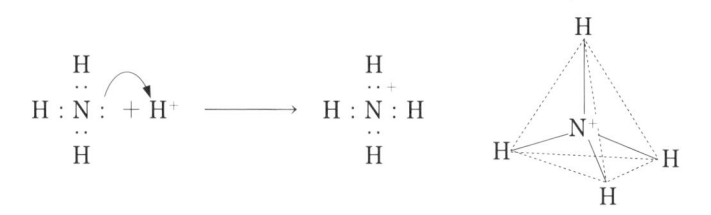

オキソニウムイオン H_3O^+ も H_2O と H^+ が配位結合している。また，アンモニアが三フッ化ホウ素と反応してできる付加物は，窒素の非共有電子対がホウ素に提供される配位結合によって形成される。

2－1－4 金属結合

アルミニウム，鉄，銅などの金属元素の単体は，電気や熱をよく伝え，金属光沢を持ち，また光を反射する。さらに，金箔のような薄い膜にしたり（展性），針金のように線状に伸ばすこともできる（延性）。なぜ，このような性質が生まれるのだろうか。

金属元素の原子は，イオン化エネルギーが小さいので価電子を放出し陽イオンになりやすい。このような性質を持つ金属原子だけが多数集まると，隣り合う原子の最外殻が重なり合う。そこで価電子がもとの原子から離れ，重なり合った電子殻を伝わって原子の間を自由に動き回ることができるようになる（図 2・3）。そして，この自由電子が正電荷を持つ金属イオンを互いに規則正し

自由電子　　陽イオン

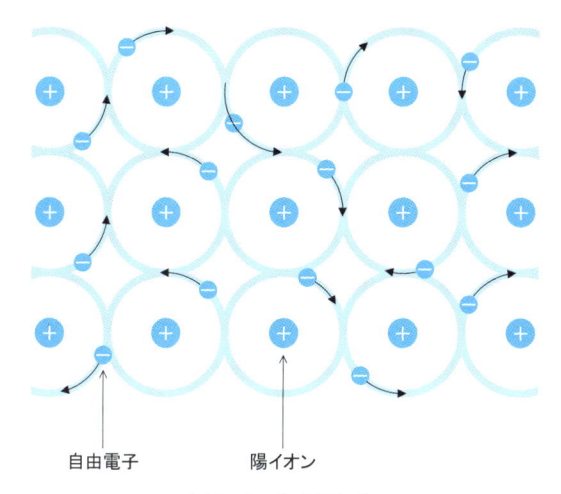

図2・3　金属結合
金属原子は陽イオンとなり，価電子は自由電子となって特定の原子間だけでなく，多くの隣り合う原子間を自由に動き回って結合に関与している。

く結びつけている。このような自由電子 (free electron) による原子間の結合を金属結合（metallic bond）という。

　金属の電気伝導性や熱伝導性は，自由電子が自由に動けるためである。また，自由電子に光が当たって反射されるため，金属光沢を示す。さらに金属イオンの位置がずれても，自由電子がこれを結びつけるので，展性や延性がうまれる。

2-1-5　水素結合－電気陰性度と分極－

電気陰性度と結合の分極

　水素分子のH－H結合やエタンのC－C結合のように，同じ原子どうしが互いに一つずつ電子を出し合って形成される共有結合の電子は，二つの原子間に均等に分布している。しかし，C－H結合やC－O結合のように異なる原子間の共有結合では，共有している電子の分布にかたよりが生じる。このかたより（分極 polarization）は，原子によって電子を引きつける力が異なるために生まれる。この相対的な力を数値で表したものが電気陰性度(electronegativity)である。電気陰性度の値の大きな原子ほど，電子を引きつける力が強い。Paulingによって提案された値を図2・4に示した。電気陰性度の特徴をまとめると次のようになる。

a）周期表の同一周期では右にいくほど大きい。たとえば，C < N < O
b）同じ族では，周期表の上にある元素ほど大きい。F > Cl > Br
c）炭素と水素では炭素のほうがわずかに大きい。　C > H
d）すべての金属元素の電気陰性度は炭素の電気陰性度より小さい。

1	2	3	4	5	6	7	8	9	10	11	12	13	14	15	16	17	18
H 2.1																	He
Li 1.0	Be 1.5											B 2.0	C 2.5	N 3.0	O 3.5	F 4.0	Ne
Na 0.9	Mg 1.2											Al 1.5	Si 1.8	P 2.1	S 2.5	Cl 3.0	Ar
K 0.8	Ca 1.0	Sc 1.3	Ti 1.5	V 1.6	Cr 1.6	Mn 1.5	Fe 1.8	Co 1.9	Ni 1.9	Cu 1.9	Zn 1.6	Ga 1.6	Ge 1.8	As 2.0	Se 2.4	Br 2.8	Kr 3.0
Rb 0.8	Sr 1.0	Y 1.2	Zr 1.4	Nb 1.6	Mo 1.8	Tc 1.9	Ru 2.2	Rh 2.2	Pd 2.2	Ag 1.9	Cd 1.7	In 1.7	Sn 1.8	SB 1.9	Te 2.1	I 2.5	Xe 2.6
Cs 0.7	Ba 0.9	La-Lu 1.0-1.2	Hf 1.3	Ta 1.5	W 1.7	Re 1.9	Os 2.2	Ir 2.2	Pt 2.2	Au 2.4	Hg 1.9	Tl 1.8	Pb 1.9	Bi 1.9	Po 2.0	At 2.2	
Fr 0.7	Ra 0.9	Ac 1.1	Th 1.3	Pa 1.4	U 1.4	Np-No 1.4-1.3											

図 2·4　ポーリングの電気陰性度

電気陰性度の異なる原子どうしが結合している場合，電気陰性度の大きな原子のまわりの電子密度(電子の存在する確率)が高まり，逆に電気陰性度の小さな原子の電子密度は低くなる。これを表すのに部分的な（δ：デルタ）負電荷 δ^- を電気陰性度の大きな原子につけ，部分的な正電荷 δ^+ を電気陰性度の小さな原子につける。たとえば，塩化水素分子では H が δ^+，Cl が δ^- に分極している。

$$^{\delta^+}H - Cl^{\delta^-}$$

この結合の極性の大きさを双極子モーメント（dipole moment）μ で表す。原子間距離 l をへだてて一方の原子が δ^+，他方が δ^- の電荷を持つ結合の双極子モーメント μ ｛単位は D（デバイ）$1D = 3.336 \times 10^{-30}$ Cm｝は負電荷から正電荷に向かい，大きさは，$\delta \times l$ で表される*。主な結合の双極子モーメントを表 2·1 に示した。

---

* モーメントは正電荷から負電荷に向かうように記す場合もある。このときは矢印 ─→ を用いる。

$$\mu = \delta \times l$$

表2・1 双極子モーメント μ(D)

C − H	0.54	C − C	0	C = C	0	C ≡ C	0
N − H	1.31	C − N	0.22	C = N	0.9	C ≡ N	3.5
O − H	1.51	C − O	0.74	C = O	2.3		
H − F	1.94	C − F	1.41				
H − Cl	1.08	C − Cl	1.46				
H − Br	0.78	C − Br	1.38				
H − I	0.34	C − I	1.19				

多原子分子では，分子全体の分子双極子モーメントを各結合に特有な双極子モーメントのベクトル和で表す。四塩化炭素（CCl_4）では C − Cl 結合は大きな双極子モーメントを持っているが，分子が対称構造であるので分子全体として電荷の偏りはなく，分子双極子モーメントはゼロとなる。このような分子を無極性(nonpolar)分子という。一方，非対称構造の分子は双極子モーメントを持ち，極性分子とよばれる。

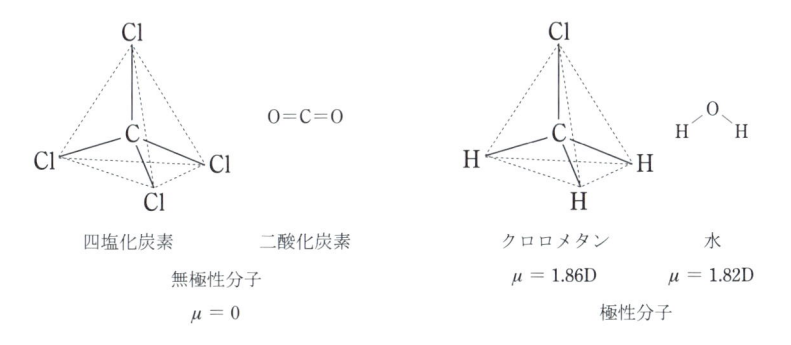

四塩化炭素　　二酸化炭素　　　　クロロメタン　　　水

無極性分子　　　　　　　　　　　$\mu = 1.86$D　　$\mu = 1.82$D

$\mu = 0$　　　　　　　　　　　　　　　極性分子

水 素 結 合

水素原子と電気陰性度の大きな窒素，酸素，フッ素などとの間の共有結合では，結合電子対が電気陰性度の大きな原子のほうに引き寄せられるため，水素

原子は正電荷を帯びる。この水素原子と電気陰性な原子がクーロン引力で引き合ってできる弱い結合を水素結合（hydrogen bond）という。水素結合を --- で表す。

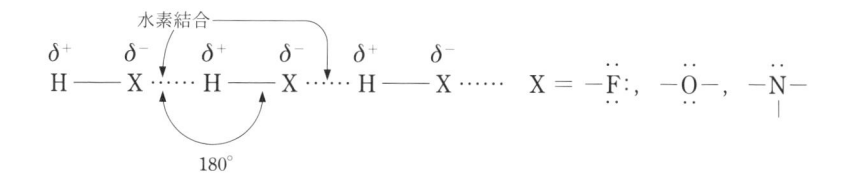

$$\underset{\text{H}}{\delta^+}\!-\!\underset{\text{X}}{\delta^-}\cdots\underset{\text{H}}{\delta^+}\!-\!\underset{\text{X}}{\delta^-}\cdots\underset{\text{H}}{\delta^+}\!-\!\underset{\text{X}}{\delta^-}\cdots \quad \text{X} = -\ddot{\underset{..}{\text{F}}}:,\ -\ddot{\underset{..}{\text{O}}}-,\ -\ddot{\text{N}}-$$

水素結合の結合角は約 180°である。水分子間の水素結合 O---H 間の結合距離は約 0.177 nm であり，O－H 共有結合の結合距離 0.0965 nm より長い。また，O---H 間の水素結合の結合エネルギーは 20 kJ mol^{-1} 程度で O－H 間の共有結合エネルギー約 460 kJ mol^{-1} にくらべかなり小さい。しかし，水素結合は水やフッ化水素などの性質に大きな影響を与えている。たとえば，15, 16, 17族の水素化合物の沸点を比べてみると，分子量の小さな NH_3，H_2O，HF が高い沸点を示す（図 2・5）。これは，これらの化合物の分子間に水素結合が働いているためであ

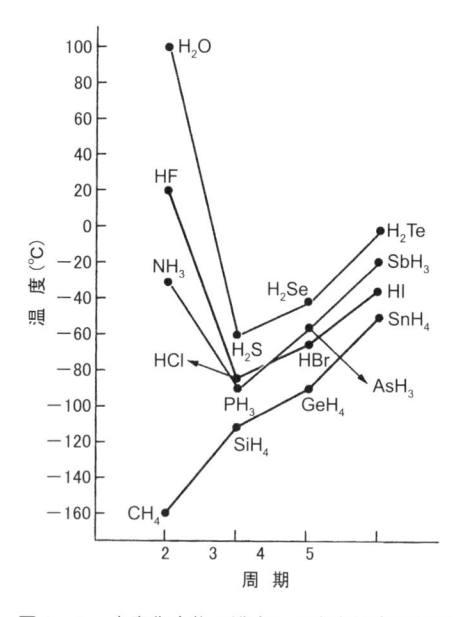

図 2・5　水素化合物の沸点への水素結合の効果

る。分子間に働く水素結合を振り切って分子がはなれ，気体となる状態が沸点である。分子間に水素結合が働くと，その結合を切るために余分なエネルギーが必要になるため沸点は高くなる。

また，生体系においても，生体物質の構造保持や生命の遺伝情報をつかさどる DNA の二重らせん構造にも水素結合が重要な役割を果たしている。

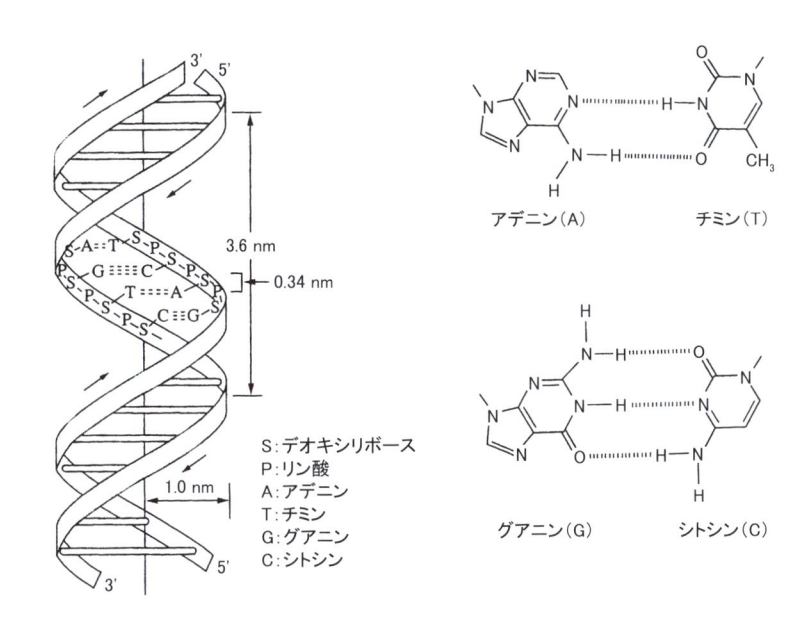

図2・6　DNA の二重らせん構造
1953 年 Watson と Crick が提唱した。2 本のポリヌクレオチド鎖が共通の軸のまわりを右回りのらせん状に巻きついている。2 本のポリヌクレオチド鎖間ではアデニンとチミン，グアニンとシトシンの塩基どうしが水素結合を形成している。

例題 2・4　次の各組の結合はどちらがより極性か，図 2・4 を利用して答えよ。
(a)　H－Cl と H－OCH$_3$　　(b)　Cl-Cl と HO－CH$_3$

(a)　H－Cl の電気陰性度の差は (3.0 － 2.1) ＝ 0.9，一方 H－OCH$_3$ では (3.5 － 2.1) ＝ 1.4　したがって，H－OCH$_3$ の結合の方がより極性

(b)　Cl－Cl の電気陰性度の差は 0，HO－CH$_3$ では (3.5 － 2.5) ＝ 1.0　したがって，HO－CH$_3$ の結合の方がより極性

2-2 共有結合と軌道の重なり

これまで，二つの原子がそれぞれ1個ずつ電子を出し合って電子対をつくり，それを共有して共有結合が形成されると考えた。これを軌道の観点からさらに詳しく調べてみよう。

2-2-1 分子軌道

1s軌道に1個の電子を持つ二つの水素原子どうしが次第に近づいて重なり合い，二つの原子間に拡がる新しい卵形の軌道が形成される。これを分子軌道（molecular orbital）といい（図2・7），ここに2個の電子がはいっている。

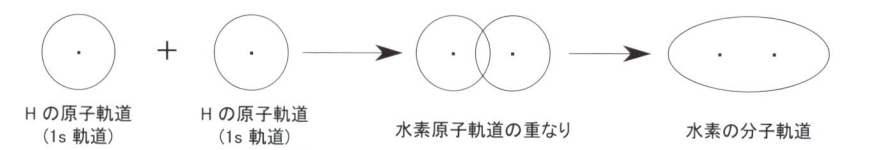

Hの原子軌道　　Hの原子軌道　　　水素原子軌道の重なり　　水素の分子軌道
（1s軌道）　　　（1s軌道）

図2・7　原子軌道の重なりによる分子軌道の形成
二つの原子軌道(1s)が重なった空間，すなわち，二つの原子核の中央付近で電子の存在確率がより高くなるので，分子軌道の形は卵形となる。（これを結合性軌道という。分子軌道には反結合性軌道もあるが，ここでは結合性軌道だけをとり上げる）。

水素分子の分子軌道の形は原子核と原子核を結ぶ直線のまわりに回転しても同じ形となる。このような分子軌道に収容されている電子を σ（シグマ）電子といい，この共有結合を σ 結合（σ-bond）とよぶ。

フッ素原子の価電子は2p軌道にある。$2p_x$ 軌道の方向を結合の方向にとってみよう。フッ化水素(HF)の分子軌道は水素原子の 1s 軌道とフッ素原子の $2p_x$ 軌道との重なりで，またフッ素分子(F_2)の分子軌道はフッ素原子の $2p_x$ 軌道どうしの重なりで形成される。いずれも分子軌道の形は結合軸のまわりに回転しても変化がなく，フッ化水素，フッ素分子の単結合は σ 結合である。

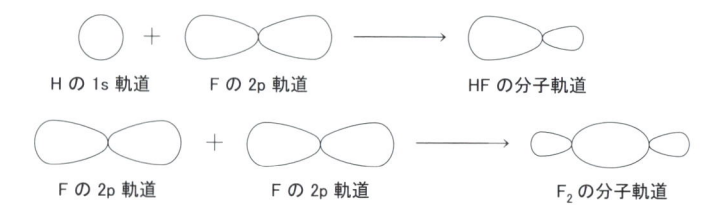

Hの1s軌道　　Fの2p軌道　　　　　　HFの分子軌道

Fの2p軌道　　Fの2p軌道　　　　　　F_2の分子軌道

2-2-2　混成軌道と分子の形

次に，もう少し数の多い原子からできた分子の結合を考えてみよう。もっとも簡単な有機化合物であるメタン CH_4 は，正四面体の中心に炭素，四つの頂点に水素原子を配置した構造をしている。したがって，C－H間の距離はいずれも等しく，また，H－C－Hでつくる角度もすべて等しい。

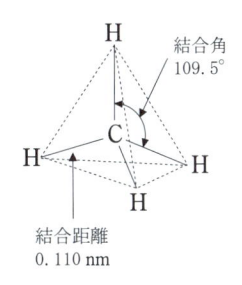

炭素原子の電子配置は $1s^2 2s^2 2p^2$ である。対をなしていない2p軌道の2個の電子がそれぞれ水素の1s軌道と重なって結合をつくるとすると，CH_2 という化合物が生成すると考えられる。しかし，この化合物は非常に不安定であることが知られている。では炭素原子と水素原子から，どのように安定なメタンの正四面体構造が生まれるのだろうか。これを説明するため，新しく混成軌道の概念を導入しよう。

sp^3 混成軌道とメタン・エタンの構造

炭素の2s軌道にある2個の電子のうち1個を空の $2p_z$ 軌道に移す（昇位 promotion）。こうすると $1s^2 2s^1 2p^3$ の電子配置となり，電子が1個だけはいった，結合に利用できる軌道が四つできる（図2・8）。しかし，これらの軌道がそれぞれ水素の1s軌道と重なった場合，2s軌道を利用した結合は2p軌道を使う三つの結合と性質が異なり，メタンの4本の等価な結合は生まれない。そこで，2s軌道一つと2p軌道三つを混ぜ合わせ，あらたにエネルギーの等しい四つの軌道 sp^3 混成軌道（hybrid orbital）をつくる（図2・8，図2・9）。

この四つの sp^3 混成軌道をもっとも反発が少なくなるように空間に配置するためには，炭素原子を中心とする正四面体の頂点方向に軌道が存在するようにすればよい。そして四つの sp^3 混成軌道がそれぞれ水素の1s軌道と重なり合うと，4本の等価なC－H結合を持ち，H－C－Hの結合角（bond angle）が109.5°

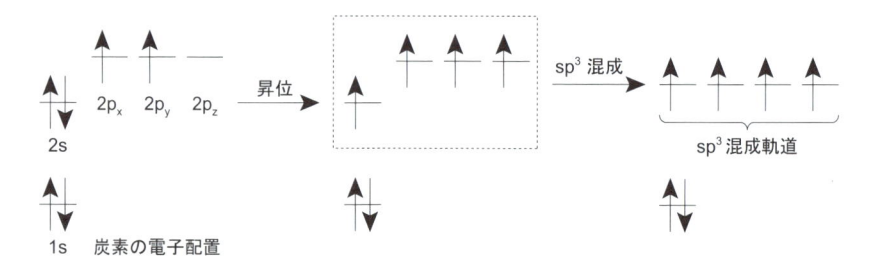

図 2・8　炭素原子の sp³ 混成

昇位にはエネルギーが必要であるが，4本の共有結合をつくるときに放出するエネルギーのほうが大きいので，十分補える．

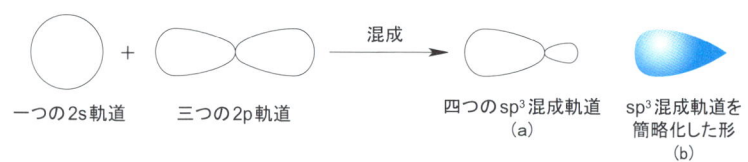

図 2・9　sp³ 混成軌道の生成

一つの 2s 軌道と三つの 2p 軌道から四つの sp³ 混成軌道ができる．sp³ 混成軌道の形は，球状の 2s 軌道と亜鈴形の 2p 軌道が混ざり合って，図の(a)のように歪んだ亜鈴形となる．しかし，図を単純にするため簡略形(b)がしばしば使われている．

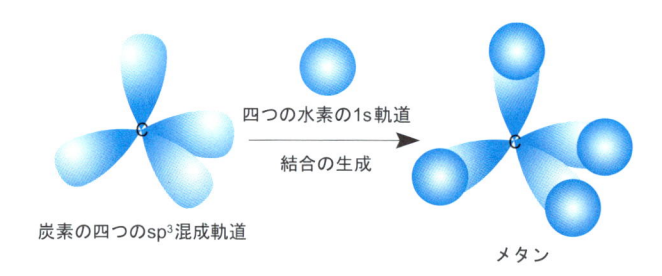

図 2・10　メタンの構造

正四面体の頂点方向に配置された炭素の四つ sp³ 混成軌道が，それぞれ水素の 1s 軌道と重なり 4 本の C−H σ 結合が形成される．

であるメタンの正四面体構造となる(図 2・10)。水素の 1s 軌道のかわりに塩素原子の 2p 軌道が重なれば，クロロホルム($CHCl_3$)や四塩化炭素(CCl_4)となる。

エタン(CH_3CH_3)の場合も炭素は sp³ 混成軌道をとっている。炭素の sp³ 混成軌道どうしが重なり C−C 結合をつくる。さらにそれぞれの炭素に残った三つの sp³ 混成軌道が，それぞれ水素の 1s 軌道と重なり C−H 結合を形成し，エタンとなる（図 2・11）。メタン，エタンでの C−H 結合，C−C 結合は，い

ずれも結合軸方向で軌道が重なってできた σ 結合である。σ 結合を結合軸のまわりに回転してもその形は何の影響もうけない。これを σ 結合は結合軸のまわりに自由回転（free rotation）が可能であると表現する。さらに炭素原子の多いプロパン($CH_3CH_2CH_3$)やブタン($CH_3CH_2CH_2CH_3$)の炭素も sp^3 混成軌道をとっており，エタンと同様に考えればよい。

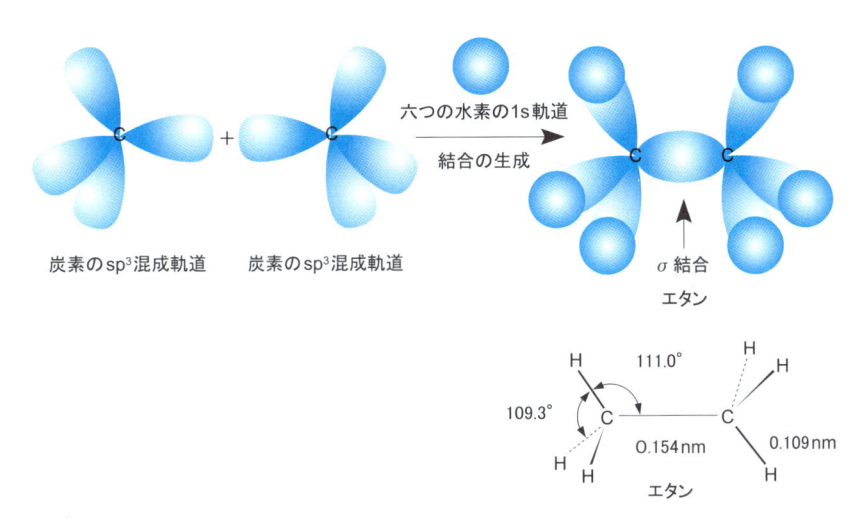

図 2・11 エタンの構造

エタンの C－H σ 結合の結合距離はメタンのそれに等しく 0.109 nm である。一方，炭素の sp^3 混成軌道どうしの重なりでできたエタンの C－C σ 結合距離は C－H 結合より長く 0.154 nm である。

sp^2 混成とエチレンの構造

エチレンは平面構造をしており，H－C－H と H－C－C の結合角は約 120°である。この構造を混成軌道の考えで説明しよう。sp^3 混成軌道の場合と同様に，まず 2s 軌道の電子一つを空の $2p_z$ 軌道に昇位する。次に，一つの 2s 軌道と二つの 2p 軌道から，等価な三つの sp^2 混成軌道をつくる（図 2・12）。三つの sp^2

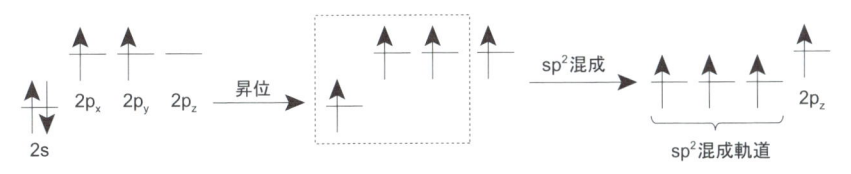

図 2・12 炭素原子の sp^2 混成

混成軌道は互いにできるだけ遠ざかるよう，正三角形の頂点方向に広がっている。また，混成に使われなかった $2p_z$ 軌道は sp^2 混成軌道でつくる平面に対して垂直に配置されている。三つの sp^2 混成軌道のうち一つが，もう一方の炭素の sp^2 混成軌道と結合軸方向で重なり C−C σ 結合を形成し，残りの sp^2 混成軌道がそれぞれ水素の 1s 軌道と重なって C−H σ 結合をつくっている。さらに混成に加わらなかった $2p_z$ 軌道どうしは，軌道の側面で重なり合い，結合をつくる。この結合を π（パイ）結合(π - bond)という。したがって，エチレンの C＝C 二重結合（double bond）は σ 結合と π 結合からできている（図 2・13）。

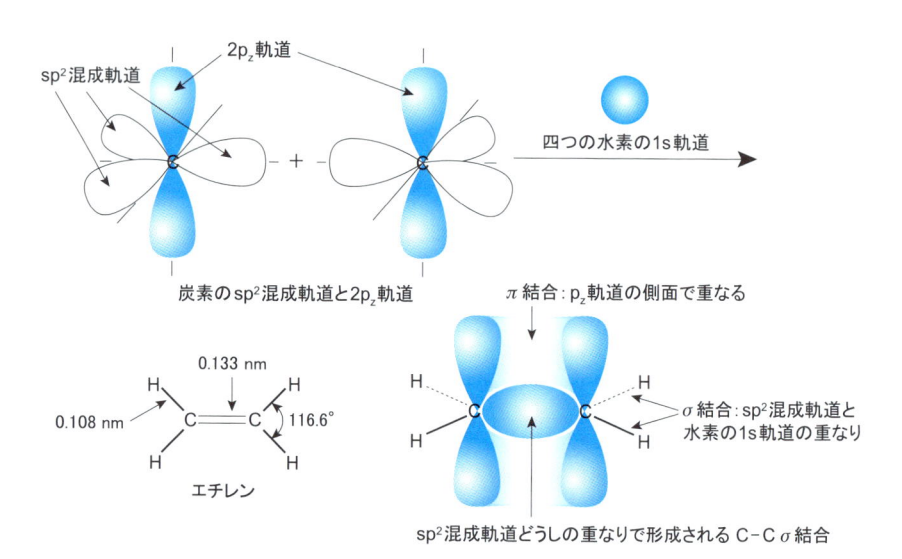

図 2・13 エチレンの構造

π 結合の電子雲は結合軸上には存在せず，結合軸の上下に分かれて存在している。エチレンの C＝C 二重結合の結合距離は，エタンの C−C 単結合より短い。また，エチレンの C＝C 結合エネルギーは 636 kJ mol^{-1} であり，エタンの 368 kJ mol^{-1} より大きい。この二つの値から，エチレンの π 結合の結合解離エネルギーは 268 kJ mol^{-1}（636 − 368）と見積もることができ，π 結合は σ 結合より弱い結合であることがわかる。これは π 結合における p_z 軌道間の重なりが σ 結合における sp^2 混成軌道間の重なりより小さいためである。

二重結合を結合軸のまわりに回転させるには π 結合を切断しなければならない。これには大きなエネルギーが必要であるので，単結合とは異なり二重結合は回転できない。したがって，たとえば，2-ブテンには二つの異性体，メチル基が二重結合の同じ側にあるシス（*cis*）体と異なる側にあるトランス（*trans*）

体が存在する。これらは，異なる物理的・化学的性質を持つ化合物であり，これを幾何異性体（シス-トランス異性体）という。

トランス-2-ブテン
(*trans*-2-butene)
沸点0.9℃，融点−106℃

シス-2-ブテン
(*cis*-2-butene)
沸点4℃，融点−139℃

エチレン以外にプロピレン($CH_3CH = CH_2$)，ブタジエン($CH_2 = CH - CH = CH_2$)，ベンゼン（C_6H_6）の二重結合炭素やBF_3のホウ素原子もsp^2混成軌道からなっている。ここでは，エチレンを2個つなげた恰好の1,3-ブタジエンを見てみよう（図2・14）。四つの炭素はいずれもsp^2混成軌道をとっている。隣り

結合距離
C^1-C^2, C^3-C^4 : 0.137 nm
C^2-C^3 : 0.147 nm

1,3-ブタジエンの共鳴構造

共鳴混成体(D)

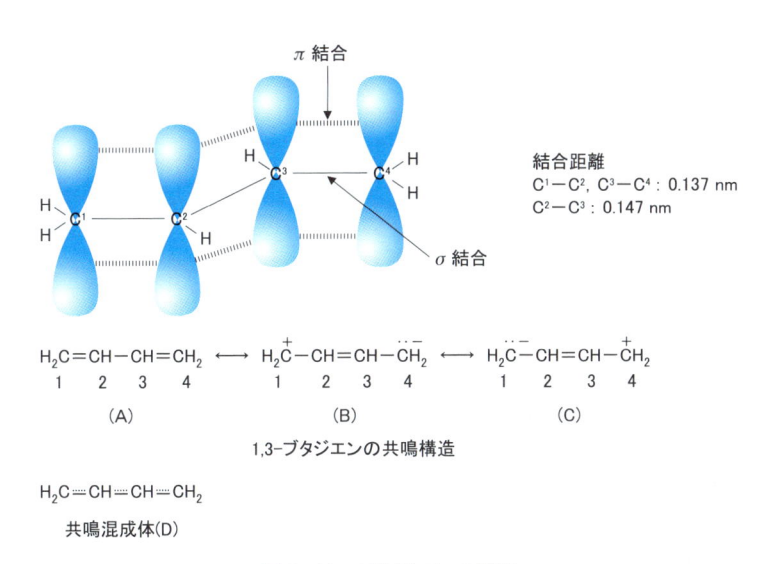

図2・14　ブタジエンの構造

合う炭素1と2あるいは3と4のp軌道がそれぞれ重なりπ結合をつくる。この場合，炭素2と3の間でもp軌道の重なりが可能である。すなわち，炭素2と3の間も二重結合性を帯びることになる。したがって，二重結合のπ電子は炭素1と2および3と4の間に局在化（localize）しているのではなく，四つの炭素上に広がる，すなわち非局在化（delocalize）することになる。事実，炭素

2-3間の結合距離は0.147 nmでありエタンのC－C結合距離（0.154 nm）より短く二重結合性を帯びている。また，炭素1-2あるいは3-4間の距離は0.137 nmで，エチレンのC－C結合距離（0.134 nm）より長く単結合性を持つ。したがって，ブタジエンは三つの共鳴構造（A，B，C）の共鳴混成体(D)と表せる。

このように，複数の二重結合が単結合をはさんで交互に存在している結合を共役二重結合（conjugated double bond）とよび，孤立二重結合とは異なる反応性を示すようになる。

次に共役二重結合をもつ環状構造のベンゼンの場合を考えてみよう。ベンゼンは正六角形で，すべての炭素-炭素結合は0.140 nmであり，単結合（エタンのC－C結合距離0.154nm）と二重結合（エチレンのC＝C結合距離0.134 nm）の中間の値となっている（図2・15）。ベンゼンの6個の炭素原子はエチレンと

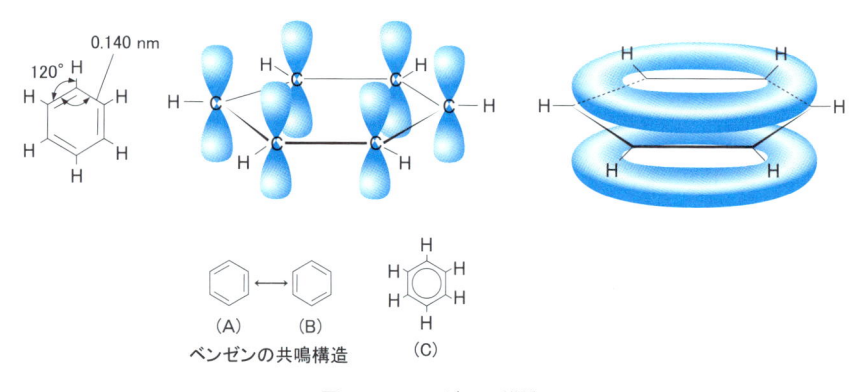

図2・15 ベンゼンの構造

同様sp²混成軌道をとっている。三つのsp²混成軌道がそれぞれ水素の1s軌道および両隣りの炭素のsp²混成軌道と重なり，C－HおよびC－Cσ結合を形成している。6個の炭素上に残ったp_z軌道はベンゼン環の平面に対して垂直にはりだしており，両隣のp_z軌道と重なり合うことができる（図2・15）。こうして形成されたπ結合のπ電子雲は6員環全体にドーナツ状に広がった構造をしている。すなわち，π電子は非局在化している。したがって，ベンゼンは二つの共鳴構造(A),(B)の共鳴混成体であり(C)のように表すことができる。

sp 混成とアセチレンの構造

アセチレンが直線状構造をしていることも混成軌道で説明できる。メタン，エチレンの場合と同様，炭素原子の 2s 軌道の電子 1 個が空の 2p 軌道に昇位して $1s^2 2s^1 2p^3$ の電子配置をとる。さらに，一つの 2s 軌道と一つの 2p 軌道が混り合い，エネルギーの等しい二つの sp 混成軌道ができる（図 2・16）。二つの混

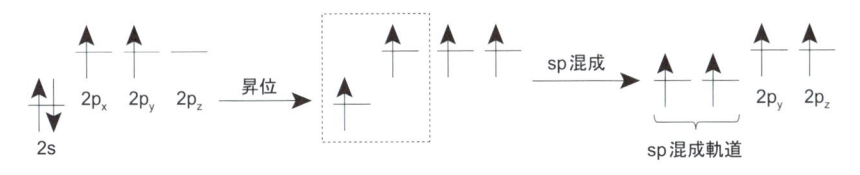

図 2・16 炭素原子の sp 混成

成軌道にはいる電子間の反発がもっとも少なくなるように，sp 混成軌道は 180°の角度に配置される。それぞれの炭素原子の sp 混成軌道どうしが重なり C-C σ 結合が，また sp 混成軌道と水素の 1s 軌道が重なり C-H σ 結合が形成される。混成軌道に加わらなかった $2p_y$, $2p_z$ 軌道は互いに直交している。隣り合う炭素の $2p_y$ 軌道どうし，$2p_z$ 軌道どうしが重なると直交した二つの π 結合ができる（図 2・17）。したがって，アセチレンの 4 個の原子はすべて直線上にあり，C≡C

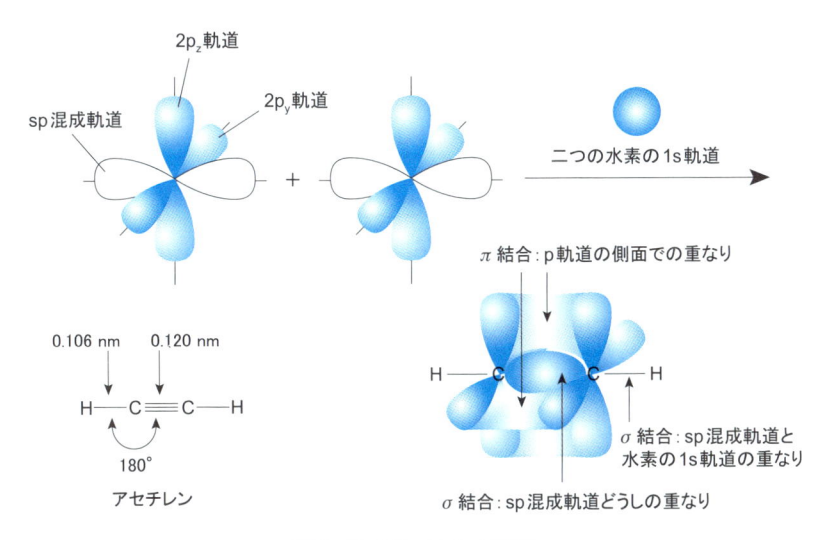

図 2・17 アセチレンの構造

三重結合（triple bond）は一つのσ結合と二つのπ結合からなる。$C \equiv C$結合の長さは0.120nmで，$C = C$（0.133nm）や$C - C$（0.154nm）より短い。

二酸化炭素CO_2の炭素原子や$BeCl_2$のベリリウム原子もsp混成軌道をとっており，分子構造は直線状である。

> **例題2・5** 塩化ベリリウム$BeCl_2$のルイス構造を書き，VSEPR法で構造を予想せよ。また，この構造を混成軌道で説明せよ。
>
> $Be(1s^22s^2)$の価電子は2。したがって，ルイス構造を図のように書くことができ，VSEPR法では直線形と予想できる。また，Beの2s軌道の電子1個を$2p_x$に昇位したのち，2sと$2p_x$を混ぜ合わせ等価な二つのsp混成軌道をつくる。sp混成軌道は反発がもっとも少なくなるよう180°の角度に配置される。したがって混成軌道の考えからも$BeCl_2$は，アセチレンと同様直線状構造であると説明できる。
>
> : Cl : Be : Cl :

問 題

2・1 次の化合物あるいはイオンのルイス構造を描き，形式電荷も示せ。また，共鳴構造があるものについてそのルイス構造も描くこと。

(a) H_2O_2 (b) O_3 (c) $SOCl_2$ (d) NO^+ (e) NO_2^-

2・2 つぎの化合物の立体構造（非共有電子対も含め）をVSEPR理論により図示せよ。

(a) SO_2 (b) SO_3

2・3 つぎの化合物の各炭素原子の混成軌道の種類を示し，各結合角の値を予想せよ。

(a) $CH_3CH_2CH_3$ (b) $H_2C = CH - CH_3$ (c) $HC \equiv C - CH_3$

2·4 次の分子の各炭素，酸素，窒素原子の混成軌道の種類を示せ．また，原子間の結合が σ 結合か π 結合かを示せ．

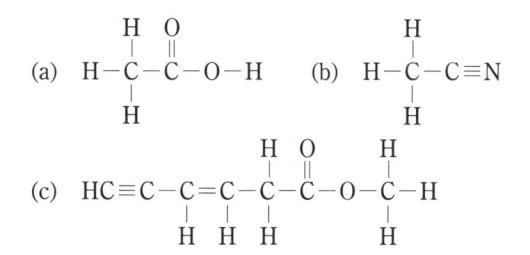

(a)
$$\begin{array}{c} H\ \ O \\ |\ \ \| \\ H-C-C-O-H \\ | \\ H \end{array}$$

(b)
$$\begin{array}{c} H \\ | \\ H-C-C\equiv N \\ | \\ H \end{array}$$

(c)
$$\begin{array}{c} \ \ \ \ \ \ \ \ \ \ \ H\ \ O\ \ \ \ H \\ \ \ \ \ \ \ \ \ \ \ \ |\ \ \|\ \ \ \ | \\ HC\equiv C-C=C-C-C-O-C-H \\ \ \ \ \ \ \ \ \ \ |\ \ |\ \ |\ \ \ \ \ \ \ \ | \\ \ \ \ \ \ \ \ \ \ H\ \ H\ \ H\ \ \ \ \ \ \ H \end{array}$$

2·5 次の分子の立体構造と炭素原子の混成軌道を示せ．

$H_2C = C = CH_2$

2·6 CO_2 の炭素，酸素の混成軌道と立体構造を示せ．

2·7 SO_2 と CO_2 では，どちらが極性分子か．

2·8 次の化合物の結合の分極を δ^+，δ^- で示せ．

(a) CH_3-NH_2 (b) CH_3-Li (c) CH_3-MgBr (d) CH_3-Br

3章 ● 気体の性質 —自由な粒子—

　これまで原子や分子の内部の構造が，おもに波動力学から導かれる軌道の概念から理解できること，そしてそれらの物理的および化学的性質もその概念に基づき規則正しく説明されることを学んできた。ところで，実際にわれわれの身のまわりにある物質は，原子や分子のような微小な粒子として単独で存在しているわけではなく，それらが集合して異なる状態，すなわち気体，液体，固体として存在している。そこで，続いて，これらの状態の物理的および化学的な特徴やこれらの間で起こる変化について述べていこう。これらの特徴が，いかに原子や分子レベルでの性質と関連しているか理解することも重要なことである。この章では，分子間引力（分子同士の引き合う力）が弱い気体の性質について学んでいこう。

3−1　気体の諸法則

　気体での分子間引力は弱いため，分子はお互いに離れており，しかも速く自由にあらゆる方向に動きまわっている。このために気体の体積や形は一定しないし，また圧縮もされやすい。このように無秩序に動きまわる気体の性質は，その体積，圧力，温度そして物質量を測定して気体の状態を決定することで明らかにできる。この体積，圧力，温度そして物質量の関係は，三つの基本法則，すなわち，ボイルの法則（Boyle's law），シャルルの法則（Charles's law）そしてアボガドロの法則（Avogadro's law）としてまとめられる。さらにこれらの法則は，理想気体の状態式（equation of state for an ideal gas）とよばれる一つの式にまとめることができる。はじめにそれぞれの法則について見てみよう。

ボイルの法則

　気体の体積 V が，圧力 p と温度 t（セルシウス温度，℃）あるいは物質量 n とどのような関係にあるかを調べてみよう。このように影響を与える条件がいくつかあるときには，一つの条件を除いて，他は一定に保つことがよく行われる。ここでは，温度 t と物質量 n とを一定にして，圧力 p の体積 V に及ぼす効果を調べてみよう。簡単な装置の略図を図3・1に示した。装置はピストン付き

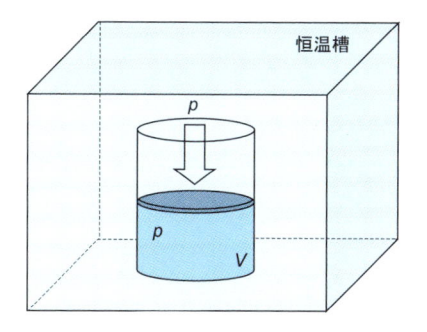

図3・1　気体の体積の測定

の容器を恒温槽の中にいれたものである。その容器の中に一定量の気体をいれ，ピストンに圧力を加えていき，それぞれの圧力での体積を測定する。体積を測定するときには，ピストンに加わる圧力は，中の気体の圧力と等しくなるから，それが気体の圧力ということができる。このようにして，体積 V は圧力 p と図3・2(a)で表される関係にあることがわかる。この測定値に限らず，多くの測定値から意味のある関係を見い出していくには，測定値にデータ処理をして，それぞれの測定値の間に直線関係を探していくことである。ここでも，V と p の関係の代わりに V と $1/p$ をプロットすると，図3・2(b)のように，きれいな直線関係が得られ，このことから，ただちに気体の体積 V は圧力の逆数 $1/p$ に比例するということができる。

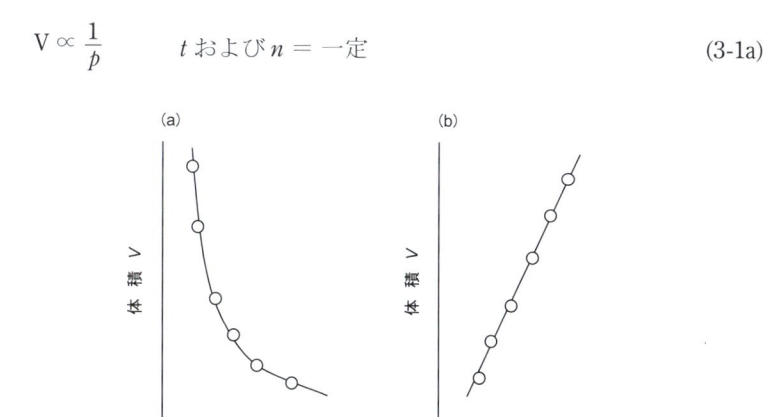

$$V \propto \frac{1}{p} \qquad t および n = 一定 \qquad (3\text{-}1a)$$

図3・2　気体の体積と圧力との関係(a) および圧力の逆数との関係(b)

これは次のようにも表すことができる。

$$pV = 一定 \qquad t および n = 一定 \tag{3-1b}$$

これをボイルの法則という。

この法則は，現在，近似的に成り立つことが知られている。気体の密度が特に高いか，あるいは温度が特に低い場合以外は，予想される値から大きくずれることはあまりない。さらに，どんな気体試料でも密度が低くなればなるほど，ますます正確にボイルの法則に従うことが明らかとなっている。つまりこの法則は，理想気体（ideal gas）といっている理想的な気体について述べたものになっており，極限まで希薄な気体であれば正確にこの法則に従うのである。

シャルルの法則

次に，気体の体積に及ぼす温度の影響を調べよう。図3・1で表す装置を使い，今度は，ピストンに加わる圧力を一定に保ち，恒温槽の温度 t をいろいろに変化させ，そのときどきの体積 V を測定する。もちろん容器の中にいれる気体の物質量は一定である。体積 V を温度 t（℃）に対してプロットすると，図3・3のようになり，直線関係が得られる。この直線は次の式で表される。

$$V = at + b \qquad p および n = 一定 \tag{3-2a}$$

ここで a は直線の傾き，b は切片を表し，温度が0℃のときの体積である。

$V = 0$ まで直線を外挿してみると -273.15℃で交わる。特に重要なことはす

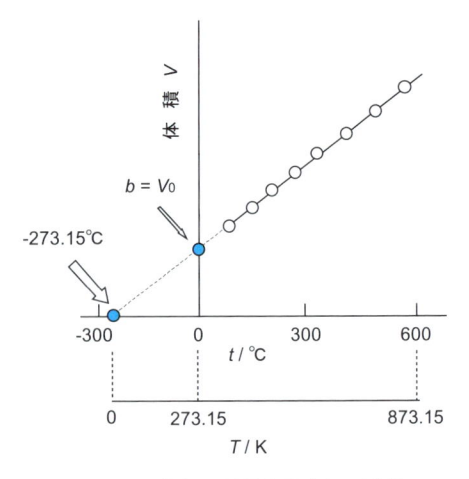

図3・3　気体の体積と温度との関係

べての気体が同じ挙動を示し，$V=0$ まで外挿すると，温度軸の $-273.15℃$ で交差することである．この点ではすべての気体が，もしそれらが低温のため凝縮しなければ，体積が 0 となり，それより下では負の体積をとることを示している．負の体積はもちろんあり得ないから，この温度がもっとも低い温度と考えられ，絶対零度（absolute zero）とよばれる．

絶対零度は，ケルビン温度計の目盛りの 0 点を示し，この目盛りをケルビン目盛りあるいは絶対温度目盛り（absolute temperature scale）とよぶ．絶対温度を T で表し，単位をケルビン（K）とする．セルシウス温度（℃）との関係は

$$T / \mathrm{K} = t / ℃ + 273.15 \tag{3-3}$$

となる．

したがって，(3-2a)式の t に(3-3)式をいれれば

$$V = aT$$

と書くことができる．原点を $T/\mathrm{K} = 0$ へ移したので，切片 b も 0 となるのである．つまり，定圧の下で一定量の気体の体積 V は，絶対温度 T に比例する．

$$V \propto T \qquad p \text{ および } n = 一定 \tag{3-2b}$$

この関係をシャルルの法則という．

詳細な実験によれば，実在気体（real gas）はこの法則からもずれるが，しかし，このずれも無限に希薄な気体という極限の場合にはまったくなくなることがわかっている．

アボガドロの法則

気体の体積と分子数の間の関係を表しているのがアボガドロの法則である．法則は，"同じ温度と圧力のもとで同一の体積の気体はどれも同じ数の分子を含む"というものである．いいかえると，同温同圧での気体の体積は，それがどんな分子であるかは問わずに，その分子数だけに依存するというものである．1 mol の物質は一定数の，つまりアボガドロ定数の分子を含んでいるので，アボガドロの法則は次のようにもいうことができる．"同じ温度と圧力のもとで，気体の体積は，物質量に比例する．"

$$V \propto n \qquad T \text{ および } p = 一定 \tag{3-4a}$$

また，単位物質量が占める体積，つまりモル体積（molar volume）を V_m と表

せば，(3-4a)式は

$$V = nV_m \qquad T \text{ および } p = \text{一定} \tag{3-4b}$$

となる。0℃，1 atm のもとで，1 mol の気体の体積は 22.414 dm³ である。

$$V_m = 22.414 \text{ dm}^3 \text{ (0℃, 1 atm)}$$

アボガドロの法則も，ある理想化を行ったもので，気体の密度がほとんどゼロに近いときに厳密に正しい法則となる。つまり，このような挙動も理想気体のもう一つの性質といえる。

理想気体の状態式

上に述べてきたように，実際の観測結果は，無限に希薄な気体という極限の場合を仮定することで，つまり理想化することによって三つの法則にまとめることができた。つまり，気体の体積 V は，圧力の逆数 $1/p$ に比例し(3-1a)式，絶対温度 T に比例し(3-2b)式，さらに物質量 n に比例する(3-4a)式という関係が得られたのである。これらは下の一つの関係式にまとめることができる。

$$V \propto \frac{nT}{p}$$

比例定数 R を使って書き直すと

$$V = \frac{RnT}{p}$$

これが理想気体の状態式で，一般には次のように記述する。

$$pV = nRT \tag{3-5}$$

どのような条件のもとでも(3-5)式が厳密に成り立つような気体を理想気体（または完全気体，perfect gas）という。ここで，定数 R はどんな気体でも同じ値で，気体定数 (gas constant) とよばれる。気体はその種類にかかわらず，1 mol の体積は 0℃，1 atm のもとで 22.414 dm³ であるから，(3-5)式を用いて簡単に気体定数 R を求めることができる。

$$R = \frac{pV}{nT} = \frac{(1 \text{ atm})(22.414 \text{ dm}^3)}{(1 \text{ mol})(273.15 \text{ K})}$$

$$= 0.082057 \text{ atm dm}^3 \text{ K}^{-1} \text{ mol}^{-1} = 8.3144 \text{ J K}^{-1} \text{ mol}^{-1}$$

気体の質量をグラム単位で表したものを w，気体分子のモル質量を M_m とおけば，$n = w/M_m$ となるから，(3-5)式は

$$pV = nRT = \frac{w}{M_\mathrm{m}}RT \tag{3-6}$$

とおける．したがって，質量がわかっている気体の体積を，特定の圧力，温度で測定すればモル質量，すなわち分子量を求めることができる．

> **例題 3・1** 2.20 g の炭酸ガスが，25℃，1.00 atm で占める体積はいくらか．また，この炭酸ガスの分子数を求めよ．
>
> 炭酸ガス CO_2 の分子量は 44.0 である．したがって，2.20 g の炭酸ガスは 2.20 g/44.0 g mol^{-1} = 5.00×10^{-2} mol に相当する．(3-5)式から
>
> $$V = \frac{nRT}{p} = \frac{(5.00\times10^{-2}\text{ mol})(0.082057\text{ atm dm}^3\text{ K}^{-1}\text{ mol}^{-1})(298.15\text{ K})}{1.00\text{ atm}}$$
> $$= 1.22_3 \text{ dm}^3 = 1.22 \text{ dm}^3$$
>
> 分子数は，物質量にアボガドロ定数をかければよい．したがって
>
> $$(6.022 \times 10^{23}\text{ mol}^{-1})(5.00 \times 10^{-2}\text{ mol}) = 3.01 \times 10^{22}\text{ (個)}$$
>
> となる．

ドルトンの分圧の法則

身のまわりの気体は，ある1種類の気体であるよりは，2種類以上の混合気体としてある方がはるかに多い．たとえば，空気は窒素や酸素の中に二酸化炭素や水蒸気などが混合しているし，また混合気体同士の反応を扱うことも多い．そこで混合気体の性質を知ることは重要であり，特に，混合気体としてあるときに各成分の圧力が全体の圧力にどのように影響するかは重要な問題となる．

Dalton は 19 世紀のはじめに，一連の実験から次のような法則を導きだした．

> **ドルトンの法則（Dalton's law）**：理想気体の混合物の圧力は，同じ温度で同じ体積を個々の気体だけが占めるときの圧力の和に等しい．

ある気体が全圧 P に対して及ぼす寄与を，その気体の分圧（partial pressure）という．たとえば，気体 A と B の混合気体があり，それぞれの分圧を p_A と p_B と表せば，全圧 P は

$$P = p_\mathrm{A} + p_\mathrm{B} \tag{3-7}$$

となる．ここで留意するのは，分圧 p_A と p_B というのは，それぞれの気体が単独で同じ体積を，あるいは具体的にいえば同じ体積の容器を，占めたときの圧

力ということである。ここでは2成分を例にとっているが、3成分以上の混合気体でも同じことがいえる。

混合物の組成と全圧がわかっている場合には、理想気体の状態式によって各成分の分圧が容易に計算できる。そのために、濃度を表す方法の一つであるモル分率(mole fraction)を導入しておこう。この方法は、混合気体ばかりでなく、溶液などの濃度を表すときなどにもよく使われる。いま、気体 A と B の混合気体を考え、それぞれの物質量を n_A と n_B とすれば、それぞれのモル分率 x_A と x_B は

$$x_A = \frac{n_A}{n_A + n_B} \qquad x_B = \frac{n_B}{n_A + n_B} = 1 - x_A$$

で表される。

それぞれの成分が体積 V の容器を占めたとき、理想気体の状態式から

$$p_A V = n_A RT \qquad p_B V = n_B RT \tag{3-8}$$

が成り立ち、両方を足し合わせれば

$$(p_A + p_B)V = (n_A + n_B)RT$$

となる。ドルトンの法則から $(p_A + p_B)$ は全圧 P に等しいとおけるので

$$PV = (n_A + n_B)RT \tag{3-9}$$

とおける。(3-8)式のそれぞれを(3-9)式で割って

$$\frac{p_A}{P} = \frac{n_A}{n_A + n_B} = x_A \quad \text{つまり} \quad p_A = x_A P \tag{3-10a}$$

$$\frac{p_B}{P} = \frac{n_B}{n_A + n_B} = x_B \quad \text{つまり} \quad p_B = x_B P \tag{3-10b}$$

を得る。すなわち、その混合気体の全圧に各成分のモル分率をかければ、それぞれの分圧が簡単に求められることがわかる。逆にいえば、各成分の分圧がわかっていれば、全圧との関係からモル分率を求めることができる、つまり各成分の濃度がわかることも併せて理解できる。

ドルトンの法則もまた理想化した表し方であり、気体を理想気体として仮定できれば、あるいは気体が非常に希薄で、構成分子が完全に独立しているとみなせる場合には成り立つが、実在気体では近似的にしか使えないことに注意が必要である。

> **例題 3・2** 大気が酸素ガスと窒素ガスからのみ成り立っていることを仮定する。酸素と窒素の分圧が，それぞれ 21.0 kPa および 80.0 kPa のとき，各気体の質量百分率を求めよ。
>
> 各気体のモル分率 x_{O_2} と x_{N_2} は，(3-10a)式から
>
> $$x_{O_2} = \frac{21.0}{21.0 + 80.0} = 0.207_9$$
>
> $$x_{N_2} = 1 - 0.207_9 = 0.792_1$$
>
> 酸素と窒素のモル質量は，それぞれ $M_m(O_2) = 32.0\ \mathrm{g\ mol^{-1}}$，$M_m(N_2) = 28.0\ \mathrm{g\ mol^{-1}}$ である。いま，100 g の混合気体を考え，そのうちの y％ が酸素だとすれば
>
> $$x_{O_2} = 0.207_9 = \frac{\dfrac{\mathrm{y\ g}}{32.0\ \mathrm{g\ mol^{-1}}}}{\dfrac{\mathrm{y\ g}}{32.0\ \mathrm{g\ mol^{-1}}} + \dfrac{(100-\mathrm{y})\ \mathrm{g}}{28.0\ \mathrm{g\ mol^{-1}}}}$$
>
> これを解いて
>
> $$\mathrm{y} = 23.0_7 = 23.1 \quad (酸素の質量百分率は 23.1\%)$$
>
> したがって，窒素の質量百分率は 76.9％ となる。

3－2 気体分子運動論

前節で述べてきた気体の諸法則は，気体の体積，圧力，温度そして物質量を観測することによって導きだされてきたものである。一方，気体は多数の構成粒子の集団であることから，その構成粒子の力学的性質から，気体の諸性質が考えられてきた。いわゆる気体分子運動論（kinetic theory of gases）といわれるものである。

気体分子運動論は，理想気体に対する次の仮定に基づいている。

1) 気体は絶えず，しかも無秩序に運動する質量 m の粒子の集団である。
2) その粒子は体積をもたず，質点（質量を持った幾何学的な点）とみなせる。
3) 粒子は衝突以外には互いに相互作用せず，無秩序な運動を続ける。
4) 粒子同士，および粒子と壁の衝突はすべて弾性的に行われる。つまり，衝突後の全並進運動エネルギーは衝突前と等しい。

気体の圧力は，この理論では，粒子である分子と容器の壁との衝突によって説明される。分子の衝突はきわめて頻繁に起こるので，われわれには一定の圧

力と思えるのである。したがって，圧力を計算するには，分子が壁と衝突するときに及ぼす力を壁の単位面積当りで見積もればよい。そして力は，ニュートンの第二法則によれば，"粒子の運動量の単位時間当りの変化量＝分子に働く力"とされ，これがつまり壁に働く力ということになる。ただし，単位時間として分子と壁との衝突が起こる平均時間間隔よりは十分に長い時間をとるものとする。

それでは実際に，半径 r の球状の容器の中に分子が N 個あるとして解いていってみよう（図3・4）。ある1個の分子 i が速度 c_i で並進運動（translational motion）しているとする。これが壁に衝突するときの入射角を θ とすれば，反射角も θ となる。二つの道すじを含む面は球の中心を通る。そしてこの衝突での，球面に直角な方向の運動量の変化 Δp は

$$\Delta p = mc_i \cos\theta - (-mc_i \cos\theta) = 2mc_i \cos\theta$$

である。次の衝突までに分子が動く距離は $2r\cos\theta$ であるから，二つの衝突の間の時間は

$$\Delta t = \frac{2r\cos\theta}{c_i}$$

となる。分子 i が壁に及ぼす力は，単位時間当りの運動量の変化であるから

$$\frac{\Delta p}{\Delta t} = \frac{2mc_i \cos\theta}{\frac{2r\cos\theta}{c_i}} = \frac{mc_i^2}{r}$$

となる。

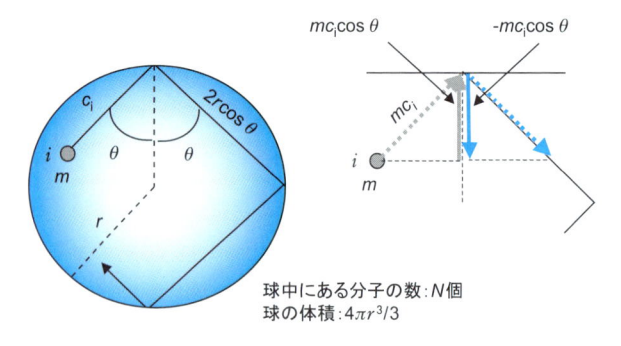

図3・4　球中の分子の運動

気体が壁に及ぼす圧力 p は，すべての分子についての力を壁の面積 $4\pi r^2$ で割ったものになるから

$$p = \frac{1}{4\pi r^2}\sum_{i=1}^{N}\left(\frac{mc_i^2}{r}\right) = \frac{m}{4\pi r^3}\sum_{i=1}^{N}c_i^2 = \frac{m}{3V}\sum_{i=1}^{N}c_i^2$$

ここで，$V = 4\pi r^3/3$ は球の体積である。ここで

$$\overline{c^2} = \frac{\sum_{i=1}^{N}c_i^2}{N}$$

を分子の平均二乗速度と定義すれば，次の式を得る。

$$pV = \frac{1}{3}Nm\overline{c^2} \tag{3-11}$$

分子数 N は，物質量 n とアボガドロ定数 L を用いて $N = nL$ で表すことができるので，(3-11)式は

$$pV = \frac{1}{3}nLm\overline{c^2} \tag{3-12}$$

となる。さらに，分子1個の質量 m にアボガドロ定数をかけたものは，その分子のモル質量 M_m だから，(3-12)式は次のようになる。

$$pV = \frac{1}{3}nM_\mathrm{m}\overline{c^2} \tag{3-13}$$

理想気体の圧力と体積の関係はこの式により正確に再現されている。右辺の $M_\mathrm{m}\overline{c^2}$ は分子の持つ運動エネルギーの2倍となるが，弾性的な衝突では運動エネルギーが保存されるので，(3-13)式は，$pV =$ 一定となり，ボイルの法則に等しい。

(3-13)式と $pV = nRT$ を比較すれば，

$$\frac{1}{3}nM_\mathrm{m}\overline{c^2} = nRT \quad \text{すなわち} \quad \overline{c^2} = \frac{3RT}{M_\mathrm{m}} \tag{3-14}$$

$\overline{c^2}$ の平方根を根平均二乗速度（root mean square velocity）とよび，c_{rms} と表せば

$$c_{rms} = (\overline{c^2})^{1/2} = \left(\frac{3RT}{M_\mathrm{m}}\right)^{1/2} \tag{3-15}$$

となる。

この結果から，分子の根平均二乗速度は温度の平方根に比例すること，また，モル質量の平方根に反比例することが分かる。たとえば，分子量が2の水素と32の酸素では，水素の方が4倍速く動きまわっていることが容易に予測できる。図3・5には，代表的な分子の根平均二乗速度を示したが，重い分子は軽い分子よりも平均として遅く運動していることがわかる。

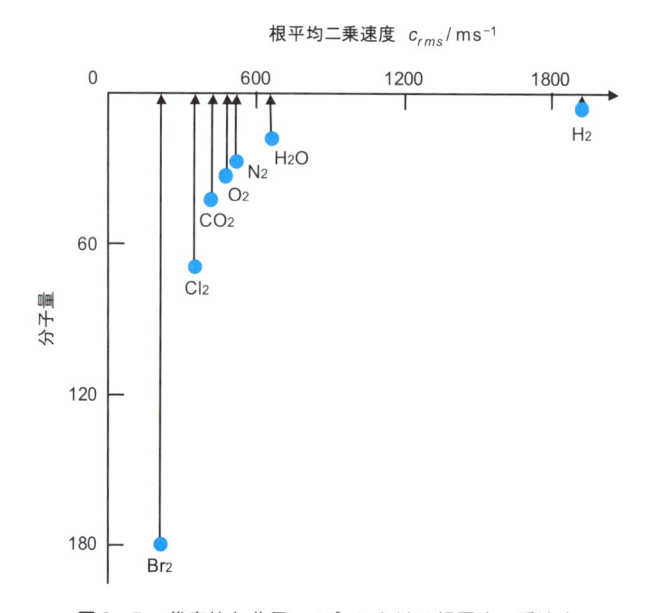

図3・5 代表的な分子の25℃における根平均二乗速度

> **例題3・3** 空気中にもれ出た塩素ガスの25℃での根平均二乗速度を求めよ。
>
> 塩素ガス Cl_2 のモル質量は $70.9\ \text{g mol}^{-1}$ である。したがって，(3-15)式から根平均二乗速度 c_{rms} は
>
> $$c_{rms} = \left(\frac{3RT}{M_m}\right)^{1/2} = \left(3 \times \frac{(8.314\ \text{J K}^{-1}\ \text{mol}^{-1})(298\ \text{K})}{70.9 \times 10^{-3}\ \text{kg mol}^{-1}}\right)^{1/2}$$
>
> $$= 3.23_7 \times 10^2\ \text{m s}^{-1} = 324\ \text{m s}^{-1}$$
>
> ここで，気体定数の単位中にあるJは，$1\ \text{J} = 1\ \text{kg m}^2\ \text{s}^{-2}$ であるから，モル質量の単位も kg mol^{-1} に換算してあることに注意。

1分子当りの並進運動エネルギーの平均を ε, 1 mol の全平均運動エネルギーを E とすれば, (3-14)式を考慮して

$$E = L\varepsilon = L\frac{1}{2}m\overline{c^2} = \frac{1}{2}M_m\overline{c^2} = \frac{3}{2}RT \tag{3-16}$$

すなわち

$$\varepsilon = \frac{E}{L} = \frac{3}{2}\frac{RT}{L} = \frac{3}{2}\frac{R}{L}T = \frac{3}{2}kT \tag{3-17}$$

である。ここで, $k = R/L$ はボルツマン定数 (Boltzmann constant) とよばれる。

$$k = \frac{R}{L} = \frac{8.3144 \text{ J K}^{-1} \text{ mol}^{-1}}{6.0221 \times 10^{23} \text{ mol}^{-1}} = 1.3806 \times 10^{-23} \text{ J K}^{-1}$$

(3-16)式, (3-17)式からもわかるように, 分子の平均の並進運動エネルギーは絶対温度に比例しており, 温度が高くなればなるほど, 分子が激しく運動し, 速さが大きくなることを表している。

マックスウエル‐ボルツマン分布

ここまでは分子の速度の平均についてみてきたが, 気体中の分子の速さにはある分布があって, その分布も温度によって変化することが 1860 年に Maxwell によって示された。系内に N 個の分子が存在するとき, 速さ c と $c + dc$ との間の速さを持つ分子数の全分子数に対する割合 dN/N が次の式で与えられるとされた。

$$\frac{dN}{N} = 4\pi \left(\frac{M_m}{2\pi RT}\right)^{3/2} c^2 \exp\left(-\frac{M_m c^2}{2RT}\right) dc \tag{3-18}$$

(3-18)式は, マックスウエルの速度分布則 (Maxwell's law of velocity distribution) あるいはマックスウエル‐ボルツマンの速度分布則とよばれる。この式で表されるおおよその分布を, 酸素分子を例にして図 3・6 に示した。ここで注目すべきは, 温度が上昇すれば根平均二乗速度が大きくなるだけでなく, 速さの分布も広がることである (図 3・6 (a))。また, 分布曲線の最大に相当する速さは, これを最大確率速度 (most probable velocity) c_m といい, (3-18)式から $c_m = (2RT/M_m)^{1/2}$ と導くことができる。この速度は必ず根平均二乗速度よりも小さくなる。同様に, 平均速度も $\overline{c} = (8RT/\pi M_m)^{1/2}$ と求められる。これらの速度の関係を図 3・6 (b) に示した。

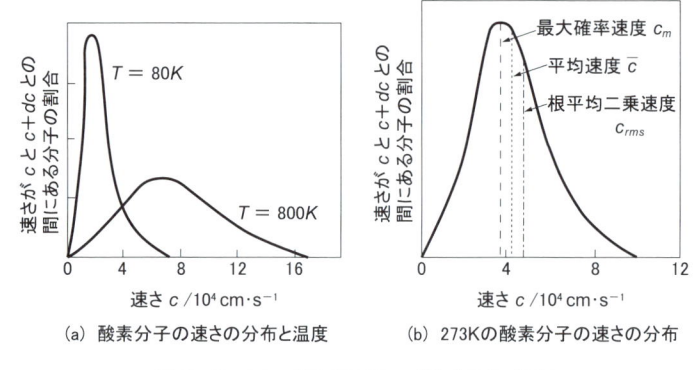

(a) 酸素分子の速さの分布と温度 (b) 273Kの酸素分子の速さの分布

図3・6 マックスウエル－ボルツマン分布

拡散と流出

拡散 (diffusion) は，図3・7(a)に示すように，2種の気体を同じ容器にいれると，拡がって自発的に混ざる現象である．拡散は気体中だけでなく液体中でも起こる．拡散に似ている現象に流出 (effusion) とよばれるものがある．これは，図3・7(b)に示すように，非常に小さな穴を通って気体が逃げ出していくものである．

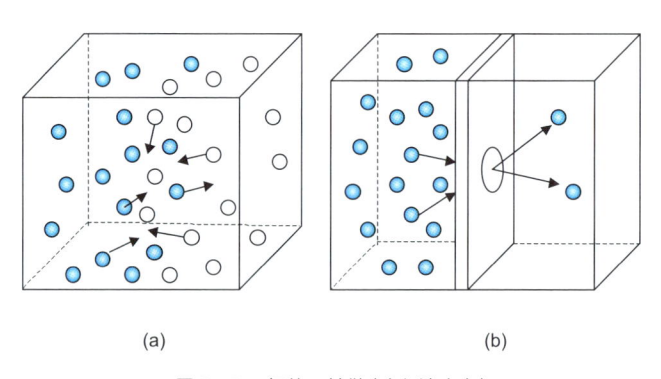

図3・7 気体の拡散(a)と流出(b)

Grahamは，気体の流出する速さを実験的に観測し，次のような法則をたてた．
> グラハムの法則 (Graham's law)：気体の流出および拡散の速さは，同一の温度，圧力のもとでモル質量の平方根に反比例する．

したがって，2種類の気体（AとB）の流出および拡散の速さは，一方の速さ

を他方の速さで割って比較できる。すなわち

$$\frac{\text{Aの流出（拡散）の速さ}}{\text{Bの流出（拡散）の速さ}} = \left(\frac{M_B}{M_A}\right)^{1/2} \tag{3-19}$$

ただし，M_A と M_B は，それぞれ気体 A と B のモル質量である。

気体分子運動論によればグラハムの法則は次のように理解できる。すなわち，流出の速さは，分子が小さい穴に到達する頻度に比例する。そしてこの頻度は分子の運動する速さ，つまり根平均二乗速度に比例し，これは(3-15)式より分子のモル質量の平方根に反比例する。したがって，流出の速さは，分子のモル質量の平方根に反比例することになり，グラハムの法則と同じものとなる。同様に，拡散の速さも根平均二乗速度に比例することから，(3-15)式から分子のモル質量の平方根に反比例することもわかる。

3-3 実在気体

これまで述べた気体の法則は，理想気体といっている理想的な気体について述べたものになっており，極限まで希薄な気体であれば正確にこの法則に従う。それでは実際に身のまわりで接する通常の圧力を持つ気体の性質はどのようなものなのだろうか，理想気体の挙動とはどれだけ離れているのだろうか。これに対する答は，実際の気体のいろいろな圧力での体積を測定して，圧力と pV_m/RT をプロットしていけばわかる。この値は理想気体ならば，どのような圧力のときでも必ず1となるはずである。結果を図3・8に示してある。一般的に400 atm 以下の中間的な圧力では，pV_m/RT は1以下のことが多く，それよりも高圧では1を超えていることが多い。1からのずれは，一つには，分子同士が実際は相互作用をしているために，また，もう一つには，分子は体積を持っているためと理解できる。つまり，中間的な圧力のもとで気体の密度が高くなってくると，分子の相互作用が無視できなくなり，お互いに引き付けあうようになる。このとき気体の圧力が小さくなる効果が表れ，pV_m/RT が1以下になってくる。さらに圧力が高くなって気体の密度が大きくなると，分子の体積が無視できなくなり，お互い同士遠ざけあうようになる。その結果 pV_m が理想気体の値より大きくなり，pV_m/RT が1より大きくなると説明できる。

上のような挙動を示す実在気体に関して，理想気体の状態式に代わる関係式

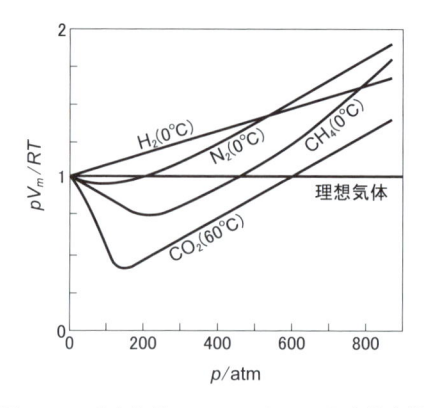

図3・8　実在気体での pV_m/RT の圧力依存性

が数多く提案されてきている。その中で最初の，そしてもっとも有名な提案はvan der Waalsによるものである(1873年)。これは，理想気体の状態式 $p = nRT/V$ をもとにして，いくつかの補正項をつけ加えていくものである。一つは，分子の体積は無視できないとし，その中には他の分子は侵入できないと考える。分子の体積が0でないことから，体積 V の代わりに，分子の体積に相当する補正項を引いて

$$p = \frac{nRT}{V - nb}$$

となる。また，もう一つは分子間引力についての補正項である。さきに述べたように気体の圧力は，分子が容器の壁に衝突する際の単位時間当りの運動量の変化から導きだされるものである。分子が壁に衝突するときにも，その分子のまわりにはたくさんの分子が存在しており，それらによる分子間引力を受け

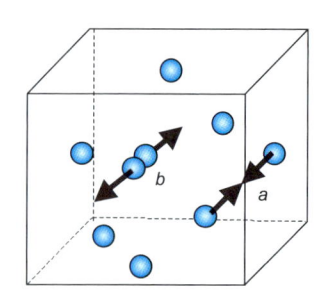

図3・9　ファンデルワールスの式における分子間引力項 a と反発項 b の原因

衝突する力も減少する。この力の大きさはまわりにある分子の数，すなわち容器内の分子のモル濃度 n/V に比例することになる。もちろん衝突頻度そのものもモル濃度 n/V に比例するわけであるから，結局，圧力 p はモル濃度 n/V の二乗に比例して減少することになる。したがって

$$p = \frac{nRT}{V - nb} - a\left(\frac{n}{V}\right)^2 \tag{3-20}$$

となる。1 mol 当りならば

$$p = \frac{RT}{V_m - b} - \frac{a}{V_m^2} \tag{3-21}$$

と表される。また，$pV = nRT$ に対応して次の形で書くこともできる。

$$\left(p + \frac{an^2}{V^2}\right)(V - nb) = nRT \tag{3-22}$$

この式はファンデルワールスの実在気体の状態方程式（van der Waals equation of state for a real gas）とよばれる。ここで定数 a, b はファンデルワールス係数 （van der Waals coeffcient）といい，気体の種類により決められた値である。代表的な気体については表 3・1 にまとめた。

表3・1　25℃におけるファンデルワールス係数

	a/atm dm^6 mol^{-2}	b/10^{-2} dm^3 mol^{-1}
Ar	1.363	3.219
CO_2	3.640	4.267
He	0.057	2.370
N_2	1.408	3.913

問　題

3・1 温度 20℃ で体積 500 cm^3 のフラスコを真空ポンプで排気して，フラスコの中の空気の圧力を 4.0×10^{-4} mmHg に低下させた。このフラスコ中に残る分子の数はいくらか。

3・2 内容積 500 m³ の気球に,はじめ 25℃ で 1.00 atm になるまでヘリウムガスを注入した。気球が上昇したところ,気温は −15℃ に,気圧も 0.750 atm まで下がった。気球の体積を一定に保つには,どれだけの質量のヘリウムを加えるか,あるいは除けばよいのか。

3・3 希硫酸水溶液を電解液として水を電気分解したときに,陰極から 2.2 dm³ の気体が発生した。この気体は 23℃,760 mmHg で水上に捕集された。この気体を乾燥した後の体積を 0℃,760 mmHg で計算せよ。ただし,水の蒸気圧は 23℃ で 21.1 mmHg で,すべての気体は理想気体とする。

3・4 25℃ に保たれた密封容器中にメタンと空気(酸素 20%,窒素 80%)がはいっており,その全圧は 650 mmHg である。ここで点火したところ,酸素がなくなるまでメタンは燃焼し,1:1 の量比の炭酸ガスと一酸化炭素,および水が生成した。燃焼後の 25℃ での全圧は 580 mmHg であった。このときのメタン,窒素,炭酸ガスのモル分率を求めよ。ただし,水は液体であり,その体積は無視できるとする。

3・5 自然界にある水素分子には H_2,HD および D_2 の 3 種類の分子が存在する。ここで,D は重水素 ^2H を表す。水素と重水素の原子量を,それぞれ 1.01 と 2.01 として次の問いに答えよ。
 (a) 水素分子 H_2 の 25℃ での根平均二乗速度を $km\ s^{-1}$ の単位で求めよ。
 (b) 同温度でのそれぞれの分子の拡散速度の比を計算せよ。

3・6 床面積 22.5 m²,天井の高さ 3.00 m の部屋で 100 kg の液体窒素を実験で消費した。部屋は密閉され,温度は常時 25℃ に保たれているとする。実験前には 1.00 atm の空気(窒素:酸素の分圧比を 4:1 とする)で満たされていた。この実験によって部屋内部の全圧と酸素のモル分率はいくらになるか。ただし,気体はすべて理想気体とし,液体窒素の体積は無視できるものとする。

3・7 ある化学兵器ガスの構造を知るために次のような古典的な方法によって分子量を求めることを計画した。はじめに，対照ガスとしてプロパンガスの密度を測定したところ，25℃で 1.08 g dm^{-3} であった。同様の条件でその化学兵器ガスの密度は 3.44 g dm^{-3} を示した。このガスの分子量を求めよ。

3・8 天然に存在するウランのほとんどは質量数が238であり，原子力発電に用いられる質量数235のウランはわずかに0.7%しか存在しない。^{235}U を濃縮するために，揮発性の高い六フッ化ウラン（^{235}UF$_6$ および ^{238}UF$_6$）にし，両者の拡散速度の差を利用して ^{235}UF$_6$ を濃縮する。25℃での ^{235}UF$_6$ の根平均二乗速度を求めるとともに両者の拡散速度の比を求めよ。ただし，フッ素の原子量は19.0とする。

3・9 1.00 mol の窒素が0℃で 5.00 atm の圧力を呈するとき，次の問いに答えよ。
  (a) 窒素が理想気体として振るまうとき，その体積はいくらか。
  (b) 窒素がファンデルワールス気体として振るまうとき，何 atm で上と同じ体積を持つのか。ただし，$a = 1.41$ atm dm^6 mol^{-2}，$b = 0.0391$ dm^3 mol^{-1} とする。

4章 ●物質の状態と分子間力

　前章で述べた気体という状態では，分子（ときには原子）はお互いに離れているために分子間の引力が小さく，あらゆる方向に素速く動きまわっている。そのために気体の体積や形は一定せず，しかも圧縮されやすいという特徴を持つ。特に，理想気体といっている理想的な気体では，分子間の引力はまったくないものとしているが，実在気体の挙動を考える上ではこの力は重要な要因になることについては明らかにしてきた。さて，物質は気体，液体，固体の3種類の状態をとるが，液体，固体では，分子の運動の影響を上まわる分子間の引力が働き，集合体としての性質を強く現すようになってくる。したがって，液体や固体の性質を考えるときには，この力の原因と相対的な強さを理解することがさらに重要となる。この章では，分子間の引力の原因となるもの，液体や固体の重要な性質，さらには，どのようにして一つの状態から別の状態に変化するのかについて学んでいこう。

4-1　分子間の引力

　分子の自由な運動を抑制するほどの分子間の引力としては，2章で述べた水素結合以外にもファンデルワールス力（van der Waals force）がある。ファンデルワールス力としては次の2種類が代表的な例として挙げられる。

① 　双極子－双極子相互作用

　極性分子は両端に符号の異なる電荷を持ち，双極子ができる。分子集団の中で，分子同士が引き合うように双極子の配置が決まり，系全体のエネルギーを下げる（図4・1）。双極子同士の引き合う力は，ふつうはイオン結合や共有結合よりも非常に弱く，約1％の強さである。そして，それは双極子間の距離 d に非常に影響を受け，d の3乗に反比例する。つまり，距離が大きくなると急激に小さくなっていくという特徴を持っている。したがって，分子がお互いに離れている希薄な気体状態では，大きな影響力を持たないことが理解できる。

② 　ロンドン力

　無極性分子や結合していない原子の場合にも，電子分布の瞬間的なかたより

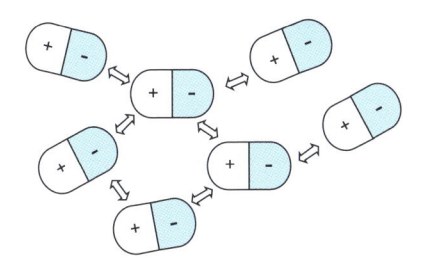

図4・1　双極子－双極子相互作用

によって，分子（原子）間に瞬間的な引力を生じる。このような引き合う力をロンドン力（London force）という。この力によって，ヘリウムや水素でさえ，十分に低い温度に冷やせば液体になるのである。

分子や原子の中で電子が動きまわるとき，その動きは乱雑なので，ある瞬間わずかに多くの電子が一方の側に存在する確率が大きくなる可能性がある。このとき，その隣にある分子（原子）の電子を押しやり，双極子を形成することになる（図4・2）。それは一時的に互いに引き付け合い，集合することを助けることとなる。このようにロンドン力は一瞬の間だけ存在するのでかなり弱い力であり，分子（原子）間距離の6乗に反比例する。

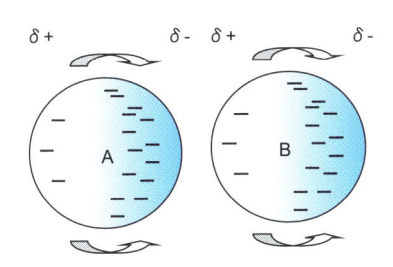

図4・2　ロンドン力（瞬間双極子による分子間引力）

このようなファンデルワールス力および水素結合が分子間では働いており，温度や圧力などまわりの条件によって物質の状態（気体，液体，固体）が決められていく。

4-2 気体の液化—臨界現象—

前の章でも述べたように，実在の気体は，高い圧力や低い温度では理想気体の状態式からずれていく。そしてこれは分子の体積や分子間の引力が無視できなくなるために起こる現象である。それでは，さらに低温で圧力をかけていったときにはどのような変化が起こるのであろうか。いま，例として，二酸化炭素をピストン付きの容器にいれ，一定の温度でピストンを押していくことで圧力を加えることを考えてみる。そのときの状態の変化を図4・3に，また，その等温線（一定の温度で圧力と体積の関係を表す曲線）を図4・4に示した。低温では等温線に平らな部分が現れることがわかる。たとえば10℃で気体状態にあるA点から圧力を加えていくと，体積は減少してきて，B点で液化し始める。

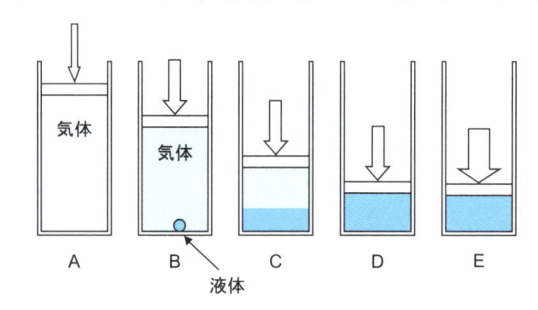

図4・3 二酸化炭素を10℃で加圧していくときの状態変化

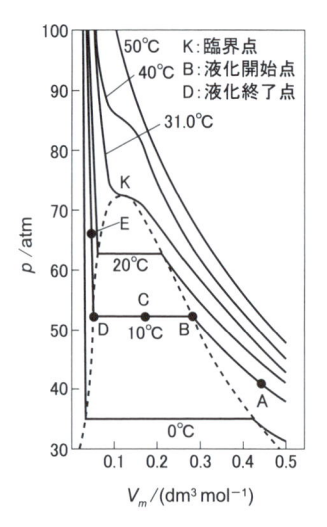

図4・4 二酸化炭素の等温線

その後さらにピストンを押していっても圧力に変化は起こらず液化が進行し体積は減少する（たとえばC点）。この圧力はその温度における二酸化炭素の蒸気圧である(次節)。D点で全部が液体となり，その後は圧力をかけても体積の減少はわずかである（たとえばE点）。B, D点でのモル体積は，その温度で共存する気体と液体のモル体積に相当している。分子間相互作用からこれを説明すれば，B点からD点までは，分子同士が平均して近付けられ，その結果分子間に引力が働き，凝縮して液体になるといえる。

平らな部分は温度が高くなるほど短くなり，31.0℃ではB点とD点は一致する。これをK点とする。K点では気体と液体のモル体積は同じになる，つまり両者の密度はまったく同じになり，お互いを隔てていた界面は存在しなくなる。この温度を臨界温度（critical temperature）T_cといい，それ以上の温度ではいくら圧縮しても単一相で液体と気体の区別はない。つまり，臨界温度以下でない限り，気体に圧力をかけても液化しないのである。K点を臨界点(critical point)といい，臨界温度T_c以外にも臨界点の圧力とモル体積を臨界圧（critical pressure）p_cおよび臨界モル体積（critical molar volume）V_cという。これらの定数は臨界定数（critical constant）と総称され，代表的な物質の値を表4・1にまとめた。

表4・1 代表的な物質の臨界定数

物質	臨界温度 /℃	臨界圧 /atm	臨界モル体積 /dm^3 mol^{-1}
He	-267.9	2.26	0.0577
H_2	-239.9	12.8	0.0650
N_2	-147.0	33.5	0.0900
CO	-140	34.5	0.0900
O_2	-118.4	50.1	0.0744
CH_4	-82.1	45.8	0.0988
CO_2	31.0	72.9	0.0942
NH_3	132.3	111.3	0.0723
Cl_2	144.0	76.1	0.123
H_2O	374.2	218.3	0.0566

4−3　液体の蒸気圧

前節では，密封された容器の中にある気体の分子間に引力が働くために，気体は凝縮して液体になる現象について述べてきた。この中の現象を詳しくみれば，決して一方的に凝縮（condensation）という現象だけが起きているのではないことがわかる。逆の現象，つまり，液体が蒸発して気体になる現象もここでは起こっている。蒸発（vaporization）と凝縮の速さが等しくなっているといってよい。このときには見かけ上はなにも変化していないように見える。このような状態のときに平衡（equilibrium）にあるといい，このときに示す気体の圧力が蒸気圧（vapor pressure）である。

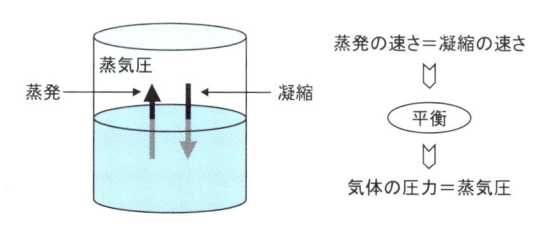

図4・5　平衡と蒸気圧

それでは液体の蒸気圧が大きいとはどういうことなのであろうか。いま，蒸発する速さが大きいとき，その速さにつり合う凝縮速度を獲得するには，蒸発して発生してくる気体の濃度が十分に大きく，液体の表面に多くの気体分子が衝突する必要がある。この気体の濃度が大きい状態のときに蒸気圧が大きいということができる。このように考えてくると，液体の蒸発する速さ，つまり，蒸気圧の大きさに及ぼす因子には，主に分子間引力と温度が挙げられることがわかる。分子間引力の大きい液体では，非常に大きな運動エネルギーを持つ分子のみが分子間の束縛を断ち切り気体になることができる。結果として蒸発する速さが遅くなり，蒸気圧が小さくなる。逆に，分子間引力の小さい液体では，小さな運動エネルギーを持つ分子でも容易に気体になり，結果として蒸気圧が大きくなる。一方，高い温度のときには，大きな運動エネルギーを持つ分子の割合が高くなることから，蒸発速度が大きくなり，蒸気圧が高くなる。

液体の蒸気圧を簡単に測定するには，図4・6(a)のように，水銀が入り密封されたU字管の片方の水銀表面にわずかに液体を浮かべる方法がある。真空の中に置かれた液体は蒸発し，その蒸気と平衡になる。そのときの蒸気圧に相当

する分だけ水銀柱を押し下げるから，水銀柱の高さの差が蒸気圧に対応している。たとえば，25℃では，水は24 mmHg，エタノールは56 mmHg，ジエチルエーテルは540 mmHgとなる。水は，さきに述べたように大きな水素結合を持ち，これが大きな分子間引力となることから蒸気圧が小さい。エタノールも，水ほどではないが水素結合を持つのでそれほど蒸気圧は大きくならない。また，ジエチルエーテルにはほとんど極性がなく，比較的弱いロンドン力があるのみなので分子間引力が弱い。そのために蒸気圧が大きくなる。次に，蒸気圧をいろいろな温度で測定し，プロットすれば図4・6(b)のような蒸気圧曲線（vapor pressure curve）が得られる。温度の上昇とともに蒸気圧も大きくなっていくことがわかる。

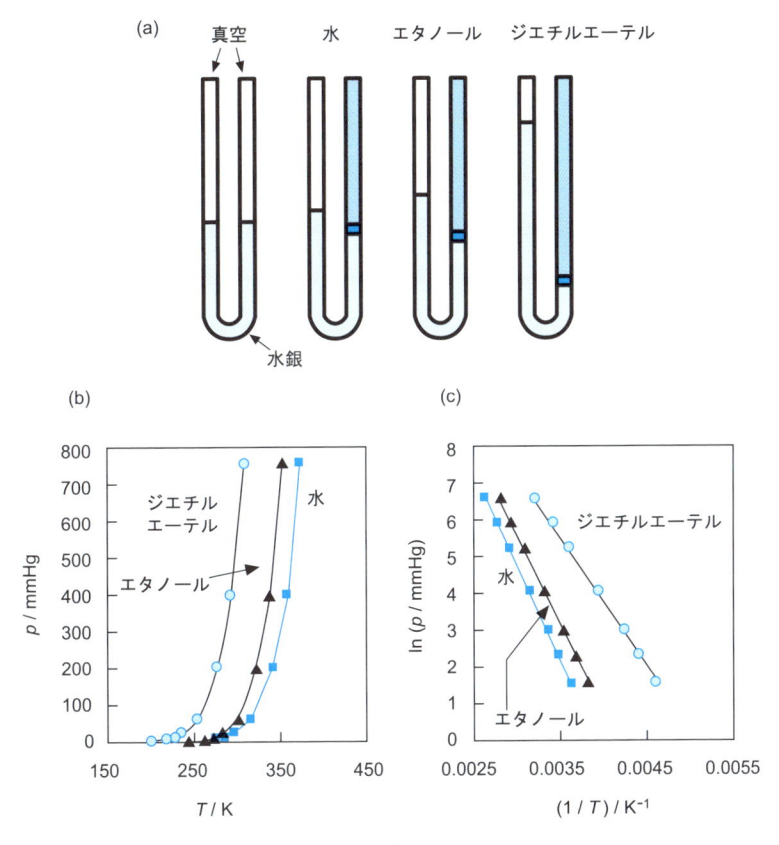

図4・6　水，エタノールおよびジエチルエーテルの
(a) 蒸気圧の測定　(b) 蒸気圧曲線　(c) $\ln p \sim 1/T$ プロット

一定の圧力のもとで液体の温度を上昇させていくと，その蒸気圧が外圧に等しくなる温度に到達する．この温度で液体の内部に気泡が生じて，継続的に蒸発が起こる．この現象を沸騰，その温度を沸点（boiling point）という．特に1 atm における沸点を標準沸点（normal boiling point）という．液体が全部蒸発するまで温度は一定である．このとき吸収される熱を蒸発熱（heat of vaporization）あるいは蒸発エンタルピー（enthalpy of vaporization）* という．代表的な化合物の標準沸点とモル蒸発エンタルピー（1 mol 当りの蒸発熱）を表4・2に示した．蒸発エンタルピーの大きさは，分子間引力の目安となっている．分子間引力が大きければ，液体が気体に変わるときに分子の束縛を切るのに大きなエネルギーが必要になってくるからである．

表4・2　化合物の標準沸点と1 mol 当りの蒸発エンタルピー ΔH_{vap}

化合物	ΔH_{vap}(kJ mol^{-1})	標準沸点(℃)
CH_4	9.20	−161
C_2H_6	14	−89
C_3H_8	18.1	−30
C_4H_{10}	22.3	0
C_6H_{14}	28.6	68
C_8H_{18}	33.9	125
$C_{10}H_{22}$	35.8	160
F_2	6.52	−188
Cl_2	20.4	−34.6
Br_2	30.7	59
HF	30.2	17
HCl	15.1	−84
HBr	16.3	−70
HI	18.2	−37
H_2O	40.6	100
H_2S	18.8	−61
NH_3	23.6	−33
PH_3	14.6	−88
SiH_4	12.3	−112

---

* エンタルピーの定義は7章を参照．

> **例題 4・1** 100℃の水 180 g を 10 分間で完全に蒸発するには，100 V の電源で何アンペアの電流を流せばよいか。
>
> 水のモル蒸発エンタルピーは 40.6 kJ mol^{-1} であり，水 180 g は，180 g/18.0 g mol^{-1} = 10.0 mol に相当する。また，1 J = 1 A s V であるから，流す電流を x A とすれば，
>
> $(x\text{ A})(100\text{ V})(60 \times 10\text{ s}) = (40.6 \times 10^3\text{ J mol}^{-1})(10.0\text{ mol})$
>
> したがって，流す電流 x は
>
> $x = 6.77$ (A)
>
> となる。

図 4・6(b)で表される曲線をデータ処理していくと，$\ln p$ と $1/T$ は直線関係にあることがわかり（図 4・6(c)），その傾きから次の関係が明らかとなった。

$$\ln p = -\frac{\Delta H_\text{vap}}{RT} + C \tag{4-1}$$

ここで，ΔH_vap は液体のモル蒸発エンタルピーを表している。いま，ある温度 T_1，T_2 における蒸気圧をそれぞれ p_1，p_2 として(4-1)式に代入し，それらの差をとれば

$$\ln \frac{p_2}{p_1} = -\frac{\Delta H_\text{vap}}{R}\left(\frac{1}{T_2} - \frac{1}{T_1}\right) \tag{4-2}$$

となる。蒸気圧が外圧と等しくなるときに沸騰することを考えれば，(4-2)式は，外圧と沸点の関係をも表しているとみなすことができる。

液体の蒸気圧の温度変化は，熱力学により導きだされ，次のクラウジウス－クラペイロンの式（Clausius-Clapeyron equation）により表される。

$$\frac{\mathrm{d}p}{\mathrm{d}T} = \frac{\Delta H_\text{vap}}{T(V_\text{g} - V_\text{l})} \tag{4-3}$$

ここで，V_g と V_l は，気体と液体のモル体積である。

$V_\text{g} \gg V_\text{l}$ から V_l を省略し，理想気体の状態式を適用して $V_\text{g} = RT/p$ とおくと，(4-3)式から(4-1)式を導くことができる。つまり，これらの仮定から

$$\frac{\mathrm{d}p}{\mathrm{d}T} = \frac{p \Delta H_\text{vap}}{RT^2}$$

と表され，$(1/p)\,\mathrm{d}p/\mathrm{d}T = (\mathrm{d}\ln p)/\mathrm{d}T$ であるから，上の式は

$$\frac{d \ln p}{dT} = \frac{\Delta H_{vap}}{RT^2} \tag{4-4}$$

となる。これを積分すれば(4-1)式に誘導できる。

> **例題 4・2** ある山の頂上での大気圧が 580 mmHg のとき，水は何℃で沸騰するか。
>
> 水のモル蒸発エンタルピーは 40.6 kJ mol^{-1} であり，水の標準沸点，つまり 1 atm (760 mmHg)での沸点は100℃であるから，(4-2)式を用いれば，580 mmHg での沸点を求めることができる。
>
> p_1 = 760 mmHg, p_2 = 580 mmHg, T_1 = 373 K, ΔH_{vap} = 40.6 × 10^3 J mol^{-1}, R = 8.314 J K^{-1} mol^{-1} を(4-2)式に代入すれば
>
> $$\ln \frac{580 \text{ mmHg}}{760 \text{ mmHg}} = -\frac{40.6 \times 10^3 \text{ J mol}^{-1}}{8.314 \text{ J K}^{-1} \text{ mol}^{-1}} \left(\frac{1}{T_2} - \frac{1}{373 \text{ K}} \right)$$
>
> となる。したがって
>
> T_2 = 365 K (92℃)
>
> (4-2)式に代入する温度は絶対温度であることに注意。

4－4 固体の融解・昇華

　ある圧力でどのような化合物の固体も，熱を吸収すれば融解(fusion, melting)し，また，逆にその液体を冷やせば凝固(freezing)することは，水と氷の関係の通りである。それらの現象を詳細に観察すれば，ある一定の圧力のもとで物質が融解あるいは凝固するときには，液体と固体がある温度で共存していることが分かる。このとき，液体が凝固する速さと固体が融解する速さがつり合っており，やはり液体と固体が平衡にあるという。この温度を，液体の状態にある高い温度から近づけば凝固点（freezing point）といい，固体の状態にある低い温度から近づけば融点(melting point)という。もし固体を加熱すれば，融けて液体になるが，固体と液体が共存する限り温度は一定のままである。逆に液体が冷やされ凝固点に到達すれば，やはり固体と液体が共存する限り温度は変わらない。

　一定の圧力で，融点まで温められた 1 mol の固体が液体へ転換するのに必要な熱をモル融解熱（molar heat of fusion）あるいはモル融解エンタルピー（molar enthalpy of fusion）ΔH_{fus} という。その符号を逆にした値が，1 mol の液体が凝固するときに放出する熱となる。0 ℃での水のモル融解エンタルピーは 6.01 kJ mol^{-1} であり，40.6 kJ mol^{-1} の値を持つモル蒸発エンタルピーと比べれば大変小さい。これは，蒸発によって分子は互いに遠くに離れるのに対し，固体が融けても分子同士はそれほど離れず，結びつきが少し弱まる程度だからである。

> **例題 4・3** 氷 1 kg を 0 ℃ですべて融かすには，500 W のヒーターでどれくらいの時間加熱したらよいか。
>
> 0 ℃での水のモル融解エンタルピーは 6.01 kJ mol^{-1} である。氷 1 kg は，1000 g/18.0 g mol^{-1} = 55.5$_5$ mol に相当する。また，1 W = 1 J s^{-1} であるから，いま加熱する時間を x 秒とすれば，
>
> $$(500\ \text{J s}^{-1})(x\ \text{s}) = (6.01 \times 10^3\ \text{J mol}^{-1})(55.5_5\ \text{mol})$$
>
> が成り立つ。したがって，
>
> $$x = 668\ (\text{s})$$

ナフタレンやショウノウあるいはヨウ素などの固体によく見られる現象に昇華（sublimation）というものがある。これは，固体が液化することなく，気体に直接変化するものである。液体の蒸発と同じように，固体と蒸気が共存し平衡にあるときには，一定の温度で一定の蒸気圧を持つ。一定の圧力のもとで 1 mol の固体が気体へ転換するのに必要な熱をモル昇華熱（molar heat of sublimation）あるいはモル昇華エンタルピー（molar enthalpy of sublimation）ΔH_{sub} という。固体の蒸気圧の温度変化も，液体の場合のように次のクラウジウス－クラペイロンの式により表される。

$$\frac{dp}{dT} = \frac{\Delta H_{sub}}{T(V_g - V_s)} \tag{4-5}$$

ここで，V_s は固体のモル体積を表す。液体の蒸気圧のときと同じように，近似式として次の式に誘導できる。

$$\frac{d \ln p}{dT} = \frac{\Delta H_{sub}}{RT^2} \tag{4-6}$$

4-5 状態図

水を例にとり氷，水，水蒸気の3種類の相の平衡について考えてみよう。図4・7のA点のように，氷を容器にいれ低温に保てば，氷と水蒸気が平衡となる。その蒸気圧と温度の関係も同図に示してある。さらに温度を上昇させていくと，B点で固体の氷と液体の水そして水蒸気が共存し平衡となる。B点までの曲線は昇華曲線（sublimation curve）といい，氷と水蒸気が平衡にあるための条件を示している。さらに容器を加熱すればB点で氷はすべて融解し水となり，続いて水と水蒸気が平衡となる（たとえばC点）。そのときの圧力が水の蒸気圧であり，この水と水蒸気の平衡は臨界点K点まで続くこと，およびその関係を表す曲線を蒸気圧曲線とよぶことはさきに述べた。B点は特異な点であり，氷，水および水蒸気が平衡状態で共存できる唯一の条件となり，三重点（triple point）とよばれる。水では，0.611 kPa で，厳密に 273.16 K（0.01℃）の温度で起こる。三重点の状態でピストンを押し下げて圧力を加えると，水蒸気は消失していき，さらに圧力を加えていけば氷と水が平衡状態で共存してくる（たとえばD点）。この平衡が維持されなければならない温度と圧力の関係を融解曲線という。

図4・8には状態の変化をまとめており，平衡が存在する条件と3相が存在する温度と圧力を示している。これは状態図（phase diagram）とよばれる。たと

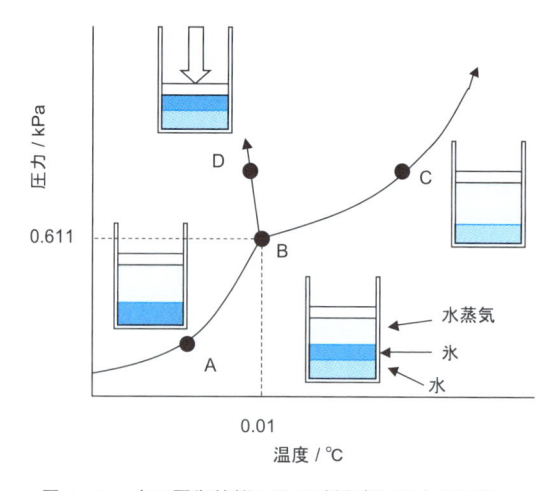

図4・7　水の平衡状態に及ぼす温度と圧力の影響

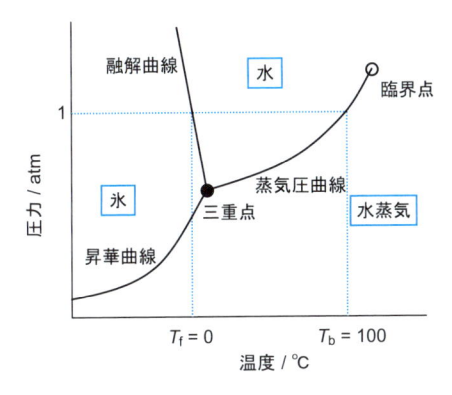

4章 物質の状態と分子間力 109

図4・8 水の状態図（すこし変形してある）

えば，1 atm（101.3 kPa）の線にそって温度を変えてみよう．低温で氷として存在する領域にあるが，温度が上昇して融解曲線に到達すれば，氷が融解して水との平衡が成り立つ．この温度が融点0℃となる．さらに温度が上昇すればすべての氷は水となっていく．そして温度上昇とともに蒸気圧曲線にぶつかり，水と水蒸気の平衡が存在する．このときの温度が標準沸点100℃となる．さらなる温度上昇では水蒸気だけの領域にはいる．

> **例題4・4** 0℃で気体としてだけ存在する水を，温度一定でしだいに圧力をかけていった時の状態の変化を表せ．
>
> 図4・8を参照にする．圧力を高くしていくと，昇華曲線とぶつかる点で氷との平衡状態となる．それよりも少し高い圧力では，すべての水蒸気は固体となり，さらに高くすると融解曲線とぶつかる．そこでは固体−液体平衡が成り立つ．もっと圧力が上がると氷は融け，水は液体としてだけ存在することになる．

水の状態図では，融解曲線は左に傾いているが，これは加圧すれば融点が下がることを示している．他の多くの化合物は，図4・9に示す二酸化炭素のように，融解曲線は右に傾いており，加圧により融点が上がる．この二酸化炭素の状態図の特徴は液体の領域が1 atm 以上にあるところである．したがって大気圧下では液体の二酸化炭素をつくることはできない．その代わり，気体を冷やすと−78℃で昇華曲線にぶつかり，気体が直接固体（ドライアイス）になる．

臨界点以上の温度と圧力領域にある物質は超臨界流体（supercritical fluid）と

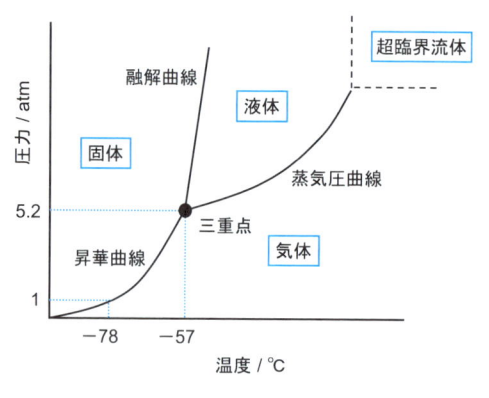

図4・9　二酸化炭素の状態図

よばれる。この超臨界流体は，他の物質を溶解する力が大きいところに特徴があり，たとえば，二酸化炭素の超臨界流体がコーヒー豆からのカフェイン抽出に利用されている。

4－6　固体の内部

ここでは，固体の構造について，特に結晶構造についてまとめてみよう。一般に，結晶（crystal）は，その構造単位を結びつける結合力によって，イオン結晶，共有結合結晶，金属結晶，分子結晶および水素結合性結晶に分類できる。そして，それらの性質や特徴あるいは構造は結合力の種類によって大きく反映されたものとなる。はじめに結晶の構造について見てみよう。

4－6－1　結晶の構造

結晶の内部では，原子，イオンまたは分子が3次元的に規則正しく繰返し配列している。いま，1種類の原子が構成する結晶を考え，各原子を点に置き換えると，空間に点が規則正しく配列した3次元の網目状の格子（lattice）ができる。これを空間格子（space lattice），それぞれの点を格子点という。そして空間格子の最小の繰返しの単位となるのが単位格子（unit cell）である（図4・10）。

単位格子は三つの稜の長さ a, b, c およびそれぞれのなす角度 α, β, γ で規定され，これらは格子定数とよばれる。単位格子は種々の対象性により特徴付けられており，図4・11に示される7種類の晶系に分けられ，合わせて14種類が存在する。この中でも3種類，すなわち単純立方格子（simple cubic lattice），

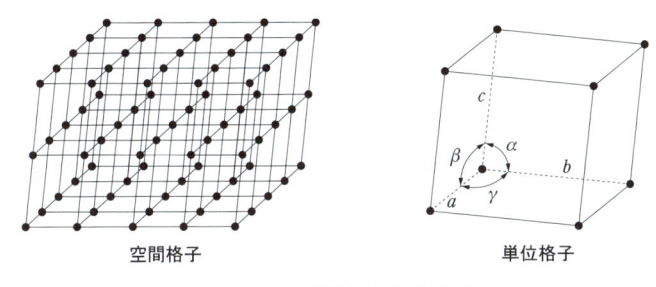

図 4·10　空間格子と単位格子

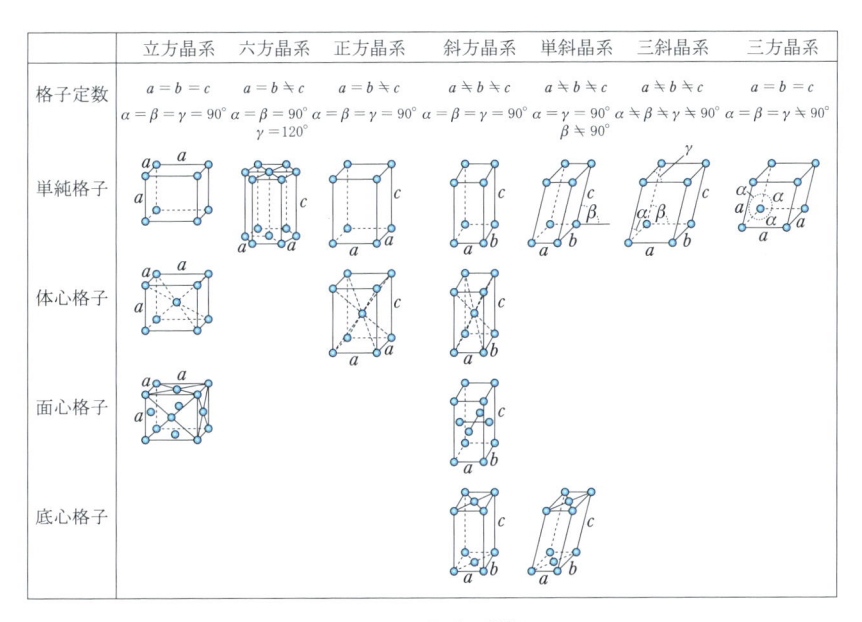

	立方晶系	六方晶系	正方晶系	斜方晶系	単斜晶系	三斜晶系	三方晶系
格子定数	$a=b=c$ $\alpha=\beta=\gamma=90°$	$a=b\neq c$ $\alpha=\beta=90°$ $\gamma=120°$	$a=b\neq c$ $\alpha=\beta=\gamma=90°$	$a\neq b\neq c$ $\alpha=\beta=\gamma=90°$	$a\neq b\neq c$ $\alpha=\gamma=90°$ $\beta\neq 90°$	$a\neq b\neq c$ $\alpha\neq\beta\neq\gamma\neq 90°$	$a=b=c$ $\alpha=\beta=\gamma\neq 90°$
単純格子	●	●	●	●	●	●	●
体心格子	●		●	●			
面心格子	●			●			
底心格子				●	●		

図 4·11　晶系の種類

体心立方格子（body-centered cubic lattice）および面心立方格子（face-centered cubic lattice）はもっとも対称性の高い立方晶系に属している。

　図 4·10 でも見ることができるように，空間格子の格子点は互いに平行で等間隔の一群の平面状に並んでいると考えられる。このような平面を格子面（lattice plane）といい，その間隔を面間隔（spacing）という。

　結晶の内部構造はX線回折法により明らかにできる。1912 年に Laue は，X線は電磁波の 1 種であり，その波長は結晶の面間隔とほぼ等しいほど短く，その結果，X線を結晶にあてると回折が起こると指摘した。その後，Bragg 父子

は，X線回折が反射であるかのように取り扱い，結晶は面間隔の反射面が積み重なったものとするモデルを提唱した．図4・12に示すように，波長λのX線が，結晶の格子面と角度θで入射するとすれば，2本のX線の行路差は

$$AB + BC = 2d\sin\theta \tag{4-7}$$

である．ここでdは格子面の間の垂直距離である．反射されたX線が干渉して強め合うためには，ブラッグの式（Bragg equation）

$$2d\sin\theta = n\lambda \tag{4-8}$$

に従わなくてはならない．ここでnは整数で，反射の次数という．実験的には，単一波長のX線をそれぞれの結晶面にあて，反射されるX線の強度が極大になる角度θを測定すると，対応する面間隔が求められる．これから単位格子の格子定数を決定できる．

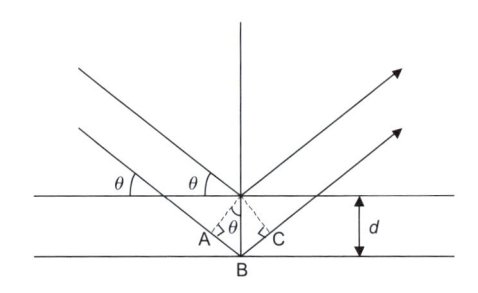

図4・12　ブラッグの反射条件

例題4・5　154 pm の波長を持つX線（銅のターゲットに電子を照射したときに生じるX線）で結晶を調べると，強い強度を持つ回折は，反射の角度$\theta = 15.9°$のところに観測された．反射の次数は$n = 1$とみなして，この反射に関与した格子面の面間隔を求めよ．

(4-8)式から

$$d = \frac{\lambda}{2\sin\theta} = \frac{154 \times 10^{-12} \text{ m}}{2\sin 15.9°} = 2.81 \times 10^{-10} \text{ m}$$

よって，面間隔は281 pmとなる．

---

① 金属結晶

単体や金属などで結合の方向性のない場合には，原子を同じ大きさの球とし

て，箱の中に詰めていくことを考えればよい。この場合，隙間を最小に充てんしていくには図4・13と図4・14で表す2種類のやり方がある。図4・13で表す充てん法は，六方最密充てん（hexagonal close packing: hcp）とよばれ，第1層目，第2層目と積み上げた後，第3層目を第1層目と重なる位置に積んでいき，この操作を繰り返す。すなわち，第1層目をA，第2層目をBとすれば，六方最密充てんはABABAB…と表すことができる。マグネシウムと亜鉛および固体のヘリウムもこの構造を持つことがわかっている。一方，図4・14の立方最密充てん（cubic close packing: ccp）では，第3層目は第1層目と重なる位置ではなく，第1層の球の間のすきまの上に並べていく。すると第4層目は第1層目と重なる。第3層目をCとすれば，立方最密充てんはABCABCABC…と表すことができる。これの結晶格子は面心立方格子に他ならない。この構造を持つ金属には，アルミニウム，金，銀，銅などがある（固体のアルゴンやネオンもこの構造を持つ）。

これらの構造は，どちらも各球あたり12個の最隣接球があることがわかる。この数を格子の配位数（coordination number）という。これらの最密構造（close-packed structure）では，球により占められていない空所の体積の割合は26.0%である。これほど密ではない構造だけれども，カリウムや鉄（いろいろある形

図4・13　六方最密充てん

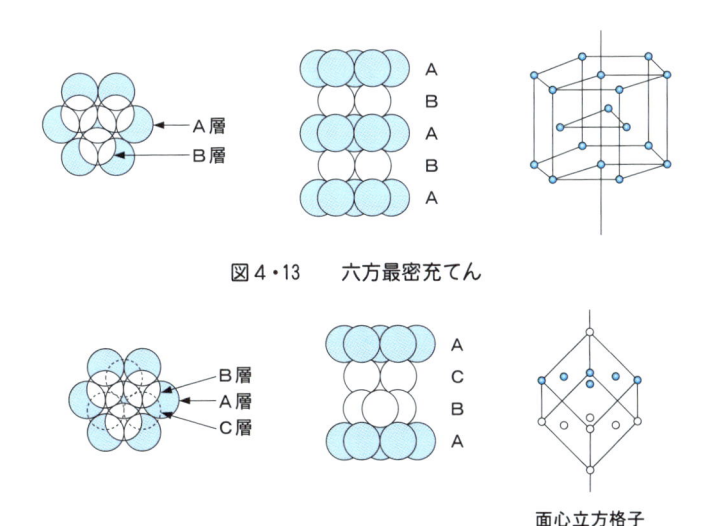

図4・14　立方最密充てん

面心立方格子

態のうちの一つ) などは，体心立方格子で示した位置に原子がある．この場合の配位数は 8 となる．ポロニウムという金属だけは単純立方構造を持ち，6 の配位数となる．

> **例題 4・6** 同じ大きさの球を体心立方構造になるように充てんした場合，空所の体積の割合はいくらとなるか．
>
> 球の半径を r とすれば，体心立方格子の一辺の長さは，$4r/\sqrt{3}$ となる．したがって単位格子の体積は
>
> $$\left(\frac{4r}{\sqrt{3}}\right)^3 = \frac{64r^3}{3^{3/2}}$$
>
> となる．この単位格子は，体心にある 1 個の球と 8 個の頂点の球からなる．このうち各頂点にある球は，隣接する 7 個の単位格子と共有しているので，1 個の単位格子当りでは $(4\pi r^3/3)/8$ だけの体積が属する．したがって，単位格子当りに含まれる球の体積は
>
> $$\left(1 + \frac{1}{8} \times 8\right) \times \frac{4\pi r^3}{3} = \frac{8\pi r^3}{3}$$
>
> となる．よって，空所の体積の割合は
>
> $$1 - \left(\frac{8\pi r^3}{3} \Big/ \frac{64r^3}{3^{3/2}}\right) = 0.320$$
>
> であり，32.0％となる．

② イオン結晶

金属が 1 種類の粒子でできているのに対し，イオン結晶は 2 種類以上の陽イオンと陰イオンから成り立っている．そこでは，陽イオンの周囲には陰イオンが，またその逆に，陰イオンの周囲には陽イオンがとり巻く傾向がある．さらに，構造を考える場合には，イオンの種類が違えばその大きさも違うので，金属よりも複雑になることが予想できる．

図 4・15 にいくつかの金属イオンのイオン半径の大きさを示している．イオン半径 (ionic radius) とは，イオン結晶を構成する陽イオン A と陰イオン B を球とみなし，A－B の実測距離 r_{AB} をそれぞれのイオンに振り分けた値をいう．Na^+ と Cl^- のイオン半径は図のようになる．陽イオンのイオン半径より陰イオン

の方が大きく，また，正電荷が増えるに従いイオン半径は小さくなる（Cu^{2+} < Cu^+）。同じ族では，周期が大きくなるに従って大きくなる。これらのイオンが充てんされた結晶の構造は，全体としてはいつも中性で，しかもエネルギーが最低になるようになっている。例として陽イオンの大きさが異なる塩化ナトリウムと塩化セシウムの構造を見てみよう。

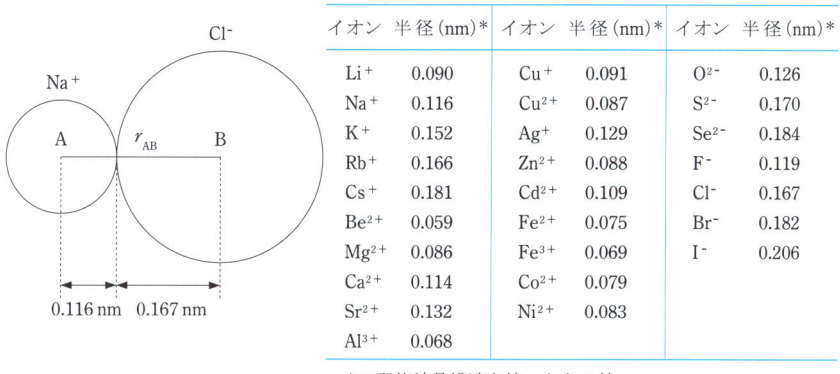

イオン	半径(nm)*	イオン	半径(nm)*	イオン	半径(nm)*
Li^+	0.090	Cu^+	0.091	O^{2-}	0.126
Na^+	0.116	Cu^{2+}	0.087	S^{2-}	0.170
K^+	0.152	Ag^+	0.129	Se^{2-}	0.184
Rb^+	0.166	Zn^{2+}	0.088	F^-	0.119
Cs^+	0.181	Cd^{2+}	0.109	Cl^-	0.167
Be^{2+}	0.059	Fe^{2+}	0.075	Br^-	0.182
Mg^{2+}	0.086	Fe^{3+}	0.069	I^-	0.206
Ca^{2+}	0.114	Co^{2+}	0.079		
Sr^{2+}	0.132	Ni^{2+}	0.083		
Al^{3+}	0.068				

* 6配位結晶構造を持つときの値。

図 4・15　イオン半径

　塩化ナトリウムの構造を図 4・16 に示した。はじめに，Cl^- イオンの配列に注目する。Cl^- イオンは面心立方構造をとるが，互いに接しておらず，すこし隙間があるように見える。しかし，サイズの小さい Na^+ は，Cl^- の格子の隙間にぴったりとはいり，Na^+ の方も面心立方構造をとる。つまり，2種類の面心立方構造がお互いにはいり込んだ構造となっており，全体としてみれば，各 Na^+ イオンは6個の最隣接 Cl^- イオンに囲まれ，Cl^- イオンも6個の Na^+ イオンに囲まれている（6,6配位）。一方，塩化セシウムの場合には，Cs^+ イオンは大きすぎて，Cl^- イオンのつくる面心立方構造の隙間にははいることができない。実際には，Cl^- イオンは単純立方格子の位置にあり，Cs^+ イオンはその中心にはいり，自身も単純立方格子をつくる。このように，2種類の単純立方格子がお互いに入り組み，各 Cs^+ イオンは8個の Cl^- イオンに，また，Cl^- イオンも8個の Cs^+ イオンにとり囲まれている（8,8配位，図 4・17）。以上のように，イオン性物質がどのような結晶構造をとり得るかについては，陽イオンと陰イオンのサイズの比に大きく影響を受けることが理解される。

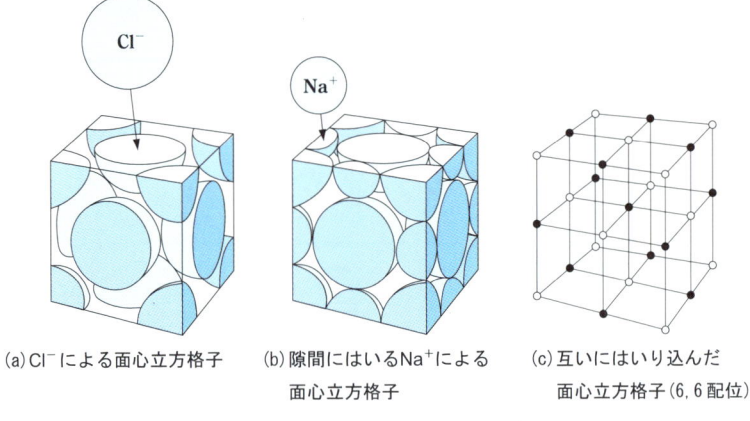

(a) Cl⁻による面心立方格子 (b) 隙間にはいるNa⁺による面心立方格子 (c) 互いにはいり込んだ面心立方格子(6,6配位)

図4・16　塩化ナトリウムの構造

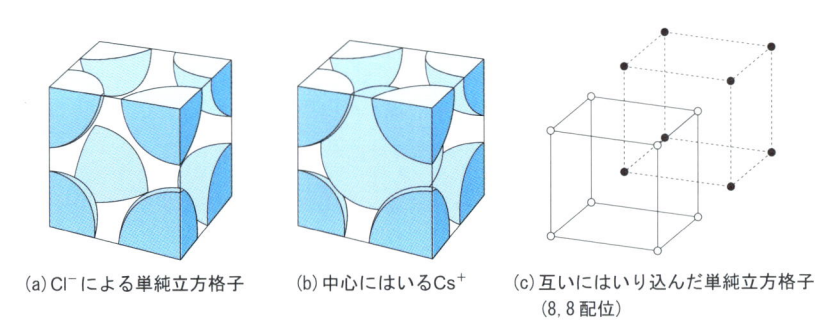

(a) Cl⁻による単純立方格子 (b) 中心にはいるCs⁺ (c) 互いにはいり込んだ単純立方格子 (8,8配位)

図4・17　塩化セシウムの構造

例題4・7 塩化ナトリウムの単位格子の一辺の長さが 0.5641 nm であり，密度が 2.163 g cm⁻³ とすれば，アボガドロ定数 L の値はいくらとなるか。

図4・16から，単位格子には4個の Na⁺ イオンと4個の Cl⁻ イオンが含まれることが分かる。単位格子の体積は $(0.5641 \times 10^{-9}\,\mathrm{m})^3 = 1.795 \times 10^{-28}\,\mathrm{m^3}$ であり，そこに4個の NaCl 単位が含まれているので，1 mol の NaCl の体積 V_m は

$$V_\mathrm{m} = \frac{1}{4} \times L \times (1.795 \times 10^{-28}\,\mathrm{m^3})$$

となる。また，NaCl のモル質量は 58.44 g mol⁻¹ であるから，密度 ρ は

$$\rho = \frac{58.44\,\mathrm{g\,mol^{-1}}}{\frac{1}{4} \times L \times (1.795 \times 10^{-28}\,\mathrm{m^3})}$$

で与えられる。一方，密度 ρ は，$2.163 \text{ g cm}^{-3} = 2.163 \times 10^6 \text{ g m}^{-3}$ であるから，両方が等しいとおけば

$$\frac{58.44 \text{ g mol}^{-1}}{\frac{1}{4} \times L \times (1.795 \times 10^{-28} \text{ m}^3)} = 2.163 \times 10^6 \text{ g m}^{-3}$$

これから，L を求めれば

$$L = 6.021 \times 10^{23} \text{ mol}^{-1}$$

となる。

③ 共有結合結晶

原子が共有結合で結びつけられている炭素の共有結合結晶の例としては，ダイヤモンドやグラファイト（黒鉛）が挙げられる。これらはいずれも炭素でできている単体であるが，互いに性質・構造の異なる物質である。これを同素体（allotrope）という。それぞれの結晶形の方向性は炭素原子の共有結合の種類によって理解できる。たとえばダイヤモンドでは C－C の結合は sp^3 混成軌道による σ 結合であり，そのために各炭素原子は 4 個の炭素原子により正四面体的にとり囲まれ，これが 3 次元的に繰り返されている（図 4・18）。C－C 結合距離はエタンと同じ 0.154 nm である。このような安定な σ 結合からなるダイヤモンドは，それゆえに，どの方向からの力にも強く，したがって大変に硬い。また，σ 結合は電子が局在化しているために，電気伝導性が低く，そのためにダイヤモンドは絶縁体である。

ケイ素 Si，カーボランダム SiC などもダイヤモンド型の結晶構造を持つ。石英 SiO_2 も，共有結合結晶で，各ケイ素原子は 4 個の酸素原子に囲まれ，酸素原子は 2 個のケイ素原子に囲まれている。これらの共有結合結晶も強固であり，高い融点を持つ。

一方，グラファイトは，6 角網状の面が層状に配列している（図 4・18）。この結合は，sp^2 混成軌道による σ 結合と残りの p 軌道による π 結合からなる。C－C 結合距離は 0.142 nm でベンゼンの値に近い。この π 結合をつくる電子はベンゼンと同様に非局在化しており，平面内を自由に移動できるので電気を運ぶことができる。このため，グラファイトの電気伝導性は大きい。層の間の結合は，弱いファンデルワールス力によるものであり，そのためにグラファイト

は軟らかく剥離しやすい。

　炭素の同位体としては他にもグラフェン，カーボンナノチューブ，フラーレンなどがある。グラフェンは，グラファイトを構成する6角網状の物質で，炭素原子1個の厚さでシート状である。カーボンナノチューブは，グラフェンシートが筒状になった物質であり，筒の直径は数nm，長さは1〜10μm程度におよぶ。筒の末端は閉口状態のものもある。フラーレンは，炭素の結晶というよりは，巨大分子であり，球殻状など様々な形態のものが見い出されている。図4・18には，代表的な例としてC_{60}のサッカーボール状のフラーレンを示した。フラーレンのC－C結合では，6員環だけではなく5員環が存在するために，球殻など閉じた多面体の構造をとる。

ダイヤモンド　　　　　　グラファイト（黒鉛）
　　　　　　　　　　　　グラフェン（1層）

カーボンナノチューブ　　フラーレン（C_{60}）

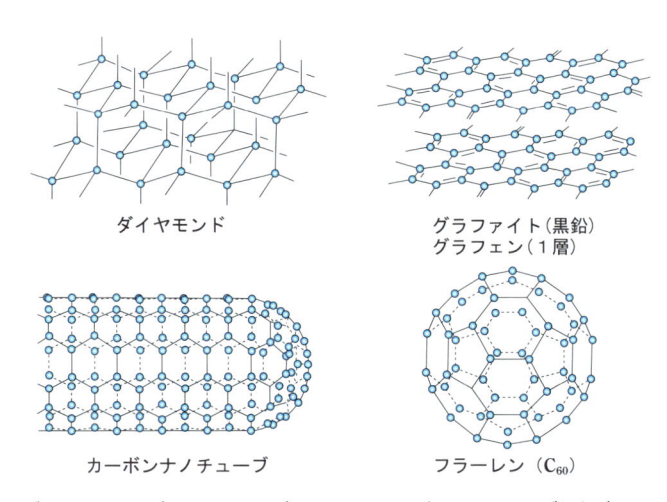

図4・18　ダイヤモンド，グラファイト，グラフェン，カーボンナノチューブおよびフラーレンの構造

④　分子結晶

　分子結晶では，構成分子は弱いファンデルワールス力により結びつけられている。それゆえに分子結晶は軟らかく，低い融点を持つ。また，ファンデルワールス力は方向性を持たないので，分子結晶は最密構造またはこれに近い構造をとることが多い。図4・19には，面心立方格子を持つ二酸化炭素の構造を示した。アルゴンAr，水素H_2，酸素O_2，ヨウ素I_2，リンP_4，硫黄S_8などの単体も分子結晶をつくる。

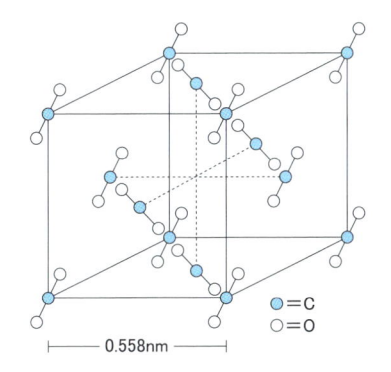

図4・19　二酸化炭素固体の面心立方格子

⑤　水素結合性結晶

HF，H_2O，NH_3 は同族元素の水素化物に比べ異常に融点や沸点が高い。これは，これらの化合物が水素結合によって安定化しているために融解や蒸発の際に大きなエネルギーを必要とするためである。水素結合が関与する DNA の二重らせん結晶構造については図 2・16 を参照。

4-6-2　結晶と液体のあいだ—ガラスと液晶—

結晶（あるいは固体），液体といった分類ではおさまらない状態に，ガラス（glass）と液晶（liquid crystal）がある。凝固点以下に冷やしても結晶化しない過冷却液体（supercooled liquid）を，さらに低温まで冷却すると，液体における分子などの構成粒子の配列が凍りついてガラス状態になる。ガラスは固体ではあるが，構成粒子は秩序がなく乱れており，秩序だった構造を持たないという点で液体に似ている。この状態を非晶質またはアモルファス（amorphous）とよぶ。ガラスは粘度がきわめて高い液体とも考えられ，実際，力を長い間加え続けると曲がってしまうことがある。これは液体の性質を示すものである。一つの例として二酸化ケイ素 SiO_2 について見てみよう。SiO_2 の結晶の一つは石英（あるいは水晶）である。石英の結晶構造は図4・20に示すように，ケイ素原子と酸素原子が規則正しく配列している。一方，SiO_2 の細かい結晶であるケイ砂を融かしたあと，冷やして固めると石英ガラスができる。両者の構造の違いを2次元のモデルで表したものを図4・20に付け加えた。

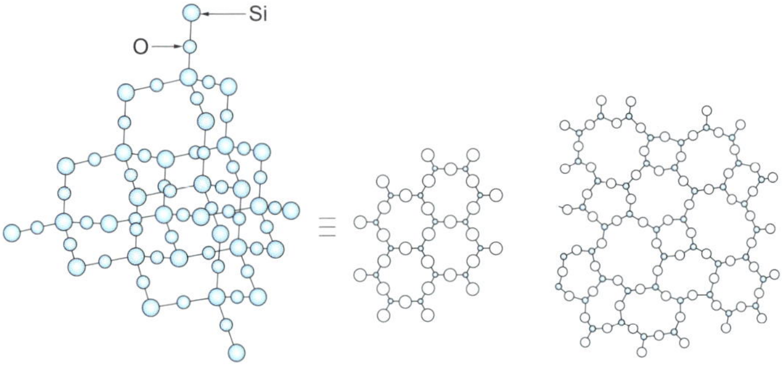

(a)石英の結晶　　　　(b)石英ガラス

図4・20　石英と石英ガラスの構造

　液晶は液体と同じく流動性を持つが，それを構成する分子は，配列に方向性を持つ集まりとなっている。したがって，構造の点では結晶とふつうの液体の中間にあるといえる。わずかな電圧をかけるだけで液晶分子はその方向を変え，光学的な性質を変えるが，このように構造や性質に方向性を持つことを，異方性（anisotropy）を持つといい，逆に，方向性のないことを等方性（isotropy）であるという。この光学的な異方性が電卓や時計などの表示器に利用されている。液晶の状態になるのは，長い棒状や円盤状の構造を持つ有機化合物であり，例として安息香酸コレステリルエステルの構造を図4・21に示した。この化合物は，145.5℃で結晶から白濁した粘度の高い液晶になり，178.5℃で液晶から透明な等方性の液体となる。液晶には，スメクティック（smectic）液晶の他にネマティック（nematic）液晶，コレステリック（cholesteric）液晶，ディスコティック（discotic）液晶などのタイプがある。それぞれを図4・22に示した。

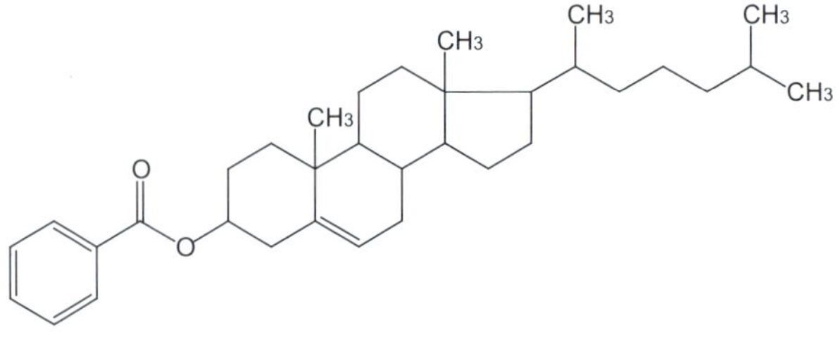

図4・21　安息香酸コレステリルエステルの構造式

スメクティック液晶　　　ネマティック液晶

コレステリック液晶　　　ディスコティック液晶

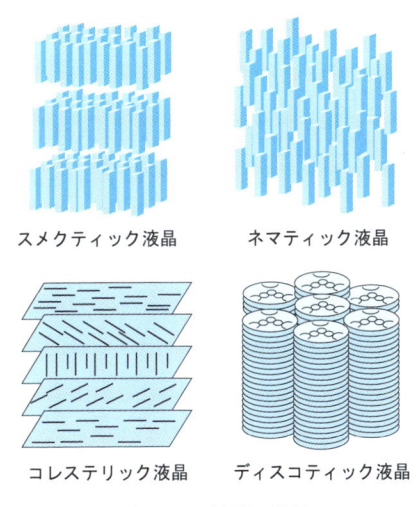

図 4・22　液晶の構造

問　題

4・1　ファンデルワールスの式 $(p + a/V_m^2)(V_m - b) = RT$ の係数 a, b を用いて，臨界圧力 p_c，臨界温度 T_c および臨界モル体積 V_c を表わせ。

4・2　合成実験の操作の過程で，溶媒のクロロホルムを減圧留去することになった。クロロホルムは 1 atm では 61.3℃ で沸騰する。それではアスピレーターで 25 mmHg まで減圧した時には何℃で沸騰するか予想せよ。ただし，クロロホルムのモル蒸発エンタルピーを 29.5 kJ mol^{-1} とする。

4・3　水は 1 atm では 100℃ で沸騰する。それでは富士山山頂では，何℃で沸騰するか予想せよ。ただし，富士山山頂の気圧は 0.63 atm で，水のモル蒸発エンタルピーを 40.6 kJ mol^{-1} とする。

4・4　硫黄の状態図を下に示す。S_α, S_β, L, G はそれぞれ斜方硫黄，単斜硫黄，液相，気相の存在する領域である。次の問いに答えよ。

(a)　曲線 O_1A, O_2B, O_3C, O_1O_2, O_1O_3, O_2O_3 はそれぞれ何を表すか。

(b) 三重点 O_1, O_2, O_3 はそれぞれ何を表すか。

(c) 1 atm のもとで斜方硫黄をゆっくりと加熱していくと，どんな変化が起こるか。

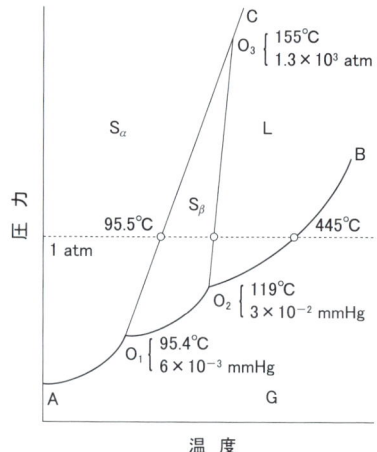

4·5 塩化セシウム CsCl はセシウムイオンを中心とする立方格子の結晶構造をとり，その密度は 3.983 g cm^{-3} である。この立方格子の一辺の長さを 412.4 pm として，次の問いに答えよ。

(a) この単位格子のなかには，何個のイオンが含まれるか。

(b) アボガドロ定数を求めよ。

4·6 面心立方格子を持つ金属原子（球）により占められない空所の体積の割合を計算により求めよ。

4·7 体心立方格子の結晶構造をとる金属がある。X 線回折法からこの立方格子の一辺の長さを求めたところ，409 pm であった。原子を球とみなしたとき，その半径はいくらか。

4・8 アボガドロ定数を決定したいと思い，質量が 1.8405 g のダイヤモンドの真球を作製した。この真球の直径をレーザー光干渉計で測定したところ，1.0000 cm あった。また，X 線回折法から，下のような立方晶系を持ち，一辺の長さは 3.5669×10^{-10} m であることが分かった。さらに，質量分析計から，炭素の同位体存在比は ^{12}C が 98.93 % で，^{13}C が 1.07 % となり，^{13}C の相対質量が 13.00335 u と測定された。$\pi = 3.1415$ として次の問いに答えよ。

(a) この真球の密度はいくらか。
(b) この単位格子のなかには，何個の炭素原子が含まれるか。
(c) アボガドロ定数を求めよ。

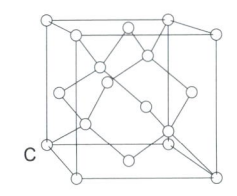

5章●溶液の性質

　自然界にある物質は，ほとんどが混合物として存在している。均一な液体状の混合物を溶液（solution）という。気体，液体，固体に限らず溶解した物質を溶質（solute）といい，その物質が溶けこんだもとの液体を溶媒（solvent）という。溶媒と溶質の区別は便宜的なもので，特に，液体と液体からなる溶液では，通常，量の多いほうを溶媒とする。溶液の性質を身のまわりでも利用していることが多い。たとえば，自動車のラジエーターには，エチレングリコールが溶けている水溶液が不凍液として用いられるなどである。溶液の性質としては，蒸気圧降下，沸点上昇，凝固点降下および浸透圧が挙げられる。これらの性質は束一的性質（colligative property）とよばれ，溶質の粒子数に依存しているだけで，それの性質には無関係であるという特徴を持っている。本章では，溶液の挙動を調べ，溶液の諸性質が溶質の量に関係づけられことを理解し，純粋な液体との違いについて考えていこう。

5－1　溶液の濃度

　溶液中に存在する溶質の割合を濃度（concentration）といい，次のようにいろいろな表し方がある。いま溶媒を A，溶質を B で表し，それぞれの質量，体積，物質量を

　　　溶媒 A：w_A (g)，v_A (dm³)，n_A (mol)
　　　溶質 B：w_B (g)，v_B (dm³)，n_B (mol)

とし，さらに，混合後の溶液の体積を V (dm³) とすれば濃度は次のように表すことができる。

① 　質量分率

　その100倍が質量百分率で，wt ％または単に％で表す。

$$\mathrm{wt}\% = \frac{w_B}{w_A + w_B} \times 100$$

② 　体積分率（volume fraction）

　おもに液体と液体からできる溶液に用いられる。混合前の体積の割合で表す

ことに注意。その 100 倍が体積百分率で vol ％ で表す。

$$\text{vol}\% = \frac{v_B}{v_A + v_B} \times 100$$

③ モル分率（mole fraction）x_B

$$x_B = \frac{n_B}{n_A + n_B}$$

一方，溶媒のモル分率 x_A は

$$x_A = \frac{n_A}{n_A + n_B} = 1 - x_B$$

となる。

④ モル濃度（molar concentration）c_B

単位体積の溶液に含まれる溶質の物質量。

$$c_B = \frac{n_B}{V} \quad (\text{mol dm}^{-3}\ \text{または M})$$

SI 単位は mol m^{-3} であるが，通常は mol dm^{-3} が用いられる。

⑤ 重量（質量）モル濃度（molality）m_B

単位質量の溶媒に溶けている溶質の物質量。

$$m_B = \frac{n_B}{w_A}\ (\text{mol g}^{-1})$$

また，SI 単位は mol kg^{-1} であることから，1000 倍して

$$m_B = \frac{n_B}{w_A} \times 1000\ (\text{mol kg}^{-1})$$

とする。

⑥ 百万分率，10 億分率

溶質の量がきわめて微量のときは，百万分率（ppm, parts per million），さらには 10 億分率（ppb, parts per billion）が用いられる。通常，溶質は質量で表されるが，溶液の量として体積で考える場合（1 ppm = 1 mg dm^{-3}），および質量で考える場合（1 ppm = 1 mg kg^{-1}）がある。また，気相中での存在割合を示すときには，体積基準での分率を意味する。

例題 5・1　37.0 wt ％の濃塩酸のモル濃度ならびに重量モル濃度を求めよ。ただし，濃塩酸の密度は 1.186 g cm^{-3} とする。

濃塩酸1 dm³ の質量は1186 g で，このうち HCl の量は0.370 × 1186 = 438.8 g。HCl のモル質量は 36.5 g mol⁻¹ であるから，その物質量 n_B は

$$n_B = \frac{438.8 \text{ g}}{36.5 \text{ g mol}^{-1}} = 12.0_2 \text{ mol}$$

したがって，モル濃度 c_B は12.0 mol dm⁻³ となる。また，この濃塩酸1 dm³ 中に含まれる水の質量は 1186 − 438.8 = 747.2 g

したがって，重量モル濃度 m_B は

$$m_B = \frac{12.0_2}{747.2} \times 1000 = 16.1 \text{ mol kg}^{-1}$$

となる。

5−2　蒸気圧降下—ラウールの法則—

フランスの化学者 Raoult は，液体混合物の蒸気圧を測定し，その規則性を1886年に次のようにまとめた。

> ラウールの法則（Raoult's law）：混合物に含まれているある成分の蒸気分圧は，その純物質の蒸気圧に混合物中のその成分のモル分率をかけたものに等しい。

不揮発性の溶質 B が溶媒 A に溶けている希薄溶液に対して，ラウールの法則は次式で表される。

$$p = x_A p_A^* \quad \text{あるいは} \quad \frac{p_A^* - p}{p_A^*} = 1 - x_A = x_B \tag{5-1}$$

ここで p_A^* と p は，指定された温度における純溶媒と溶液の蒸気圧，x_A と x_B はそれぞれ溶媒と溶質のモル分率である。また，$\Delta p = p_A^* - p$ を蒸気圧降下という。つまり(5-1)式は，蒸気圧が不揮発性溶質のモル分率に対して直線的に p_A^* から p まで減少することを表している。

希薄溶液の物質量は $n_A \gg n_B$ であるから

$$x_B = \frac{n_B}{n_A + n_B} \approx \frac{n_B}{n_A}$$

溶媒のモル質量を M_A とおけば

$$x_\mathrm{B} = \frac{n_\mathrm{B}}{\dfrac{w_\mathrm{A}}{M_\mathrm{A}}} = M_\mathrm{A} \frac{n_\mathrm{B}}{w_\mathrm{A}} = M_\mathrm{A} m_\mathrm{B} \tag{5-2}$$

(5-2)式を(5-1)式に代入すれば

$$\frac{p_\mathrm{A}^* - p}{p_\mathrm{A}^*} = M_\mathrm{A} m_\mathrm{B} \tag{5-3}$$

(5-3)式はこのあと述べる沸点上昇と凝固点降下の現象を理解するための基礎となっている。

　溶液の蒸気圧が純溶媒の蒸気圧よりも小さくなる現象は次のように考えることができる。純溶媒が蒸気圧を持つということは，溶媒の分子が気体として飛び出し分散しようとする現象ということができる（図5・1(a)）。気体は乱れた粒子の集まりであるから，自然に起こる変化の方向は乱れた状態になるように向かうということができる（乱れの役割については，詳しくは8章で述べる）。溶媒に不揮発性の溶質を加えれば，溶液自身がもとの純溶媒のときよりもすでに乱れた状態になり，気体として飛び出し分散しようとする傾向が小さくなる。結果として，蒸気圧の降下が起こるのである（図5・1(b)）。

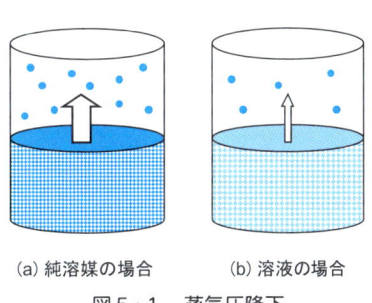

(a) 純溶媒の場合　　(b) 溶液の場合

図5・1　蒸気圧降下

5-3　沸点上昇

　不揮発性の溶質が溶けている溶液の蒸気圧が降下する結果として，溶液の沸点が上昇することになるのはなぜだろうか。図5・2に純溶媒と溶液の蒸気圧の温度変化を示す。純溶媒の沸点 T_b における溶媒の蒸気圧を p_A^* とすれば，同じ温度における溶液の蒸気圧は必ず p_A^* よりも蒸気圧降下 Δp だけ小さくなる。溶液の沸点は，溶液の蒸気圧が p_A^* に等しくなる温度となるので，T_b よりも必ず高くなる。溶液の沸点と溶媒の沸点との差 ΔT_b を沸点上昇 (elevation of boiling

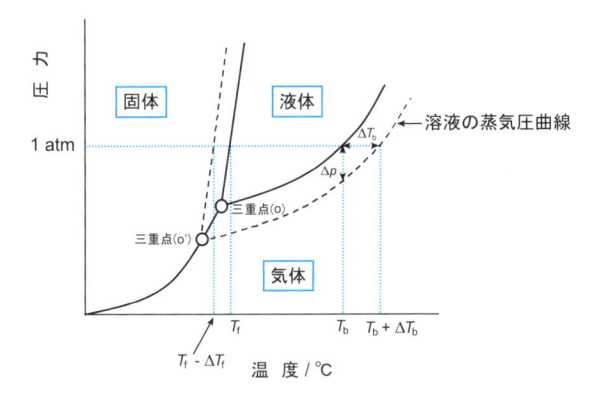

図5・2 沸点上昇および凝固点降下の模式図

point) という。希薄溶液での沸点近くの狭い温度範囲を考えれば,溶液と純溶媒の蒸気圧曲線は傾きが同じと仮定できる。すなわち, ΔT_b は Δp に比例するということができる。また,(5-3)式から Δp は重量モル濃度 m_B に比例することから

$$\Delta T_b = K_b m_B \tag{5-4}$$

と表すことができる。ここで比例定数 K_b は溶媒に固有の定数で,沸点上昇定数 (ebullioscopic constant) とよばれる。その値を表5・1に示した。

表5・1 沸点上昇定数および凝固点降下定数

	T_f/°C	$\dfrac{K_f}{\text{K mol}^{-1}\text{ kg}}$	T_b/°C	$\dfrac{K_b}{\text{K mol}^{-1}\text{ kg}}$
ベンゼン	5.5	5.12	80.1	2.67
ショウノウ	179.5	40.0	208.3	6.0
酢酸	16.6	3.90	118.1	3.07
水	0.0	1.86	100.0	0.52

5−4 凝固点降下

凝固は液体の乱れに代わって固体の秩序が形成される現象である。すでに述べたように不揮発性の溶質が溶けた溶液は,純溶媒よりも乱れた状態にある。したがって,溶液を規則性のある固体状態(析出するものは純溶媒の固体)に

転移するには，純溶媒よりもさらに温度を下げる必要がある。状態図5・2を見ると，溶液の蒸気圧曲線は低温側で昇華曲線と重なることになる。この点が溶液の三重点(O')となる。一般的に，溶液が凝固するときには，形成される結晶格子中には溶質ははいり込めないので，生じる固体は純溶媒のものとなる。したがって，溶液の昇華曲線が別にできることはなく，純溶媒の昇華曲線と同じとなる。融解曲線は，4章でも述べたように，三重点から圧力をかけていき，固体と液体が平衡になるための関係を表したものである。したがって，溶液の融解曲線は，あらたな三重点(O')から立ち上がることになる。O'点は純溶媒の三重点(O)の左側に必ずあるので，溶液の凝固点は純溶媒の凝固点よりも低くなることになる。純溶媒の凝固点と溶液の凝固点との差 ΔT_f を凝固点降下 (depression of freezing point) といい，沸点上昇と同じように，その値は重量モル濃度 m_B に比例する。すなわち

$$\Delta T_f = K_f m_B \tag{5-5}$$

K_f は溶媒に固有の定数で，凝固点降下定数 (cryoscopic constant) とよばれる (表5・1)。ショウノウの凝固点降下定数は大きいので，有機化合物の分子量を求めるのに用いられ，特にその方法はラスト法とよばれている。

例題5・2 実験式が CH_3O で表される物質3.25 g が100.0 g の水に溶けている。この水溶液の凝固点が -0.968 ℃であるとき，溶けている物質の分子式を求めよ。

この水溶液の凝固点降下 ΔT_f は 0.968 K であり，水の凝固点降下定数 K_f は 1.86 K mol^{-1} kg であるので，(5-5)式から重量モル濃度 m_B は，

$$m_B = \frac{0.968 \text{ K}}{1.86 \text{ K mol}^{-1} \text{ kg}} = 0.520_4 \text{ mol kg}^{-1}$$

となる。水 1 kg 中には物質が32.5 g 溶けており，これが 0.520_4 mol に相当することから，物質のモル質量は

$$\frac{32.5 \text{ g}}{0.520_4 \text{ mol}} = 62.5 \text{ g mol}^{-1}$$

となる。分子量が 62.5 より分子式は $(CH_3O)_2$，すなわち $C_2H_6O_2$ となる。

上記で求められた分子式 $C_2H_6O_2$ で表される物質のひとつとしてエチレングリコール $HOCH_2CH_2OH$ が挙げられる。この物質は，一般に自動車の不凍液として冷却装置を守るために使われているが，寒冷地では，この例題の濃度よりも相当高い濃度の

溶液が使われる。

5-5 浸 透 圧

　生物の機能を支えるのに大事な役割を果たす浸透（osmosis）という現象がある。浸透とは，溶媒と溶液が半透膜（semipermeable membrane）で隔てられているときに，溶媒が溶液側に通り抜ける現象である。半透膜は，溶媒は通すが，溶質は通さない性質を持つ膜である。それは，たとえば，水分子は通すほどのサイズの孔はあっても，嵩高い溶質やあるいは水分子で水和されたイオンは通さないものである。半透膜としては酢酸セルロース膜，セロファン膜，ヘキサシアノ鉄（II）酸銅膜などがある。また，細胞膜は自然がつくった半透膜であることから，生物学では浸透が重要になる。水が植物の根の組織により吸い上げられるのも，細胞膜を半透膜とする浸透作用による。

　いま，溶媒（あるいは希薄な溶液）を半透膜を境にして濃厚な溶液に接触させれば，図5・3(a)のように，溶媒側から溶液側に液が流れ込み，溶液側の高さが増してゆく。そして高さが増すことにより逆向きの圧力が生じてくる。さらに浸透が進めば，逆向きの圧力も大きくなり，ついにつり合うような圧力に達する。ここで膜の両側は平衡状態となる。このような平衡状態で余分に加わっている圧力を浸透圧（osmotic pressure）という。この方法では溶液は希釈されるので，得られる浸透圧は，はじめの溶液の浸透圧とは異なるものになる。そこで，この欠点を補う方法は，溶媒が流れ込まないように溶液側に圧力をかけることである（図5・3(b)）。この圧力が浸透圧となり，Π（パイ）で表す。溶媒側から溶液側に液が流れ込む浸透の現象でも，前に述べた乱れの役割が大きい。すなわち，純溶媒の状態は溶液の状態よりも乱れが少ないので，溶液側に移動することにより，より乱れた状態に向かうということができる。また，平衡状態にある濃厚溶液側に大きな圧力をかければ，溶媒は逆向きに移動する。これを逆浸透（reverse osmosis）といい，海水の淡水化に利用されている。

　浸透圧 Π も束一的性質であり，溶質の粒子数だけに依存しその性質には無関係である。いま，物質量 n_B の溶質が溶けている体積 V の溶液が，ある温度 T で純溶媒と接しているとき，浸透圧 Π は

$$\Pi V = n_B RT \tag{5-6}$$

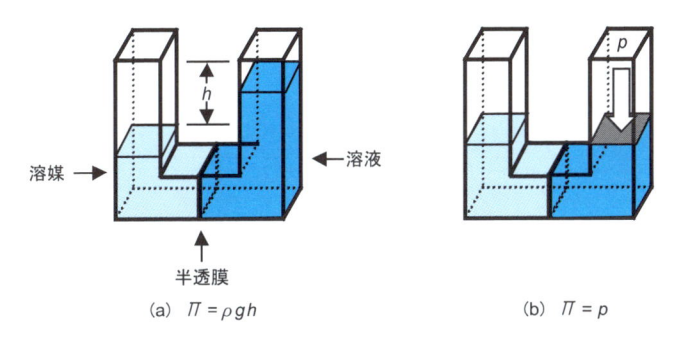

図5・3 浸透圧の発生 (a), (b)

で表される。これをファントホッフの式 (van't Hoff equation) という。ここで R は気体定数であり，理想気体の状態式 ($pV = nRT$) との類似性に注目すると興味深い。溶質のモル濃度 c_B は $c_B = n_B/V$ で表されるから，(5-6)式は

$$\Pi = c_B RT \tag{5-7}$$

と書ける。

希薄溶液の場合でも浸透圧はかなり大きい。たとえば $0.010 \text{ mol dm}^{-3}$ の溶質が溶けている溶液の25℃での浸透圧 Π は，(5-7)式から

$$\Pi = (0.010 \text{ mol dm}^{-3})(8.314 \text{ J K}^{-1} \text{ mol}^{-1})(298 \text{ K})$$

$$= 25 \text{ J dm}^{-3} = 25 \text{ kPa}$$

となる。これは，ほぼ 2.5 m の水中の高さの圧力に匹敵する。したがって，濃度差がわずかな溶液の間でも，その浸透圧はかなり大きくなることが分かる。このように浸透圧はかなり大きなものとなることから，タンパク質のような巨大分子のモル質量を求める際にも使うことができる。

> **例題5・3** あるタンパク質 1.00 g を水に溶かして 100 cm³ に定容した。この溶液の浸透圧が20℃で345 Paであるとき，このタンパク質のモル質量を求めよ。
>
> この溶液に溶けているタンパク質の物質量 n_B は，(5-6)式から
>
> $$n_B = \frac{\Pi V}{RT} = \frac{(345 \text{ Pa})(100 \text{ cm}^3)}{(8.314 \text{ J K}^{-1} \text{ mol}^{-1})(293 \text{ K})}$$
>
> $$= \frac{(345 \text{ Pa})(100 \text{ cm}^3)\left(\dfrac{10^{-6} \text{ m}^3}{1 \text{ cm}^3}\right)}{(8.314 \text{ Pa m}^3 \text{ K}^{-1} \text{ mol}^{-1})(293 \text{ K})}$$

$$= 1.41_6 \times 10^{-5}\ \mathrm{mol}$$

モル質量 M_m は

$$M_\mathrm{m} = \frac{1.00\ \mathrm{g}}{1.41_6 \times 10^{-5}\ \mathrm{mol}} = 7.06 \times 10^4\ \mathrm{g\ mol}^{-1}$$

したがって，タンパク質の分子量は70600となる。

5－6　液体混合物の相平衡

　1成分系での気相，液相，固相の間の平衡を表す状態図については4章で述べた。ここでは2成分からなる液体混合物の相平衡についてまとめよう。2成分系の平衡状態を表すためには，温度と圧力以外にも，成分の組成が必要となる。したがって，温度，圧力，組成の3種類を座標軸にとって，各相の間の平衡関係を図示することになる。しかし，このような立体図はかえってわかりにくいので，通常は，圧力―組成図（温度一定），温度―組成図（圧力一定）および圧力―温度図（組成一定）の平面図で表す。

　ここでは，2成分系の液相―気相平衡を表す圧力―組成図（温度一定）および温度―組成図（圧力一定）について見てみよう。

理想溶液と圧力―組成図

　温度一定で溶液がその蒸気と平衡にあるとしよう（図5・4）。溶液に含まれるそれぞれの成分の蒸気分圧について，全組成範囲にわたってラウールの法則が成立するような溶液を仮定する。これを理想溶液（ideal solution）とよぶ。ここでは，成分1と2がともにラウールの法則に従うことに注意。理想溶液では，成分1と2の溶液中でのモル分率を x_1, x_2 とし，気相中における分圧をそれぞれ p_1, p_2 とすれば，ラウールの法則から次のように表すことができる。

$$p_1 = p_1^* x_1 = p_1^* (1 - x_2) \qquad p_2 = p_2^* x_2 \tag{5-8}$$

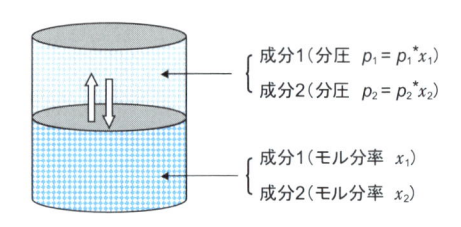

成分1（分圧　$p_1 = p_1^* x_1$）
成分2（分圧　$p_2 = p_2^* x_2$）

成分1（モル分率　x_1）
成分2（モル分率　x_2）

図5・4　2成分系の理想溶液

ここで，p_1^* と p_2^* は，成分1と2の純粋液体の同じ温度での蒸気圧である。全蒸気圧 P は分圧の法則から

$$P = p_1 + p_2 = p_1^* + (p_2^* - p_1^*)x_2 \tag{5-9}$$

となる。各成分の分圧と全圧を成分2のモル分率に対してプロットしたものが図5・5であり，それぞれ直線的に変化していくことがわかる。図の左端は純粋な成分1の，また，右端が純粋な成分2の蒸気圧に相当する。

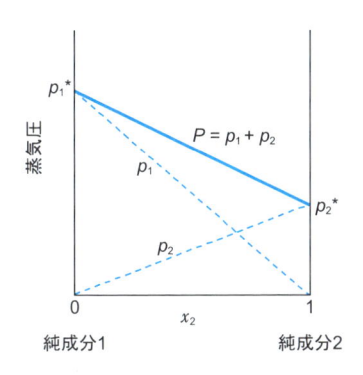

図5・5　2成分からなる理想溶液の分圧と全圧

ファンデルワールス相互作用や大きさが似ている分子からなる液体どうしは，理想溶液に近い溶液となる。ベンゼン－トルエンの系を図5・6に示した。多くの溶液はラウールの法則から多少なりともはずれる傾向にある。特に大きくはずれるときは，全圧曲線に極大あるいは極小が現れてくる。極大の例としてベンゼン－二硫化炭素の例を図5・7に示す。

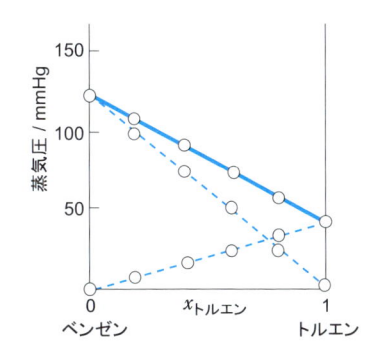

図5・6　理想溶液に近い挙動を示すベンゼン－トルエン混合系（30℃）

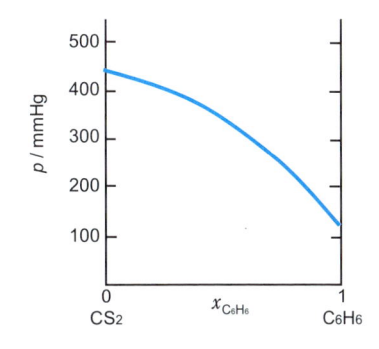

図5・7　ベンゼン－二硫化炭素系の圧力―組成図（30℃）

温度—組成図（沸点図）

　液相と気相が平衡にあるときの気体の圧力が蒸気圧であり，その蒸気圧が外圧と等しくなるときに沸騰が起こる。そのときの温度が沸点である。いま，外圧を一定として（通常は大気圧），その外圧と同じ蒸気圧になるときの温度，すなわち沸点と溶液の組成をプロットしたものが温度—組成図（これを沸点図という）である。図5・8にベンゼン—二硫化炭素の例を示す。下側の曲線は液相

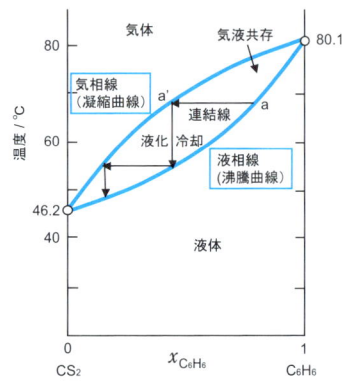

図5・8　ベンゼン－二硫化炭素系の沸点図（1 atm）

の組成と沸点の関係を示し，液相線（沸騰曲線）とよばれる。上側の曲線は気相の組成と沸点との関係を示す気相線（凝縮曲線）である。たとえば，図中のa点は，液相のある組成での沸点を表しているのに対し，a'点は，同じ温度で溶液と平衡にある蒸気の組成を示している。この2点を結ぶ直線を連結線（tie line）という。a'点の蒸気の組成は，もとの溶液よりも二硫化炭素の組成に富む蒸気である。この蒸気を冷却し引き続き沸騰させることを繰返すことにより，二硫化炭素を分離することができる。このような蒸留の繰返しによって成分を分離することを分別蒸留，略して分留（fractional distillation）という。

　沸点図に極大と極小が現れる2成分系がある。それぞれの例を図5・9と図5・10に示した。極大を示すのは，2成分の分子間で強い引力的相互作用が働き，各成分よりも沸点が高くなるためである。極小値を示す混合溶液では，逆に，2成分の分子間での相互作用が，それぞれの成分の分子間よりも小さくなり，沸点が下がるためである。極大点や極小点の組成の溶液を沸騰させると，溶

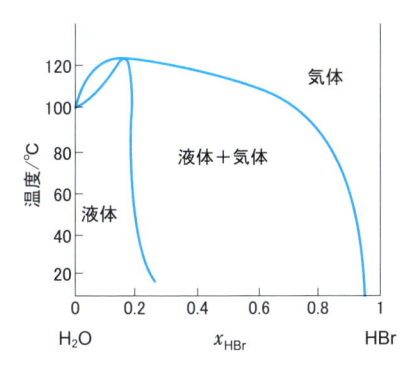

図5・9　水—臭化水素系の沸点図（1 atm）

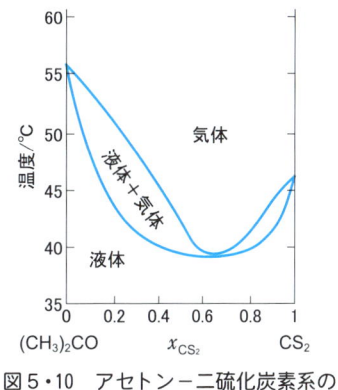

図5・10　アセトン—二硫化炭素系の沸点図（1 atm）

液と同じ組成の蒸気が発生してくる。このような組成の溶液を共沸混合物（azeotropic mixture）という。2成分系の共沸混合物の例を表5・2に示した。

表5・2　2成分系の共沸混合物（1 atm）

	成分				共沸混合物	
	A	Aの沸点(℃)	B	Bの沸点(℃)	Aのwt%	沸点(℃)
極大沸点型	塩化水素	−84.8	水	100.0	20.22	108.58
	硝酸	86	水	100.0	68	120.7
	ギ酸	100.8	水	100.0	74.5	107.65
	クロロホルム	61.2	アセトン	56.5	78.5	64.43
極小沸点型	水	100.0	エタノール	78.4	4.43	78.17
	水	100.0	トルエン	110.6	19.91	85.0
	メタノール	64.72	アセトン	56.5	12	55.5
	酢酸	118	トルエン	110.6	34.5	104.4

例題5・4　20℃でベンゼンの蒸気圧は75.0 mmHg，トルエンの蒸気圧は22.0 mmHgである。ベンゼンとトルエンは理想溶液をつくるものとして，次の問いに答えよ。
(a)　ベンゼンのモル分率が0.4の溶液の全蒸気圧はいくらか。
(b)　この溶液と平衡にある蒸気では，ベンゼンのモル分率はいくらか。

(a) 溶液中のベンゼンのモル分率を x_1 とすると

$$P = p_1 + p_2 = p_1^* x_1 + p_2^*(1-x_1) = (75.0 \text{ mmHg}) \times 0.4 + (22.0 \text{ mmHg}) \times (1-0.4)$$
$$= 30.0 \text{ mmHg} + 13.2 \text{ mmHg} = 43.2 \text{ mmHg}$$

(b) 蒸気中のベンゼンのモル分率を y_1 とすると

$$y_1 = \frac{p_1}{P} = \frac{30.0 \text{ mmHg}}{43.2 \text{ mmHg}} = 0.694$$

問　題

5・1 12.0 wt%の硫酸がある。この硫酸の密度は 1.08 g cm^{-3} であり，硫酸の分子量を98.1として，次の問いに答えよ。

(a) この硫酸のモル濃度と重量モル濃度を求めよ。

(b) この硫酸の所定量に水を加え，全体が 100 cm^3 になるようにして，1.00 mol dm^{-3} のモル濃度にしたい。何 cm^3 の硫酸を希釈すればよいか。

5・2 57.6 wt%の硝酸がある。この硝酸の密度は 1.36 g cm^{-3} である。この硝酸溶液 100 cm^3 に水（密度 1.00 g cm^{-3}）を 160 cm^3 加えて希釈したところ，255 cm^3 の溶液になった。この希釈液の密度，質量百分率およびモル濃度を求めよ。ただし，硝酸の分子量を63.0とする。

5・3 15 vol%のエタノール水溶液の濃度を(a)質量百分率 wt% (b)モル分率 x_B (c)モル濃度(d)重量モル濃度 m_B として求めよ。この条件におけるエタノール，水およびこの溶液の密度はそれぞれ0.7947，0.9991および 0.9867 g cm^{-3} である。

5・4 ある不揮発性化合物の1.50 g を100 g のベンゼン（分子量78.1）に溶解した。このとき，20℃におけるベンゼンの蒸気圧は 74.66 mmHg から 74.13 mmHg に降下した。次の問いに答えよ。

(a) この化合物の分子量を求めよ。

(b) このベンゼン溶液の重量モル濃度を求めよ。

5・5 エチレングリコール（$HOCH_2CH_2OH$）のオリゴマー [$HO-(CH_2CH_2O-)_nH$] の 1.48 g を 100 g の水（分子量 18.0）に溶解した。このとき，20℃における水の蒸気圧は 17.535 mmHg から 17.503 mmHg に降下した。次の問いに答えよ。

(a) このオリゴマーの分子量および重合度 n を求めよ。
(b) この水溶液の重量モル濃度を求めよ。

5・6 溶液は 95.0 g のアセトンに 3.75 g の炭化水素を溶かしてつくられている。アセトンの沸点は 55.95℃で，溶液のそれは 56.50℃であった。アセトンのモル沸点上昇定数が 1.69 K mol^{-1} kg であるとき，この炭化水素のおよその分子量はいくらか。

5・7 ショ糖（分子量 342）の飽和水溶液 10.0 g をメスフラスコに入れ，正確に水で 1 dm^3 に定容した。この溶液の浸透圧を 20℃で測定したところ，0.469 atm であった。次の問いに答えよ。

(a) 水で希釈後の水溶液のモル濃度を求めよ。
(b) ショ糖の溶解度を g/(100 g の水) の単位で求めよ。

5・8 $Mg(OH)_2$ や $MgCO_3$ は少量を服用すれば制酸剤として働くが，多いと下剤となってしまう。これは，マグネシウムイオンが腸内ではほとんど吸収されないためである。大腸のマグネシウムイオンの濃度が上がると浸透圧が大きくなり，まわりの細胞から大腸に水分が入り，下痢を引き起こす。今ある人が誤って $Mg(OH)_2$ を 1.00 g 飲んでしまった。体温は 37℃とし，大腸にある水溶液が仮に 50 cm^3 であるとする。ただし，$Mg(OH)_2$ は完全に解離しているとし，次の問いに答えよ。

(a) マグネシウムイオン由来の浸透圧はいくらか。
(b) 上の浸透圧は，水の高さでいうとどれだけの高さに相当するか。ただし，水と水銀の密度をそれぞれ 1.000 g cm^{-3}，13.546 g cm^{-3} とする。

6章 ●イオン性溶液の性質

　溶解したときに陽イオンと陰イオンに解離する物質を電解質(electrolyte)といい，これが溶けている溶液を電解質溶液とよぶ。[*1] 電解質溶液は，5章で述べた束一的性質を持つ以外にも，電気を通すという重要な性質も備えている。

　塩のような電解質は，固体であるときは，陽イオンと陰イオンとの間のイオン結合によって強く結合しているが，水などにいれれば容易に溶解する。これは，水の双極子によって起こるものである。水分子の正に荷電した水素原子が陰イオンを取りまき，負電荷を持つ酸素原子が陽イオンを取りまくことによって溶解する（図6・1）。このようにイオンの周囲を溶媒分子が取りまくことを溶媒和(solvation)といい，特に溶媒が水の場合を水和(hydration)とよぶ。水への溶解では，水和によって安定化するエネルギーが，陽イオンと陰イオン間の強固なイオン結合を解離させるほど大きなものとなる。したがって，極性の小さな，つまり双極子モーメントの小さい溶媒がイオン性の化学種を溶かしにくいことも分かる。これは溶媒和するには，比較的小さなファンデルワールス力で起こるしかなく，大きな安定化エネルギーが得られないためである。

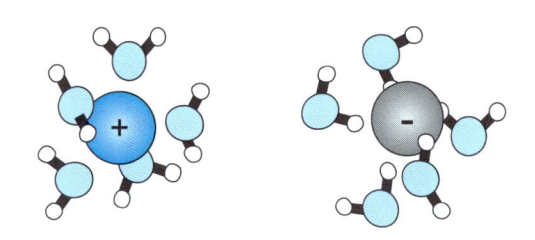

図6・1　陽イオンと陰イオンの水和

　水和による安定化エネルギーの獲得が十分に得られないときでも溶解する場合もある。たとえばNaClは水に溶解するが，このときむしろエネルギー的には不安定化されている。これは溶解するときにわずかに吸熱し冷たく感じることでもわかる。このようなときでもNaClが溶けるのは，イオンが溶媒中に拡散していくことにより乱れの増大が起こり，このことがわずかなエネルギーの

[*1] 電解質が溶けてイオンになることを電離ともいうが，本書では解離といい統一して用いる。

不安定化を補うためである。つまり，自然に起こる変化の方向は，エネルギー的な要請だけではなく，乱れた状態に向かうということも考慮する必要があるのである。

ここでは，電解質溶液が持つ性質，すなわちイオンが溶液中にあることにより引き起こされる性質についてまとめていこう。

6−1　電解質溶液

電解質は強電解質（strong electrolyte）と弱電解質（weak electrolyte）に分けられる。強酸（HClやHNO$_3$など）や塩（NaClやK$_2$SO$_4$など）のように，溶液中でほとんど完全に解離するものを強電解質とよぶ。たとえば，HClは水に溶解するときには

$$HCl + H_2O \longrightarrow H_3O^+(aq) + Cl^-(aq)$$

と表される。ここでaqはそれぞれのイオンが水和されていることを示している。HClは水との反応によってイオンが生成しており，HClのプロトンが水に移行してオキソニウムイオン（oxonium ion）H$_3$O$^+$ができる。

共有結合性の強いHClとイオン結合をしているNaClがともに強電解質であることからもわかるように，強電解質であるかどうかは，溶ける前の化学種の形態がイオン性かどうかには無関係である。一方，弱酸（CH$_3$COOHやH$_2$Sなど）や弱塩基（NH$_3$など）は，溶液になってもわずかしか解離せず，もとの分子とイオンとの間に化学平衡が存在している。[*2] たとえばCH$_3$COOHには次の化学平衡があり，これは左側に大きくかたよっている。

$$CH_3COOH + H_2O \rightleftharpoons H_3O^+(aq) + CH_3COO^-(aq)$$

電解質溶液の束一的性質

束一的性質としてまとめられる蒸気圧降下，沸点上昇，凝固点降下および浸透圧は，溶質の粒子数に依存しているだけで，それの性質には無関係であることは5章で述べた。電解質溶液ではこれらの性質はどのような影響を受けるだろうか。電解質溶液では，解離して生成する陽イオンと陰イオンをそれぞれ粒子だとし，これらと解離していない化学種を合わせた数を全粒子数と考えればよい。したがって，解離する割合が大きく関係することが容易に予想される。そ

[*2] 化学平衡の定量的な取扱いについては9章を参照。

の割合に関係する係数 i をファントホッフ係数 (van't Hoff factor) といい、さきの4種類の性質は次のように補正される。

蒸気圧降下 $\quad \dfrac{p_A^* - p}{p_A^*} = iM_A m_B \quad$ (6-1)

沸点上昇 $\quad \Delta T_b = iK_b m_B \quad$ (6-2)

凝固点降下 $\quad \Delta T_f = iK_f m_B \quad$ (6-3)

浸透圧 $\quad \Pi V = in_B RT \quad$ (6-4)

ファントホッフ係数 i は電解質の種類や濃度により変化する。たとえば、硫酸カリウム K_2SO_4 は希薄な濃度では(6-5)の反応式のようにほぼ完全に解離しているから、そのときの粒子数は、これがファントホッフ係数となるが、$i=3$ となる。

$$K_2SO_4 \longrightarrow 2K^+ + SO_4^{2-} \quad (6\text{-}5)$$

しかしながら、K_2SO_4 でも高濃度のときには完全に解離しているわけではなく、たとえば90%解離しているとすれば、そのファントホッフ係数は解離していない K_2SO_4 の粒子数も含めて

$$i = 3 \times 0.9 + 0.1 = 2.8$$

となる。

例題6・1 寒冷地では、道路の氷結防止に塩化ナトリウム NaCl や塩化カルシウム $CaCl_2$ をまくことがある。水の凝固点降下を 2.0 K にするためには、水1トンに対してどれだけの塩をまく必要があるか。それぞれの塩について求めよ。ただし、両方の塩は完全に解離しているとする。

NaCl と $CaCl_2$ のファントホッフ係数は、それぞれ $i=2$ および 3 であり、水のモル凝固点降下定数 K_f は 1.86 K mol^{-1} kg であるので、NaCl 溶液の重量モル濃度 m_B は、(6-3)式から

$$m_B = \dfrac{\Delta T_f}{iK_f} = \dfrac{2.0 \text{ K}}{2 \times 1.86 \text{ K mol}^{-1} \text{ kg}} = 0.53_7 \text{ mol kg}^{-1}$$

NaCl の分子量は 58.44 であるから、必要な質量は

$$58.44 \text{ g mol}^{-1} \times 0.53_7 \text{ mol kg}^{-1} \times 1000 \text{ kg} = 3.1 \times 10^4 \text{ g} = 31 \text{ kg}$$

$CaCl_2$ についても同様に

$$m_\text{B} = \frac{\Delta T_\text{f}}{iK_\text{f}} = \frac{2.0 \text{ K}}{3 \times 1.86 \text{ K mol}^{-1} \text{ kg}} = 0.35_8 \text{ mol kg}^{-1}$$

$CaCl_2$ の分子量は 110.98 であるから

$$110.98 \text{ g mol}^{-1} \times 0.35_8 \text{ mol kg}^{-1} \times 1000 \text{ kg} = 4.0 \times 10^4 \text{ g} = 40 \text{ kg}$$

となる。

6-2 イオンの伝導率

　金属では陽イオンは固定されているので，電荷は動きやすい自由電子によって運ばれる。一方，電解質溶液では陽イオンも陰イオンも自由に動き回れるので，どちらも電荷を運ぶことができる。したがって，電解質溶液での電流の流れやすさは，それぞれのイオンの数とそれらの動きやすさ，すなわち移動度によって決められる。

　電解質溶液の電気伝導についてもオームの法則が成り立つ。すなわち，電極2枚をいれた溶液に電気を流したときには，電極間の電位差 ΔV，流れる電流量 I，そして電気抵抗 R との間には

$$R = \frac{\Delta V}{I} \tag{6-6}$$

の関係がある。電気抵抗 R は，電極間の距離 l に比例して大きくなり，電極の有効面積 A とともに減少する。つまり

$$R \propto \frac{l}{A} \quad \text{あるいは} \quad R = \rho \frac{l}{A} \tag{6-7}$$

と書ける。ここで ρ は抵抗率（resistivity）といい，単位は Ω m である。電解質溶液の抵抗は，図 6・2 に示すように，二つの電極板を取り付けたセルに溶液をいれ，それをホイーストンブリッジ回路に組み込むことにより測定する。実際には，電流を一方向に連続して流せば電気分解が起こってしまうので，これを防ぐために交流ブリッジを使う。

　電解質溶液の取扱いでは，抵抗率よりもその逆数である伝導率（conductivity）を考える方が都合がよい場合が多い。したがって，伝導率 κ は

$$\kappa = \frac{1}{\rho} = \frac{l}{RA} \tag{6-8}$$

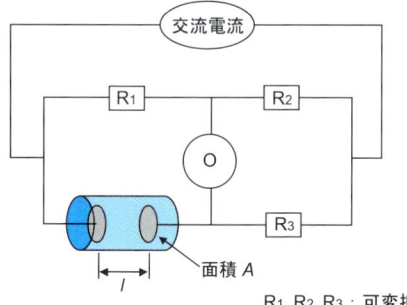

[図:交流電流回路、R1, R2, R3:可変抵抗、O:オシロスコープ、面積 A、長さ l]

図 6・2　伝導率の測定

となる。SI 単位では抵抗の逆数 Ω^{-1} にジーメンス S が与えられているので，伝導率 κ の単位は $\mathrm{S\,m^{-1}}$ となる。

　さきに電解質溶液での電流の流れやすさはイオンの数に関係すること，また，電解質が解離してイオンが生成する割合はその濃度に影響されることを述べた。したがって，試料の伝導率は電解質の濃度によって変わってくる。そこで伝導率は単位濃度当りの伝導率を考え，これをモル伝導率(molar conductivity) Λ として表す。したがって，電解質のモル濃度を c とすれば

$$\Lambda = \frac{\kappa}{c} \tag{6-9}$$

と表され，その SI 単位は $\mathrm{S\,m^2\,mol^{-1}}$ となる。

　モル伝導率は濃度が小さくなるにつれて大きくなる。強電解質として KCl，NaCl および LiCl の塩を，弱電解質として酢酸の例を図 6・3 に示した。塩のモル伝導率は大きいが，その濃度依存性はそれほど大きくはない。特に，希薄な濃度ではその変化は小さく，濃度 0 におけるモル伝導率の値も補外によって求めることができる。この値は，無限希釈におけるモル伝導率あるいは極限モル伝導率 (limiting molar conductivity) といい Λ^∞ で表す。多くの塩や強酸，強塩基はこのようにして Λ^∞ を求めることができる。

　一方，弱電解質である酢酸のモル伝導率は，濃度によって大きく変化する。図 6・3 に示すように，高濃度のときにはモル伝導率は小さいが，希薄な濃度で著しく大きくなり強電解質と同じ程度になることがわかる。このような挙動は酢酸の解離度 α から説明できる。普通の濃度では，酢酸の解離度は小さいのに対

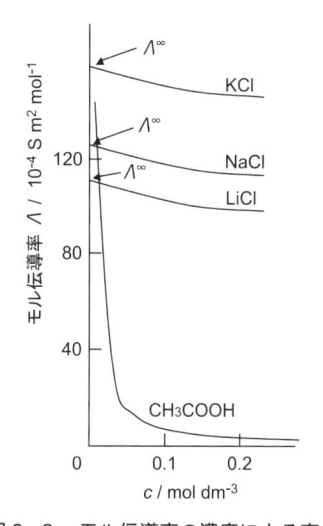

図6・3 モル伝導率の濃度による変化 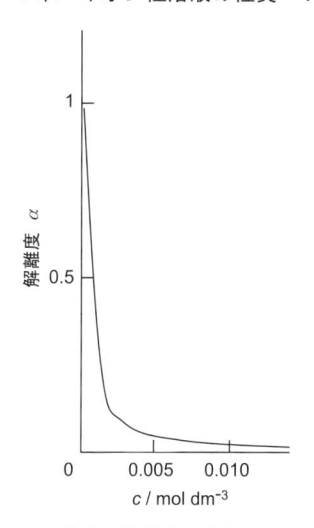　　図6・4 酢酸の解離度の濃度による変化

し，希薄な濃度では急激に大きくなる（図6・4）。解離して生成するイオンの数が増えれば，単位濃度当りの伝導率も大きくなるわけである。このようにモル伝導率が濃度によって極端に変化する弱電解質の場合には，Λ^∞ の値を直接補外によって求めることはできない。

1875年に Kohlrausch は，電解質が完全に解離し生成する陽イオンと陰イオンがお互いに影響を及ぼすことがないような無限希釈溶液では，電解質のモル伝導率に対して，各イオンはその種類によって決まる固有の寄与をすることを見い出した。これはコールラウシュのイオン独立移動の法則（law of the independent migration of ions）とよばれ

$$\Lambda^\infty = \Lambda_+ + \Lambda_- \tag{6-10}$$

と表される。ここで Λ_+ と Λ_- は陽イオンと陰イオンの無限希釈におけるモルイオン伝導率（molar ionic conductivity）である。表6・1に各イオンの値をまとめた。Λ_+ と Λ_- を求める方法については6-4節で述べる。

表6・1　25℃での無限希釈水溶液におけるモルイオン伝導率

陽イオン	$\Lambda_+/10^{-4}\,\mathrm{S\,m^2\,mol^{-1}}$	陰イオン	$\Lambda_-/10^{-4}\,\mathrm{S\,m^2\,mol^{-1}}$
H^+	349.8	OH^-	198.0
K^+	73.5	Br^-	78.4
NH_4^+	73.4	I^-	76.8
Ag^+	61.9	Cl^-	76.3
Na^+	50.1	NO_3^-	71.4
Li^+	38.7	HCO_3^-	44.5
$\frac{1}{2}Ba^{2+}$	63.6	CH_3COO^-	40.9
		$\frac{1}{2}SO_4^{2-}$	79.8
$\frac{1}{2}Ca^{2+}$	59.5		
$\frac{1}{2}Mg^{2+}$	53.1		

　この法則を利用することにより，酢酸のような弱電解質の極限モル伝導率 Λ^∞ を，表6・1にある値を用いて次のように間接的に求めることができる．

$$\Lambda^\infty(CH_3COOH) = \Lambda_+(H^+) + \Lambda_-(CH_3COO^-)$$
$$= (349.8 + 40.9) \times 10^{-4}\,\mathrm{S\,m^2\,mol^{-1}}$$
$$= 390.7 \times 10^{-4}\,\mathrm{S\,m^2\,mol^{-1}}$$

この値は酢酸が完全に解離したとするときのものであり，この値とある濃度における解離度（degree of dissociation）α とそのときのモル伝導率 Λ との間には次の関係がある．

$$\Lambda(CH_3COOH) = \alpha \Lambda^\infty(CH_3COOH) \tag{6-11}$$

酢酸を含め電解質一般について，解離度 α は

$$\alpha = \frac{\Lambda}{\Lambda^\infty} \tag{6-12}$$

となる．

例題 6・2　$0.05\,\mathrm{mol\,dm^{-3}}$ の酢酸水溶液中の酢酸の解離度が，25℃で 0.0188 であるとき，この水溶液のモル伝導率はいくらか．

25℃での酢酸の極限モル伝導率は，上で示したように，$\Lambda^\infty(CH_3COOH) = 390.7 \times$

10^{-4} S m² mol⁻¹ である。(6-12)式から

$$\Lambda = \alpha \Lambda^\infty = 0.0188 \times (390.7 \times 10^{-4} \text{ S m}^2 \text{ mol}^{-1})$$
$$= 7.35 \times 10^{-4} \text{ S m}^2 \text{ mol}^{-1}$$

となる。

　電解質溶液中での電流の流れやすさはイオンの動きやすさが反映されたものであるから，表6・1で示したイオンのモル伝導率は，直接イオンの移動速度に関係付けることができる。イオンのサイズが小さい方が動きやすく，したがってそのモル伝導率も大きくなると予想されるが，これは必ずしも正しいとはいえない。図6・5にLi⁺，Na⁺，K⁺のイオン半径とモルイオン伝導率の値を示し

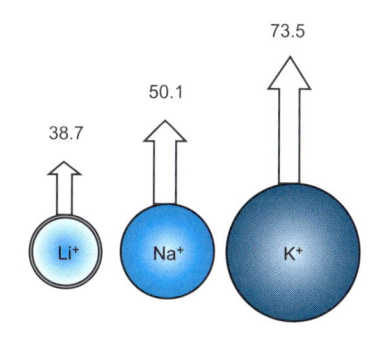

図6・5　陽イオンのモルイオン伝導率 $\Lambda_+ / 10^{-4}$ S m² mol⁻¹ (25℃)とイオン半径の関係

たがサイズの大きいK⁺の方がむしろモルイオン伝導率が大きい。これは溶媒和の効果によるものである。つまり，水溶液中ではイオンは水和されており，この水和されたイオンが溶液中を移動している。小さなイオンほど同じ電荷を持つ大きなイオンよりも表面では大きな電場を生じており，したがって多くの水分子を伴うことになり移動しにくい。これが，Li⁺のモル伝導率がK⁺よりも小さくなる理由である。一方，H⁺イオンやOH⁻イオンは他のイオンよりもきわめて大きなモル伝導率を持っている。これらのイオンの場合には，Li⁺のようにイオンの移動によって電流が流れるのではなく，図6・6に示すように，水素結合が介在してイオンが見かけ上動いているからである。すなわち，水素結合によってつながっている水分子の一方にH⁺イオンやOH⁻イオンが取り付き，水分子の結合と水素結合がわずかに動き，他方の端にイオンが運ばれる

というものである。この動きの方が，実際にイオンが動くよりもはるかに速く動くことができるのである。

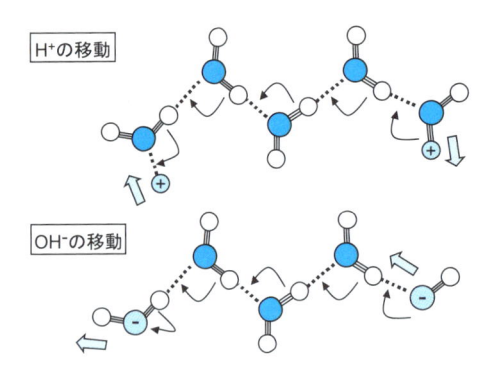

図 6・6 水溶液中での H^+ イオンと OH^- イオンの伝導機構

6－3 電気分解

電解質溶液に2枚の電極をいれて電位差を与えれば，陽イオンと陰イオンが移動して電流が流れる。陰イオンが向かう電極が陽極であり，陽イオンは陰極に向かって移動する（図6・7）。電流を流せばこの両極上で化学変化が起こる。これを電気分解（electrolysis）といい，陽極上では物質から電子を取り去る反応（酸化），陰極上では物質に電子を与える反応（還元）が起こる。たとえば，塩化銅(II) $CuCl_2$ の電気分解では

陽極：$2Cl^- \longrightarrow Cl_2 + 2e^-$（酸化）

陰極：$Cu^{2+} + 2e^- \longrightarrow Cu$（還元）

が起こる。この例では移動するイオンと反応する物質が同じであるが，異なる場合もある。たとえば，塩化ナトリウム NaCl の場合には，陰極で反応する物質は Na^+ イオンではなく水 H_2O となる。

陽極：$2Cl^- \longrightarrow Cl_2 + 2e^-$（酸化）

陰極：$2H_2O + 2e^- \longrightarrow H_2 + 2OH^-$（還元）

全体として

$2H_2O + 2Cl^- \longrightarrow H_2 + Cl_2 + 2OH^-$

となる。これは塩化ナトリウムから水酸化ナトリウムと塩素を製造する工業的製法として利用されている。

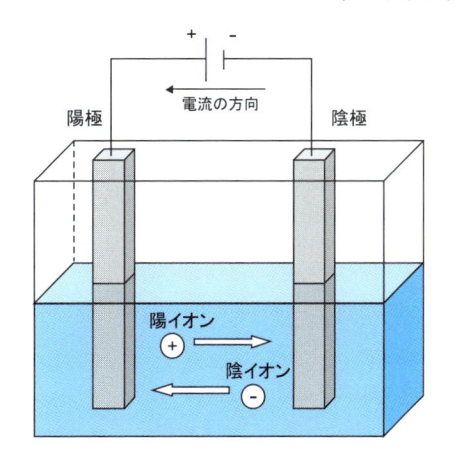

図6・7　電解質溶液のイオン伝導性

　初期の電気分解の定量的な実験はFaradayによって行われ，次の二つの法則（ファラデーの法則，Faraday's law）にまとめられている。
　1．電極で析出する物質の質量は，溶液中に通じた電気量に比例する。
　2．1 mol のイオンを電気分解するのに必要な電気量は zF である。
ここで，z はイオンの電荷数であり，F はファラデー定数（Faraday constant）である。ファラデー定数は，電子1 mol の持つ電気量で，電気素量 e とアボガドロ定数 L の積に等しい。

$$F = eL = (1.6022 \times 10^{-19} \text{ C}) \times (6.0221 \times 10^{23} \text{ mol}^{-1})$$
$$= 9.649 \times 10^4 \text{ C mol}^{-1}$$

ファラデーの法則に基づいて，電気分解で析出した物質の量を測定することにより回路に流れた電気量を求めることができる。たとえば，銀電量計では，銀イオン Ag^+ が銀 Ag として析出することが利用される。

例題6・3　1.50 A の電流をある時間，銀電量計に通じたところ1.26 g の銀が析出した。通じた時間はどれだけか。また，同じ量の電気量を塩化ナトリウム水溶液に通じた時，発生する塩素ガスの生成量を求めよ。

通じた時間を x 秒間とすれば，流れた電気量は

　　(1.50 A)×(x s) = 1.50x As = 1.50x C　（ここで　1As = 1C）

また，析出した銀の物質量は

$$n(\text{Ag}) = \frac{1.26 \text{ g}}{107.9 \text{ g mol}^{-1}} = 0.0116_7 \text{ mol}$$

であり，同量の物質量の電子が流れたことになる．これは

$$(9.649 \times 10^4 \text{ C mol}^{-1}) \times (0.0116_7 \text{ mol}) = 1.12_6 \times 10^3 \text{ C}$$

の電気量に相当する．これが $1.50x$ C になるので

$$1.50x \text{ C} = 1.12_6 \times 10^3 \text{ C}$$

$$x = \frac{1.12_6 \times 10^3 \text{ C}}{1.50 \text{ C}} = 751$$

したがって通じた時間は 751 秒となる．

また，発生する塩素ガスの物質量は，流れた電子の物質量の 1/2 となるから

$$n(\text{Cl}_2) = \frac{0.0116_7 \text{ mol}}{2} = 5.84 \times 10^{-3} \text{ mol}$$

となる．

6-4 モルイオン伝導率と輸率

　強電解質の極限モル伝導率 Λ^∞ は補外によって実験的に求めることができるが，モルイオン伝導率 Λ_+ と Λ_- はどのように求めるのだろうか．これはイオンの輸率 (transport number) を測定することから決定できる．電解質溶液中を電流が流れるとき，陽イオンと陰イオンが電気量を分担して運んでいる．輸率とは，各イオンが分担して運ぶ電気量の割合を意味している．無限希釈での陽イオンの輸率を t_+，陰イオンの輸率を t_- とおけば

$$t_+ + t_- = 1 \tag{6-13}$$

となる．一方，イオンの動きやすさが電流の流れやすさ，ひいては輸率に反映されたものとなる．単位電圧勾配におけるイオンの移動速度をイオンの移動度 (ionic mobility) といい，無限希釈における陽イオンと陰イオンの移動度をそれぞれ u_+ と u_- とおけば

$$\frac{u_+}{u_-} = \frac{t_+}{t_-} = \frac{\Lambda_+}{\Lambda_-} \tag{6-14}$$

の関係となる．したがって (6-10) 式，(6-13) 式および (6-14) 式から

6章 イオン性溶液の性質 *149*

$$t_+ = \frac{\Lambda_+}{\Lambda_+ + \Lambda_-} = \frac{\Lambda_+}{\Lambda^\infty} \tag{6-15a}$$

$$t_- = \frac{\Lambda_-}{\Lambda_+ + \Lambda_-} = \frac{\Lambda_-}{\Lambda^\infty} \tag{6-15b}$$

を導くことができる。このことから，輸率 t_+ と t_- を求めれば Λ_+ と Λ_- を決定できることになる。

輸率はヒットルフの装置から測定できる。そのモデル図を図6・8に示した。

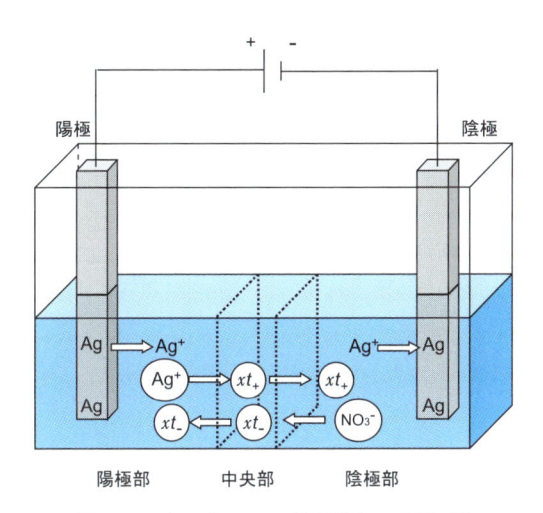

図6・8 ヒットルフの輸率測定のモデル図

両極に銀電極を使い，$AgNO_3$ 水溶液の電気分解を行うことを考える。両極の反応は次のとおりである。

　　陽極：$Ag \longrightarrow Ag^+ + e^-$

　　陰極：$Ag^+ + e^- \longrightarrow Ag$

図中の電解質溶液は仮想的に陽極部，中央部そして陰極部の3部分に区切られていると考える。いま，xF の電流を流すと，陽極部ではあらたに x mol の Ag^+ が生成するのに対し，陰極部では同量の Ag^+ が消失する。同時に，陽極部の xt_+ mol の Ag^+ が中央部に移動し，さらに中央部の同量の Ag^+ が陰極部に移動する。この Ag^+ の移動により xt_+F の電気が運ばれることになる。同様に，陰極部で過剰になった NO_3^- のうち xt_- mol のイオンが陽極部へ移動することによ

り，xt_-F の電気が運ばれる。このようにして合わせて，$(xt_+F)+(xt_-F)=x(t_++t_-)F=xF$ の電気が運ばれるが，イオンの物質量に注目すれば，両極部において電気分解の前後では差が出てくることに気付く。たとえば，陽極部の Ag^+ の物質量は次の量だけ増加する。

$$x - xt_+ = x(1-t_+) = xt_- \text{ mol}$$

同量の NO_3^- が陽極部に移動してくるから，結局，陽極部では xt_- mol の $AgNO_3$ が増加したことになる。したがって

$$t_- = \frac{xt_-}{x} = \frac{陽極部で増加した AgNO_3 の量}{電気分解された AgNO_3 の量}$$

$$t_+ = 1 - t_-$$

となる。陰極部では同量の $AgNO_3$ が失われることになり，同様の結果が得られる。このように電極部で増減した $AgNO_3$ の量を測定することにより各イオンの輸率 t_+ と t_- を求めることができ，その値を基にして(6-15a)式, (6-15b)式から Λ_+ と Λ_- が決定できるのである。

問　題

6・1　ヘキサシアノ鉄（III）酸カリウム 1.00 g を水に溶かして 100 cm³ の水溶液に定容した。この水溶液の浸透圧を 25℃で測定したところ 2.38 atm あった。ヘキサシアノ鉄（III）酸カリウムの分子量（式量）を 329 として，次の問いに答えよ。

(a) この溶液でのヘキサシアノ鉄（III）酸カリウムのファントホッフ係数 i を求めよ。

(b) この溶液でのヘキサシアノ鉄（III）酸カリウムの解離度 α を求めよ。

6・2　重量モル濃度 m_B が 0.100 mol kg^{-1} の塩化カリウム水溶液の凝固点降下は 0.344 K である。この溶液のファントホッフ係数 i と解離度を求めよ。

6・3　0.100 mol dm^{-3} の塩化カリウム水溶液の 25℃でのモル伝導率は 129 × 10^{-4} S m² mol^{-1} である。この溶液の伝導率はいくらか。

6・4 酢酸（分子量 60.0）7.50 × 10⁻² g を水に溶解し 100 cm³ にした。この溶液の伝導率を測定したところ 1.81 × 10⁻⁴ S cm⁻¹ となった。この溶液のモル伝導率を S m² mol⁻¹ の単位で表せ。

6・5 HNO_3，KNO_3，CH_3COOK の極限モル伝導率は 25℃ でそれぞれ 421.2×10⁻⁴，144.9×10⁻⁴ および 114.4×10⁻⁴ S m² mol⁻¹ である。次の問いに答えよ。
(a) 酢酸の極限モル伝導率はいくらか。
(b) ある濃度の酢酸水溶液中での酢酸の解離度 α を測定したところ，α = 0.0371 となった。この水溶液のモル伝導率を求めよ。

6・6 伝導率の測定の応用の一つに伝導滴定がある。この滴定法は溶液に色がついていて指示薬が使えない場合や弱酸—弱塩基滴定の終点を決める際に力を発揮する。次の場合について加えた酸の体積と伝導率の関係を略図で示し，当量点（中和する点）を図中に記せ。
(a) NaOH（強塩基）を HCl（強酸）で滴定する。
(b) NH_3（弱塩基）を酢酸（弱酸）で滴定する。

6・7 過剰の塩化ナトリウムを溶かした水溶液 200 dm³ がある。この水溶液に 100 A の電流を 30 分間通電し電気分解を行った。次の問いに答えよ。
(a) 陰極上で発生する気体は何か。そしてその体積は 25℃，1 atm でいくらになるか。気体は理想気体として考えてもよいとする。
(b) 通電後の水溶液は水酸化ナトリウムの溶液となるが，そのモル濃度を求めよ。ただし，電気分解の前後で水溶液の体積に変化はないものとする。

6・8 25℃ での塩化銀の極限モル伝導率は 138.2 × 10⁻⁴ S m² mol⁻¹ である。この溶液における Ag^+ の輸率を無限希釈に補外した値は 0.4479 であった。Cl^- のモルイオン伝導率 Λ_- を求めよ。

7章 ● 状態変化に伴うエネルギー−熱化学−

　熱，仕事およびエネルギーとの関係を表したものが熱力学(thermodynamics)である。熱力学では物質を巨視的にとらえ，系（system）とそれを取りまく外界（surroundings）とに区別して考える。系は，たとえば，容器に入っている気体や液体などのようなもので，外界はそれ以外のものということができる。系は外界との間で熱，仕事，物質の出入りがあるかどうかで区別し，それらの出入りがある系を「開いた系(open system)」，熱と仕事だけが出入りする系を「閉じた系（closed system）」という。さらに，完全に外界と交渉のない系，すなわち，物質ばかりでなく熱や仕事の出入りもない系を「孤立系(isolated system)」といい，「閉じた系」と区別して考える（図7・1）。系の状態に応じて一義的に決まった値を持つ物理量を状態量(property)という。状態量は，また，示強性(intensive)の状態量と示量性（extensive）の状態量に分けられる。示強性の状態量とは，系の分量によらないのに対し，示量性の状態量はその分量に依存するものをいう。たとえば，圧力，温度，密度，濃度などは示強性の状態量であり，質量，体積，そして次に述べる内部エネルギーなどは示量性の状態量である。

　熱（heat），仕事（work）およびエネルギー（energy）との関係を表したものが熱力学の第一法則（first law of thermodynamics）であり，それはエネルギーの保存の法則に他ならない。この法則を化学反応にあてはめたものが熱化学(thermochemistry)であり，これから得られる情報には反応熱などの多くの有用

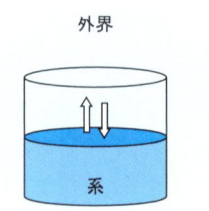

図7・1　系と外界

なものが含まれる。それでは反応熱の大きさなどはどのように求めたらよいのであろうか。本章では，熱力学についての基本的な概念をまとめ，反応熱を含む熱化学の有用性について見ていこう。

7-1 熱，仕事およびエネルギー

系と外界の間での仕事と熱の出入りを考えるときに，注意すべきは符号についてである。系が外界に仕事をされるとき，および外界から系に熱が流入するときに正となるように符号を決める。逆に，系が外界に仕事をするとき，あるいは系から外界に熱が流失するときには負になるように決められている（図7・2）。

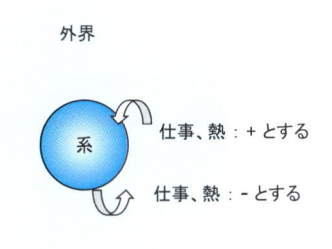

図7・2　仕事と熱の符号の規則

仕事としては，おもりを持ち上げることや電気的な仕事などがあるが，ここでは，系の体積が変化することによる仕事のみを考える。たとえば，図7・3に示すように，可動式のピストンを持つ容器に気体が入っており，それを系として考え，系が膨張するときの仕事の量を評価してみよう。外界の圧力 p_e に抗して膨張し移動した距離を l とし，ピストンの面積を A とすれば，このときの仕事 w は（ピストンにかかる力）×（移動した距離）となり，しかも符号の規則から

$$w = -(p_e \times A) \times l \tag{7-1}$$

となる。ここで 圧力 × 面積 が力となることに注意。$(A \times l)$ は膨張による体積変化 ΔV であるから，(7-1)式は

$$w = -p_e \times (A \times l) = -p_e \Delta V \tag{7-2}$$

と書き直すことができる。つまり，仕事は 圧力 × 体積変化 となる。体積が膨張するときには $\Delta V > 0$ となるので，仕事 w は負の値になる。つまり，系が外

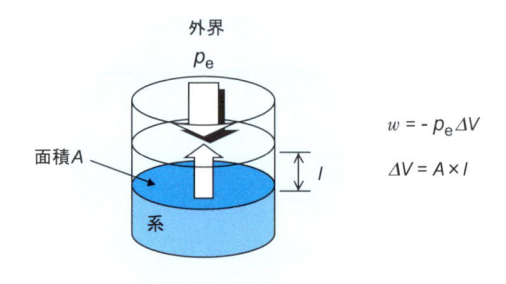

図7・3 体積変化の仕事

$w = -p_e \Delta V$

$\Delta V = A \times l$

界に仕事をしたといえる。圧縮されるときには $\Delta V < 0$ となるから w は正の値となり，系に外界から仕事がなされたということができる。この場合でも依然として外圧 p_e が仕事の大きさを決めていることに注意を払う必要がある。

エネルギーとは仕事をする能力と言いかえることができる。図7・3で示したピストンに外界から力を加えた場合を考えてみよう。ピストンは押し込まれ，系である気体は圧縮される。このとき，ちょうど水鉄砲が水を飛ばすように，圧縮された気体は膨張しようとする，つまり，仕事をする能力が高まることになる。すなわち，圧縮されたこと，つまり，系に仕事がなされたことにより系のエネルギーは増大したといい，仕事をする能力が高まったということができる。系のエネルギーを増大させるもう一つの方法は系に熱を加えることである。気体である系に熱が流入すれば，気体は膨張しようとする，つまり，仕事をする能力が高まることになる(図7・4)。

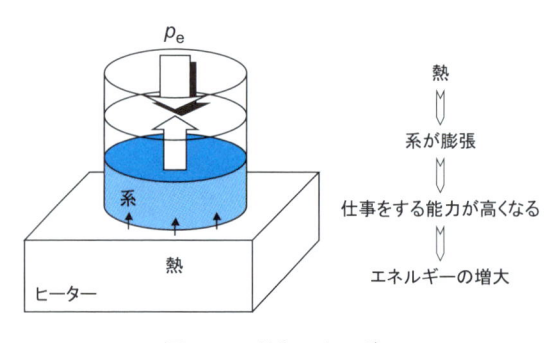

図7・4 熱とエネルギー

系の持つエネルギーは内部エネルギー（internal energy）とよばれ，U で表す。内部エネルギーは状態量の一つで，系中の分子の運動エネルギーと原子間結合力などのポテンシャルエネルギーの総和である。最初の状態の内部エネルギーを U_i，最後の状態の内部エネルギーを U_f とすると，内部エネルギーの変化は $\Delta U = U_f - U_i$ である。

熱力学の第一法則は，

> 孤立系では，エネルギーは生成も消滅もしない

または，

> 孤立系では，エネルギーの総和はどのような変化に際しても常に一定に保たれる。

などと表現されており，これはエネルギーの保存則を拡張したものである。数式的には次のように表すことができる。外界から系に熱 q と仕事 w が与えられたとき，内部エネルギー変化は

$$\Delta U = q + w \tag{7-3}$$

となる。孤立系では，定義により $q = 0$，$w = 0$ なので $\Delta U = 0$ となり，系の内部エネルギー変化はない。また，系の内部エネルギーの絶対量は決められないが，状態が変化するときの内部エネルギーの変化は外界とやりとりする熱と仕事の量を測定すれば，(7-3)式から求めることができる。

7-2 内部エネルギーとエンタルピー

系と外界との間の熱のやりとりは，一般には状態の変化がどのように起こるか，その道筋に依存し，最初と最後の状態だけでは決まらない。しかしながら，変化を系の体積が一定のもとで起こる変化（定容過程）あるいは系の圧力が一定という条件で起こる変化（定圧過程）と条件を付けることにより，それぞれの過程での熱の出入りは状態量である内部エネルギー変化 ΔU と，後に述べるやはり状態量のエンタルピー変化 ΔH とに直接関係付けることができる。

いま仕事として体積変化による仕事のみを考えれば，定容過程での仕事は，体積変化がないので $w = 0$ となり，(7-3)式から

$$q = \Delta U \quad (\text{定容}) \tag{7-4}$$

となる（図 7・5 (a)）。つまり，定容過程の場合には，系が吸収（または放出）

する熱は系の内部エネルギー変化に等しいといえる。一方，定圧過程では，図7・5(b)に示すように，系は吸収した熱によって膨張するが，そのとき外界に対して仕事をすることになる。すなわち，熱の吸収によって高められた内部エネルギーは外界への仕事によっていくぶん失われることになる。その損失分を取り込んでいる状態量がエンタルピー（enthalpy）ということができる。(7-3)式と(7-2)式から

$$q = \Delta U - w = \Delta U + p_e \Delta V \tag{7-5}$$

となる。p_e は外界の圧力であるが，いま系の圧力 p と等しいと仮定する。これは，一つの極限状態を仮定したもので，系と外界が平衡状態を保ちながら膨張あるいは圧縮するというもので，可逆過程（reversible process）とよばれる形態の一つである。$p_e = p$ とするならば，(7-5)式は

$$q = \Delta U - w = \Delta U + p \Delta V \tag{7-6}$$

となる。定圧過程から p は一定なので

$$q = \Delta U + p \Delta V = \Delta(U + pV) \tag{7-7}$$

と書くことができる。ここで次の式でエンタルピー H を定義する。

$$H = U + pV \tag{7-8}$$

U も p も V も状態量なので H も状態量となる。すると(7-7)式は

$$q = \Delta H \quad （定圧） \tag{7-9}$$

と書け，定圧過程の場合には，系が吸収（または放出）する熱は系のエンタルピー変化に等しいといえる。一般に，定圧下での実験の方が定容下よりも実現しやすいことから，内部エネルギーよりもエンタルピーの方がよく用いられる。

一般に，液体や固体の系では熱による体積変化は小さく，仕事として失われ

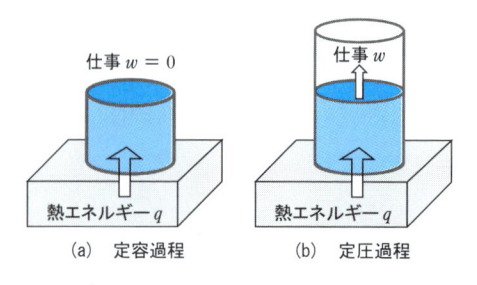

図7・5　(a)内部エネルギー変化 $q = \Delta U$　(b)エンタルピー変化 $q = \Delta U - w = \Delta H$

7章 状態変化に伴うエネルギー − 熱化学 − 157

るエネルギーも小さいので ΔU と ΔH はほとんど等しくなる。しかし，系が気体の場合には，その体積変化は大きくなるものが多く，失われるエネルギーも大きい。その際には ΔU と ΔH の差も無視できないものとなる。

> **例題 7・1** 1 atm のもとで，ある気体を 100 W のヒーターで 30 秒間加熱したところ，膨張し体積が 525 cm³ 増加した。この気体の内部エネルギー変化とエンタルピー変化を求めよ。
>
> (7-9)式から，吸収した熱がエンタルピー変化 ΔH となる。1 Ws = 1 J であるから
>
> $$\Delta H = q = (100\ \text{W})(30\ \text{s}) = 3000\ \text{J}$$
>
> となる。また，この気体が外界に行った仕事は(7-2)式から
>
> $$w = -p_e \Delta V = -(1\ \text{atm})(525\ \text{cm}^3)$$
> $$= -(101325\ \text{Pa})\left(\frac{525\ \text{cm}^3 \times 1\ \text{m}^3}{10^6\ \text{cm}^3}\right)$$
> $$= -53.2\ \text{Pa m}^3 = -53.2\ \text{J}$$
>
> となる。したがって，(7-3)式から内部エネルギー変化 ΔU は
>
> $$\Delta U = q + w = (3000\ \text{J}) + (-53.2\ \text{J}) = 2946.8\ \text{J} = 2947\ \text{J}$$

7−3 熱 容 量

ある特定の条件下で物質の内部エネルギー変化やエンタルピー変化を知るには，熱の出入りを測定すればよいことがわかった。出入りする熱 q は，物質の温度変化 ΔT を測定することにより決定できる。両者は比例し

$$q = C\Delta T \tag{7-10}$$

と書き表すことができる。比例定数 C は熱容量（heat capacity）とよばれ，単位は J K^{-1} となる。物質の熱容量はその量に依存するので，普通は 1 mol あるいは 1 g 当りの熱容量として表す。1 mol 当りをモル熱容量（molar heat capacity）（J K^{-1} mol^{-1}），1 g あたりを比熱容量（specific heat capacity）または比熱（specific heat）といい，単位は J K^{-1} g^{-1} となる。物質の熱容量は，物質が一定体積に保たれていたか，あるいは，一定の圧力のもとで自由に膨張していたかによって異なる値を持つ。この二つは定容熱容量（heat capacity at constant volume）あるいは定圧熱容量（heat capacity at constant pressure）といい，それぞれ C_v と C_p で表す。熱容量の代表的な例を表 7・1 に示した。物質を理想気体と考え

るときには，両者の間には

$$C_p = C_v + nR \tag{7-11}$$

の関係がある。[*1]

表7・1　代表的な物質の 1 mol 当りの熱容量 /J K^{-1} mol^{-1} (25℃)

	C_p	(C_v)		C_p
He(g)	20.79	(12.47)	H_2O(g)	33.58
Ar(g)	20.79	(12.47)	H_2O(l)	75.29
H_2(g)	28.84	(20.53)	CH_4(g)	35.31
N_2(g)	29.12	(20.81)	C_3H_8(g)	73.5
O_2(g)	29.36	(21.05)	C_6H_6(g)	81.67
CO(g)	29.14	(20.83)	C_6H_6(l)	136.1
CO_2(g)	37.13	(28.81)	Fe(s)	25.10
NH_3(g)	35.66	(27.35)	Cu(s)	24.44
SO_3(g)	50.66	(42.35)	S(s,α)	22.60

　物質の体積が変化しないように熱を加えれば，(7-4)式からもわかるように，その熱は物質の内部エネルギー変化 ΔU に等しい。したがって，(7-10)式から

$$\Delta U = C_v \Delta T \quad \text{(定容)} \tag{7-12}$$

となる。一方，定圧下では，熱の出入りはエンタルピー変化 ΔH に等しくなるので

$$\Delta H = C_p \Delta T \quad \text{(定圧)} \tag{7-13}$$

と表すことができる。

[*1]　(7-10)式は，その微小変化を考えれば，$C = dq/dT$ となる。同様に，(7-12)式と(7-13)式は，それぞれ $C_v = dU/dT$ および $C_p = dH/dT$ となる。エンタルピーはその定義から $H = U + pV$ であり，理想気体の場合には $H = U + nRT$ となる。定圧下での変化を考え，両辺を T で微分すれば，$dH/dT = (dU/dT) + nR$ つまり $C_p = C_v + nR$ となる（理想気体の内部エネルギーの温度変化率は，定圧下でも定容下でも C_v であることによる）。

　また，単原子分子の気体では，温度を上げたときに増加する内部エネルギーは並進運動エネルギーである。気体分子運動論からその並進運動エネルギーは，1 mol 当り $(3/2)RT$ であるから $C_v = (3/2)R = 12.47$ J K^{-1} mol^{-1} および $C_p = C_v + R = (5/2)R = 20.79$ J K^{-1} mol^{-1} となる。

7−4　転移のエンタルピー

　熱の出入りをともなう代表的な例に物質の相転移が挙げられる。たとえば，液体が気体になるとき（蒸発），固体が液体になるとき（融解），あるいは固体が気体になるとき（昇華）には物質は熱を吸収する。また，逆の転移には同じ量の熱が放出される。これらの相の変化は通常定圧下で行われることから，熱は内部エネルギーの変化ではなくエンタルピーの変化に対応している。

　いま，沸点温度にある水 1 mol をすべて水蒸気にするのに 40.66 kJ 必要だとすれば

$$\mathrm{H_2O(l) \longrightarrow H_2O(g)} \qquad \Delta H_{\mathrm{vap}} = 40.66 \ \mathrm{kJ \ mol^{-1}}$$

と記され，ΔH_{vap} は蒸発エンタルピーとよばれる。これは100℃の水蒸気 1 mol が持つエンタルピーから同じ温度の水 1 mol が持つエンタルピーを引いたものに等しい。したがって，逆に，水蒸気から水へ転移するときには $40.66 \ \mathrm{kJ \ mol^{-1}}$ の熱を放出する。化合物の蒸発エンタルピーはすでに表 4・2 にまとめてある。この表からも水の値が特別に大きいことがわかる。これは水分子同士の水素結合が大きいために，蒸発の過程に大きなエネルギーが必要となるためである。同じように氷を融解するのにも熱が必要であり，次のように記される。

$$\mathrm{H_2O(s) \longrightarrow H_2O(l)} \qquad \Delta H_{\mathrm{fus}} = 6.01 \ \mathrm{kJ \ mol^{-1}}$$

これも融点において，水 1 mol が持つエンタルピーと氷 1 mol が持つエンタルピーの差に等しい。いくつかの標準融解エンタルピーの例を表 7・2 にまとめた。

表7・2　化合物の融点と 1 mol 当りの標準融解エンタルピー

	$T_{\mathrm{f}}/\mathrm{K}$	$\Delta H°/\mathrm{kJ \ mol^{-1}}$
$\mathrm{H_2}$	13.96	0.12
$\mathrm{N_2}$	63.15	0.72
$\mathrm{O_2}$	54.36	0.44
$\mathrm{H_2O}$	273.15	6.01
$\mathrm{NH_3}$	195.40	5.65
$\mathrm{CH_4}$	90.68	0.94
$\mathrm{C_6H_6}$	278.65	9.83

例題 7・2 0℃の氷1 mol をすべて蒸発するにはどれだけの熱が必要か，1 atm 下での変化について求めよ。

0℃の氷1 mol を0℃の水に融解するには $\Delta H_{fus} = 6.01$ kJ mol^{-1} の熱が必要。水の定圧モル熱容量がこの温度変化で一定と仮定し，$C_p = 75.3$ J K^{-1} mol^{-1} とするならば，0℃の水1 mol を100℃の水にするには，(7-13)式から

$$\Delta H = (75.3 \text{ J K}^{-1} \text{ mol}^{-1})(373 \text{ K} - 273 \text{ K}) = 7.53 \times 10^3 \text{ J mol}^{-1} = 7.53 \text{ kJ mol}^{-1}$$

の熱が必要である。さらに，100℃の水 1 mol を100℃の水蒸気に蒸発するには $\Delta H_{vap} = 40.66$ kJ mol^{-1} の熱が必要。これらを合計すれば

$$\Delta H = (6.01 + 7.53 + 40.66) \text{ kJ mol}^{-1} = 54.20 \text{ kJ mol}^{-1}$$

となる。

7－5 反応のエンタルピー

　化学者にとって重要な情報の一つは，ある反応が起こる際に出入りする熱についてである。熱力学では，反応物全体を一つの系としてとらえ，それが最初の状態から他の状態になると考える。ここでは，他の状態とは生成系を意味する。このように考えることにより，さきに述べた結論は化学反応にも適用できることになる。つまり，ある反応を，定容か定圧という条件のもとで行い，その際に出入りする熱を測定すれば，その反応の内部エネルギー変化やエンタルピー変化についての情報を得ることができる。

　熱量計(calorimeter)は，反応の際に出入りする熱を測定する装置である。定容での反応熱を測定するにはボンベ熱量計 (bomb calorimeter) を使い，定圧ではフレーム熱量計 (flame calorimeter) を用いる (図7・6)。出入りする熱 q は，熱量計の温度変化 ΔT を測定することにより決定できる。両者は比例し，$q = C\Delta T$ と書き表すことができる。ここでの比例定数 C は熱量計そのものの熱容量である。

　たとえば，ボンベ熱量計の中の支持台に試料を置き，高圧の酸素雰囲気のもとで電気的に点火する。このときの熱量計全体の温度変化から発生する熱 q を求める。試料ばかりでなく酸素雰囲気も含めた全体が一つの系となるので，反応の前後では系の体積変化はない。したがって，求めた熱 q は反応前後の系の内部エネルギー変化 ΔU に等しい。一方，フレーム熱量計は，定圧のもとでの

(a) ボンベ熱量計   (b) フレーム熱量計

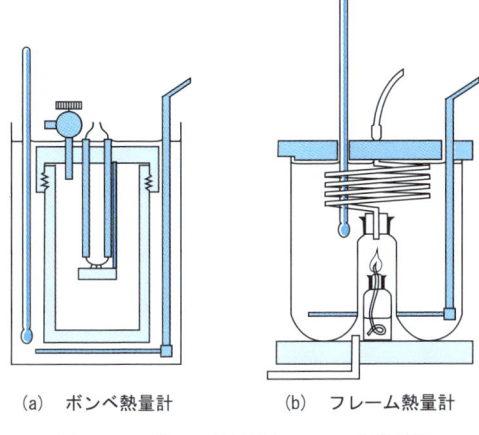

図7・6　ボンベ熱量計とフレーム熱量計

燃焼によって発生する熱を測定するもので，この熱が反応のエンタルピー変化 ΔH に相当する。

> **例題 7・3**　フレーム熱量計でエタノール 0.25 g を燃焼したところ，2.5 K だけ温度が上昇した。同じ温度上昇のためには，5.0 V の電源を使って，1.3 A の電流を 20 分間通じる必要があった。エタノールの 1 mol 当りの燃焼エンタルピーを求めよ。
>
> 電気的に発生した熱 q は (電流) × (時間) × (電圧) となるので
>
> $$q = (1.3\,\text{A})(20 \times 60\,\text{s})(5.0\,\text{V}) = 7.8 \times 10^3\,\text{AsV} = 7.8\,\text{kJ}$$
>
> となる。エタノールのモル質量は $46.1\,\text{g mol}^{-1}$ であるから，その物質量は
>
> $$n = \frac{0.25\,\text{g}}{46.1\,\text{g mol}^{-1}} = 5.42 \times 10^{-3}\,\text{mol}$$
>
> 1 mol 当りならば
>
> $$\Delta H = \frac{-7.8\,\text{kJ}}{5.42 \times 10^{-3}\,\text{mol}} = -1.4 \times 10^3\,\text{kJ mol}^{-1}$$
>
> となる。これが燃焼エンタルピーであり，負の符号が付くのはエタノールの燃焼によりエネルギーが熱として放出されるからである。

定圧下での反応熱（すなわち ΔH）と ΔU の間には次の関係がある。エンタルピーの定義から $H = U + pV$ であるから

$$\Delta H = \Delta(U + pV) = \Delta U + \Delta(pV) \tag{7-14}$$

となる．定圧条件では p は定数であるから

$$\Delta H = \Delta U + \Delta(pV) = \Delta U + p\Delta V \tag{7-15}$$

となる．反応の前後に気体が含まれていないときは，体積変化 ΔV は大変小さいので，$\Delta H \approx \Delta U$ とみなすことができる．温度が一定で定圧下での気体反応では，反応の前後での物質量の変化を Δn とすれば，$p\Delta V$ は $(\Delta n)RT$ となるので

$$\Delta H = \Delta U + (\Delta n)RT \tag{7-16}$$

となる．たとえば，上の例題で取り上げたエタノールの燃焼反応は

$$C_2H_5OH\ (l) + 3O_2\ (g) \longrightarrow 2CO_2\ (g) + 3H_2O\ (l)$$

と書けるので，気体は酸素と二酸化炭素だけでその物質量の変化は

$$\Delta n = 2 - 3 = -1$$

である．(7-16)式から，反応が25℃で行われたとすれば

$$(\Delta n)RT = (-1\ \text{mol})(8.314\ \text{J K}^{-1}\ \text{mol}^{-1})(298\ \text{K}) \times 10^{-3} = -2.48\ \text{kJ}$$

反応の前後での系の体積は圧縮されており，2.48 kJ は系が外界によってなされた仕事の大きさに等しい．したがって，(7-16)式から ΔU は ΔH に 2.48 kJ を加えた値となることがわかる．

　反応熱は，燃焼エンタルピーや生成エンタルピーばかりではなく反応の種類によりいろいろとよばれることがある．たとえば，塩が水に溶解するときには溶解エンタルピー（enthalpy of solution），酸と塩基の中和の際には中和エンタルピー（enthalpy of neutralization），さらに分子が気体状の原子にばらばらになるときには解離あるいは原子化エンタルピー（enthalpy of atomization）とよばれる．次に，それぞれのエンタルピーについて見ていこう．

燃焼エンタルピー

　化学反応の反応熱の中でやはり重要なものは燃焼によるものであり，しかも定圧下での値がもっともよく使われる．たとえば，家庭用の燃料としてよく使われる都市ガスはメタンガスが主成分であるが，その反応は次のように記される．

$$CH_4\ (g) + 2O_2\ (g) \longrightarrow CO_2\ (g) + 2H_2O\ (l) \tag{7-17}$$

$$\Delta H° = -890.4\ \text{kJ mol}^{-1}\ (25℃)$$

この反応をフレーム熱量計の中で行うことにより，1 mol 当りの燃焼エンタルピーは $-890.4\ \text{kJ mol}^{-1}$ だとすぐに求めることができる．燃焼エンタルピーを含めたすべての反応エンタルピーは，反応系や生成系の物質の状態により，ま

た温度や圧力により異なる。そこで，通常報告されている値は標準反応エンタルピーとよばれ，ある特定の状態でのものである。つまり，反応物も生成物もすべて，ある特定の温度で標準状態(standard state)にある場合のエンタルピー変化を表している。標準状態とは，10^5 Pa の圧力下で，その物質にとってもっとも安定な状態と定義されている。[*2] メタンの燃焼についていえば，25℃における標準状態は，メタン，酸素，二酸化炭素は気体であり，水は液体ということになる。温度は標準状態の定義の一部ではないが，通常は25℃でのデータが報告されている。標準反応エンタルピーは，ΔH の右肩に ° を付けることで表す。表7・3 にはいくつかの25℃における標準燃焼エンタルピー（standard enthalpy of combustion）をまとめてある。有機化合物が完全に燃焼するときには，それに含まれる炭素は CO_2 に，水素は H_2O に，そして窒素は N_2 となる。

表7・3 25℃における標準燃焼エンタルピー $\Delta H°$/kJ mol^{-1}

$H_2(g)$	−285.8	$C_2H_2(g)$	−1301
$C(s, グラファイト)$	−393.5	$C_2H_4(g)$	−1411
$C(s, ダイヤモンド)$	−395.4	$C_3H_6(g)$	−2058
$S(s, 斜方)$	−296.8	$C_6H_6(l)$	−3268
$S(s, 単斜)$	−297.1	$C_6H_{12}(l, シクロヘキサン)$	−3920
$CH_4(g)$	−890.4	$CH_3OH(l)$	−726
$C_2H_6(g)$	−1560	$C_2H_5OH(l)$	−1367
$C_3H_8(g)$	−2219	$CH_3CHO(l)$	−1167
$C_4H_{10}(g)$	−2878	$CH_3COOH(l)$	−874
$C_6H_{14}(l, ヘキサン)$	−3920	$C_6H_{12}O_6(s, \alpha\text{-D-}グルコース)$	−2808
$C_8H_{18}(l)$	−4163	$C_{12}H_{22}O_{11}(s, スクロース)$	−5645

　標準燃焼エンタルピーが負の符号を持つことは，さきにも述べたように，反応が発熱的に起こることを示している。これは，高いエンタルピーを持つ反応系から，より低いエンタルピーを持つ生成系に移ることを表しており，その差が熱として外界に放出されたことになる。これは反応系と生成系の相対的なエ

[*2] 1981年にIUPACは，標準状態圧力として 10^5 Pa (1 bar) を勧告した。しかし，今なお 1 atm を標準とするものも多い。

ンタルピーの総和を表す次の図からも理解できる（図7・7）。

$$CH_4(g) + 2O_2(g)$$

$$\Delta H° = -890.4 \text{ kJ mol}^{-1}$$

$$CO_2(g) + 2H_2O(l)$$

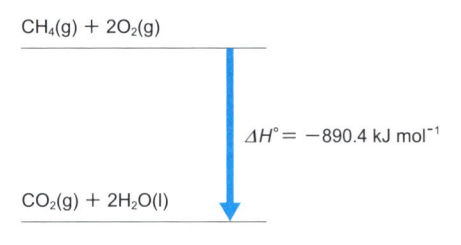

図7・7　メタンの燃焼エンタルピー

生成エンタルピー

　ある化合物 1 mol が，それを構成する元素の単体から生成したとするときのエンタルピーの差が生成エンタルピーである．この反応に関係する化合物すべてが指定された温度で標準状態にあれば，そのエンタルピー変化が標準生成エンタルピー（standard enthalpy of formation）であり，$\Delta H_f°$で表す．単体としては常温・常圧で安定なものをとり，炭素ではグラファイト（黒鉛），硫黄では斜方硫黄が選ばれる．たとえば，二酸化炭素や水の生成反応は次の(a), (b)式のように書かれ，それらの標準生成エンタルピーは，対応する標準燃焼エンタルピーと等しいことがわかり，測定により直接求めることができる．

(a)　$C(s) + O_2(g) \longrightarrow CO_2(g)$　　　$\Delta H_f° = -393.5 \text{ kJ mol}^{-1}$ (25℃)

(b)　$H_2(g) + \frac{1}{2}O_2(g) \longrightarrow H_2O(l)$　　　$\Delta H_f° = -285.8 \text{ kJ mol}^{-1}$ (25℃)

しかし，たとえばメタンの生成反応

　　　$C(s) + 2H_2(g) \longrightarrow CH_4(g)$　　　　　　　　　　　　　(7-18)

のように，容易には測定できない場合にはどうすればよいのだろうか．ここで，ヘスの法則（Hess's law）が重要となる．これは 1840 年に Hess により実験的に見い出されたもので次のようにいうことができる．

> ヘスの法則：ある反応の反応エンタルピーは，原系と生成系だけで決まり，反応を形の上で何段階かに分けた場合でも総和は同じとなる．

これは熱力学の第一法則から導きだされる結論を反応エンタルピーに応用したものである．この法則によって，反応式を代数方程式のように足したり引いたりすることができる．したがって，メタンの生成エンタルピーは，(7-17)式の

反応式を再度(c)とおき

(c)　$CH_4\ (g) + 2O_2\ (g) \longrightarrow CO_2\ (g) + 2H_2O\ (l)$　　$\Delta H° = -890.4\ \text{kJ mol}^{-1}$

(a)+2×(b)−(c)を考えれば

$C\ (s) + 2H_2\ (g) + CO_2\ (g) + 2H_2O\ (l) + 2O_2\ (g) \longrightarrow CH_4\ (g) + CO_2\ (g)$
$+ 2H_2O\ (l) + 2O_2\ (g)$

結局

$C\ (s) + 2H_2\ (g) \longrightarrow CH_4\ (g)$

となる．反応エンタルピーの合計も(a)+2×(b)−(c)を考え

$\Delta H° = (-393.5\ \text{kJ mol}^{-1}) + 2 \times (-285.8\ \text{kJ mol}^{-1}) - (-890.4\ \text{kJ mol}^{-1})$
$\qquad = -74.7\ \text{kJ mol}^{-1}$

を得る．つまり，メタンの生成反応は$74.7\ \text{kJ mol}^{-1}$の発熱であることがわかる．なお，次のような相対的なエンタルピー図を考えることにより，メタンの生成反応を3段階に分けたことが理解できる（図7・8）．このように，反応式を代数方程式のように扱うことは，ヘスの法則でいう一つの反応を何段階かに分けることと同じ意味を持っている．いくつかの化合物の標準生成エンタルピーを表7・4にまとめた．標準生成エンタルピーの場合には，エチレンの値$52.4\ \text{kJ mol}^{-1}$のように正の値を持つこともあり，このときは反応が吸熱（endothermic）であることを示している．

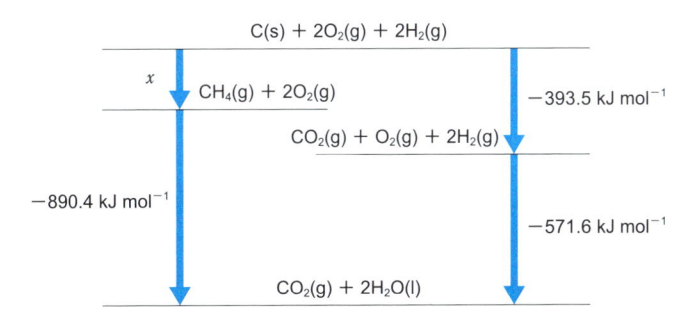

図7・8　メタンの生成エンタルピー

表7・4 25℃における標準生成エンタルピー ΔH_f°/kJ mol^{-1}

C(s, ダイヤモンド)	1.9	HF(g)	−271
CO(g)	−110.6	HCl(g)	−92.3
CO$_2$(g)	−393.5	HBr(g)	−36.4
CH$_4$(g)	−74.7	HI(g)	26.5
C$_2$H$_6$(g)	−84.0	H$_2$O(l)	−285.8
C$_3$H$_8$(g)	−104.5	H$_2$O(g)	−241.8
C$_2$H$_2$(g)	227.4	MgCl$_2$(s)	−2499
C$_2$H$_4$(g)	52.4	Mg(OH)$_2$(s)	−924.5
CCl$_4$(l)	−129.6	NH$_3$(g)	−46.1
C$_2$H$_5$OH(l)	−277.1	NO(g)	90.3
CH$_3$COOH(l)	−484.3	NO$_2$(g)	33.2
C$_6$H$_6$(l)	49.0	N$_2$O$_4$(g)	9.2
C$_6$H$_{12}$O$_6$(s, α-D-グルコース)	−1273.3	HNO$_3$(l)	−174.1
C$_{12}$H$_{22}$O$_{11}$(s, スクロース)	−2226	SO$_2$(g)	−296.8
CaO(s)	−635.1	SO$_3$(g)	−395.7
Ca(OH)$_2$(s)	−986.1	H$_2$SO$_4$(l)	−814.0
CaSO$_4$(s)	−1434.1	Fe$_2$O$_3$(s)	−824.2

標準反応エンタルピー

化合物の生成エンタルピーは，化合物が持つエンタルピーから化合物を構成する元素の単体のエンタルピーの総和を引いたものである．したがって，単体のエンタルピーを任意に0とおくことで，化合物の生成エンタルピーがその化合物が持つエンタルピーそのものと考えることができる．このように考えることで，原系と生成系のすべての化合物の標準生成エンタルピーが既知の場合には，標準反応エンタルピーは簡単に求めることができる．たとえば，光合成でみられる二酸化炭素と水からグルコースと酸素ができる反応の25℃での標準反応エンタルピー ΔH° は

$$6CO_2 \text{ (g)} + 6H_2O \text{ (l)} \longrightarrow C_6H_{12}O_6 \text{ (s)} + 6O_2 \text{ (g)}$$

ΔH_f°/kJ mol^{-1} −393.5   −285.8   −1273.3   0

$\Delta H° = $ (生成系のエンタルピーの総和) − (反応系のエンタルピーの総和)

$\quad\quad = (-1273.3 + 6 \times 0) - \{6 \times (-393.5) + 6 \times (-285.8)\}$

$\quad\quad = 2802.5 \text{ kJ}$

となり,大きな吸熱反応 (endothermic reaction) であることがわかる.

例題 7・4 アセチレンの水素化エンタルピーを表 7・4 のデータを用いて求めよ.

アセチレンの水素化反応は,エチレンへ導く水素化 (a) とそれに続くエタンへの水素化 (b) によって起こる.それぞれの反応と各化合物の標準生成エンタルピーを下にまとめた.

(a) $\quad\quad\quad C_2H_2 \text{ (g)} + H_2 \text{ (g)} \longrightarrow C_2H_4 \text{ (g)}$

$\quad\Delta H_f°/\text{kJ mol}^{-1}\quad 227.4 \quad\quad 0 \quad\quad\quad 52.4$

(b) $\quad\quad\quad C_2H_4 \text{ (g)} + H_2 \text{ (g)} \longrightarrow C_2H_6 \text{ (g)}$

$\quad\Delta H_f°/\text{kJ mol}^{-1}\quad 52.4 \quad\quad 0 \quad\quad\quad -84.0$

(a) での水素化エンタルピー $\Delta H°$ は

$\quad\Delta H° = 52.4 - (227.4 + 0) = -175.0 \text{ kJ}$

であり,さらに,(b) での水素化エンタルピー $\Delta H°$ は

$\quad\Delta H° = -84.0 - (52.4 + 0) = -136.4 \text{ kJ}$

となる.アセチレンからエタンへの水素化エンタルピーは (a) + (b) であり,エンタルピーは次のとおりである.

$\quad\Delta H° = -175.0 + (-136.4) = -311.4 \text{ kJ}$

このように,三重結合から二重結合への水素化の方が,二重結合から単結合への水素化よりも大きな発熱を伴うことがわかる.これは三重結合が二重結合よりも反応性に富んでいることに反映される.

格子エンタルピーとボルン−ハーバーのサイクル

イオン結晶での格子の強さの目安になるものが格子エンタルピー (lattice enthalpy) であり,気体状のイオンから格子ができるときのエンタルピー変化である.たとえば,塩化ナトリウムの場合には

$\quad Na^+ \text{ (g)} + Cl^- \text{ (g)} \longrightarrow NaCl \text{ (s)}$

で表される反応のエンタルピー変化となる。この値を求めるには，ヘスの法則の応用となるボルン-ハーバーのサイクル（Born-Haber cycle）(図7・9)を考えればよい。そのためには次の塩素分子を原子状に解離するために必要なエンタルピー

(a) $Cl_2(g) \longrightarrow 2Cl(g)$ $\Delta H° = 242$ kJ mol^{-1} (25℃)

および金属ナトリウムの昇華エンタルピー

(b) $Na(s) \longrightarrow Na(g)$ $\Delta H_{sub}° = 108$ kJ mol^{-1} (25℃)

の情報があれば，以下のデータとともに求めることができる。

塩化ナトリウムの標準生成エンタルピー

(c) $Na(s) + \frac{1}{2}Cl_2(g) \longrightarrow NaCl(s)$ $\Delta H_f° = -411$ kJ mol^{-1} (25℃)

ナトリウム原子のイオン化エンタルピー *3

(d) $Na(g) \longrightarrow Na^+(g) + e^-(g)$ $\Delta H° = 498.5$ kJ mol^{-1} (25℃)

塩素原子の電子獲得エンタルピー *3

(e) $Cl(g) + e^-(g) \longrightarrow Cl^-(g)$ $\Delta H° = -351.5$ kJ mol^{-1} (25℃)

$-1/2$ (a)$-$(b)$+$(c)$-$(d)$-$(e)を考えれば

$Na^+(g) + Cl^-(g) \longrightarrow NaCl(s)$

$\Delta H° = -\frac{1}{2} \times 242 - 108 + (-411) - 498.5 - (-351.5) = -787$ kJ mol^{-1}

となり，大きな発熱反応（exothermic reaction）となることがわかる。

---

*3 ナトリウム原子のイオン化反応では気体1 molから2 molの気体が生成するから，それぞれが理想気体と仮定すれば，(7-16)式からイオン化のエンタルピーはエネルギーとは RT だけ異なる。

$\Delta H° = \Delta U° + RT$

1章で述べたイオン化エネルギー I は，同じ過程が $T = 0$ で起こるときの内部エネルギー変化であり，しかも，常温でのイオン化エネルギーは $T = 0$ のときの値と非常に近いので，$\Delta H = I + RT$ とおくことができる。

同様に，電子獲得エンタルピーと電子親和力 E_A とは $\Delta H° = -E_A - RT$ との関係がある。

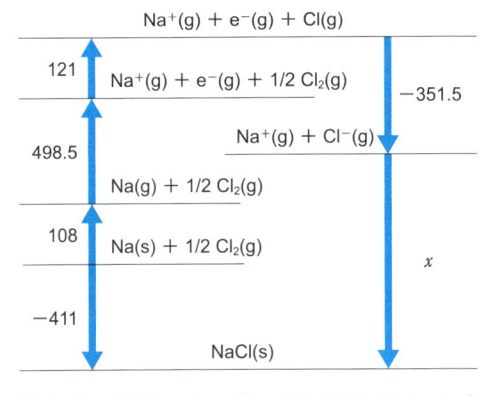

図7・9 ボルン-ハーバーのサイクル (kJ mol^{-1})

7-6 結合エンタルピー

さきに述べた塩素分子の解離とは，化学結合をばらばらにして中性の気体状の塩素原子にすることをいう。

$$Cl_2(g) \longrightarrow 2Cl(g) \quad \Delta H° = 242 \text{ kJ mol}^{-1} \text{ (25℃)}$$

その際の1 mol 当りのエンタルピー変化を結合エンタルピー（bond enthalpy）とよび，この場合，Cl－Cl の結合エンタルピーは 242 kJ mol^{-1} であるという。代表的な二原子分子の値を表7・5にまとめた。窒素－窒素結合や一酸化炭素の結合は非常に大きいのに対し，フッ素－フッ素結合は極めて弱く，フッ素分子の高い反応性の原因ともなっている。

表7・5 代表的な二原子分子の結合エンタルピー $\Delta H°(A-B)$ および平均結合エンタルピー $B(A-B)$

二原子分子 $\Delta H°(A-B)$/kJ mol^{-1}							
H－H	436	H－F	565	H－Cl	431	H－Br	366	H－I	299
F－F	155	Cl－Cl	242	Br－Br	193	I－I	151		
O＝O	497	C＝O	1076	N≡N	945				

平均結合エンタルピー $B(A-B)$/kJ mol^{-1}							
C－H	412	C－C	348	C＝C	612	C≡C	838
C－N	305	C＝N	613	C≡N	890		
C－O	360	C＝O	743	C－F	484	C－Cl	338
N－H	388	N－N	163	N＝N	409		
O－H	463	O－O	146				

多原子分子の結合エンタルピーを利用するときに問題となるのは，結合エンタルピーが，2個の原子が結合している分子の状況によってその値が変わることである。たとえば，結合エンタルピー $\Delta H°$(O-H) についていえば，$\Delta H°$(HO-H) と $\Delta H°$(O-H) は同じ値をとることはなく，それぞれ 492 kJ mol^{-1} と 428 kJ mol^{-1} である。そのために正確な計算が必要なときには，対象としている分子そのものの結合エンタルピーを使わなければならない。しかし，だいたいの見積りでよい場合には平均結合エンタルピー（mean bond enthalpy）B(A-B) を使うことができる。これは，関連する化合物の結合エンタルピーの平均値である。たとえば，B(O−H) ならば，H_2O の持つ2個の O−H 結合やメタノール CH_3OH などの O−H 結合の値の平均である。いくつかの値を表7・5にまとめた。これらの値を利用することにより，反応エンタルピーのだいたいの値を見積もることができる。次の例題で示してみよう。

> **例題 7・5** 結合エンタルピーの値を用いて，アセチレンの標準生成エンタルピーを求めよ。

表7・5のデータから

$\Delta H°$(H−H) = 436 kJ mol^{-1}

B(C ≡ C) = 838 kJ mol^{-1}

B(C−H) = 412 kJ mol^{-1}

また，グラファイトの昇華エンタルピーは $\Delta H°_{sub}$ = 715 kJ mol^{-1} である。これらのデータを使ったエンタルピー図は下記のように書くことができる。したがって，アセチレンの標準生成エンタルピー x は

$x = (436 + 1430) - (838 + 2 \times 412) = 204$ kJ mol^{-1}

実際の値は 227.4 kJ mol^{-1} であり，この値とそれほどずれてはいないことがわかる。

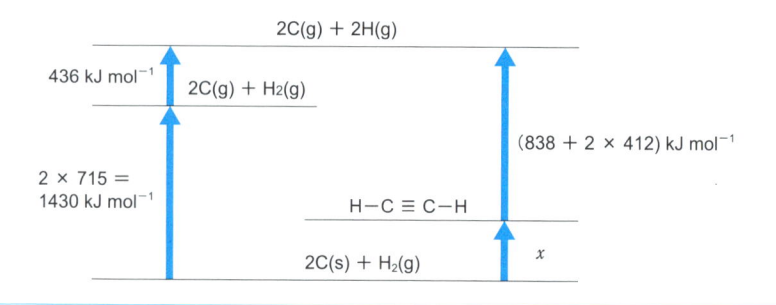

7-7　反応エンタルピーの温度依存性

物質の定圧下でのエンタルピーの温度依存性は(7-13)式 $\Delta H = C_p \Delta T$ で表される。すなわち，ある温度 T_1 の時に，ある物質が持つエンタルピーを $H(T_1)$ とおけば，T_2 のときのエンタルピー $H(T_2)$ は定圧熱容量（通常この値は温度の関数となるが，ここで考えている温度範囲では定数と仮定する）を使って

$$H(T_2) = H(T_1) + C_p(T_2 - T_1) \tag{7-19}$$

とおくことができる。もとよりエンタルピー H_1 と H_2 の絶対値はわからないが，その差だけが求めることができる。いま，一般的な反応として

$$aA + bB \longrightarrow cC + dD$$

について考えてみよう。温度 T_1 での反応エンタルピー $\Delta H°(T_1)$ とは，T_1 での生成系のエンタルピーの総和から反応系のエンタルピーの総和を引いたものである。したがって，

$$\Delta H°(T_1) = \{c \times H_C(T_1) + d \times H_D(T_1)\} - \{a \times H_A(T_1) + b \times H_B(T_1)\}$$

となる。同様に，温度 T_2 での反応エンタルピーは，(7-19)式から

$$\Delta H°(T_2) = [\{c \times H_C(T_1) + d \times H_D(T_1)\} - \{a \times H_A(T_1) + b \times H_B(T_1)\}]$$
$$+ (T_2 - T_1)\{(c \times C_{p,C} + d \times C_{p,D}) - (a \times C_{p,A} + b \times C_{p,B})\}$$

したがって，

$$\Delta H°(T_2) = \Delta H°(T_1) + (T_2 - T_1)\Delta C_p \tag{7-20}$$
$$\Delta C_p = (c \times C_{p,C} + d \times C_{p,D}) - (a \times C_{p,A} + b \times C_{p,B})$$

となる。これをキルヒホッフの法則（Kirchhoff's law）という。この法則により，ある温度での反応エンタルピーが既知ならば，任意の温度での反応エンタルピーも求めることができる。

> **例題 7・6**　硫黄（ここでは斜方硫黄 S(α) とする）を含む石炭や石油を燃焼させると，次の反応から汚染物質である三酸化硫黄が生成する。
>
> $$S(s,\alpha) + \frac{3}{2} O_2(g) \longrightarrow SO_3(g)$$
>
> この反応の標準反応エンタルピーは25℃で $\Delta H°(298\ K) = -395.7\ kJ\ mol^{-1}$ である。100℃での反応エンタルピーを求めよ。
>
> それぞれの物質のモル熱容量は，S(s,α):22.60 J K^{-1}mol^{-1}, O$_2$(g):29.36 J K^{-1}mol^{-1}, SO$_3$(g):50.66 J K^{-1}mol^{-1} である。したがって

> $\Delta C_p = 50.66 - 22.60 - \dfrac{3}{2} \times 29.36 = -15.98 \text{ J K}^{-1} \text{ mol}^{-1}$
>
> である。(7-20)式から
>
> $\Delta H°(373 \text{ K}) = -395.7 \text{ kJ mol}^{-1} + (373 \text{ K} - 298 \text{ K})(-15.98 \text{ J K}^{-1} \text{ mol}^{-1}) \times 10^{-3} \text{ kJ/J}$
> $= -396.9 \text{ kJ mol}^{-1}$
>
> となる。

問　題

7・1　5.0 dm^3 のピストン付きの容器に入っているアルゴンが、1 atm の外圧に抗して 12.0 dm^3 まで膨張した。このときアルゴンがした仕事を求めよ。

7・2　100℃、1 atm で 1 mol の水が蒸発するのに必要な熱、すなわち、蒸発エンタルピー ΔH_{vap} は $40.66 \text{ kJ mol}^{-1}$ である。この蒸発の際の内部エネルギー変化を求めよ。水蒸気の体積に比較し水の体積は無視できるとし、水蒸気は理想気体とする。

7・3　25℃、1 atm で 10.0 dm^3 の体積を占めるアルゴンの気体がある。この圧力で25℃から100℃まで加熱した。このとき、外界から吸収する熱、外界に対して行う仕事、系の内部エネルギー変化およびエンタルピー変化を求めよ。ただし、アルゴンは理想気体とする。

7・4　二酸化炭素などの温暖化ガスを出さないクリーンなエネルギー源として期待される燃料電池は水素ガスを燃料としており、その反応熱の電気エネルギーへの変換効率は60%とされている。一方、火力発電のエネルギー変換効率は45%とされる。$H_2O \text{ (l)}$、$CO_2 \text{ (g)}$ および $CH_4 \text{ (g)}$ の25℃での標準生成エンタルピーが、それぞれ $\Delta H_f° = -285.8 \text{ kJ mol}^{-1}$、$-393.5 \text{ kJ mol}^{-1}$ および $-74.7 \text{ kJ mol}^{-1}$ であるとき、水素ガス 2.0 トンから得られる電気量と同じ量の電気を得る際に、火力発電から発生する炭酸ガスの量はいくらか。次の2例の場合について求めよ。

(a) 火力発電の燃料は石炭とする。ここでは石炭はすべてグラファイトとする。
(b) 同様に燃料をメタンガスとする。

7・5 塩化ルビジウムについて，次に示すエンタルピーの大きさが知られているとき，ルビジウム原子のイオン化エンタルピーを求めよ。

　　　　塩素原子の電子獲得エンタルピー　　　-351.5 kJ mol^{-1}
　　　　塩素分子の解離エンタルピー　　　242 kJ mol^{-1}
　　　　金属ルビジウムの昇華エンタルピー　　　84 kJ mol^{-1}
　　　　固体の塩化ルビジウムの標準生成エンタルピー　　　-439 kJ mol^{-1}
　　　　塩化ルビジウムの格子エンタルピー　　　-665 kJ mol^{-1}

7・6 面積が 10 m^2，高さが 3 m の部屋の温度を 5℃から 25℃に温めたい。ただし，空気の定圧熱容量は $C_p = 29.3$ J K^{-1} mol^{-1} とし，空気が温められている間は一定の圧力で 1 atm とする。また，熱の室外への流出はなく，空気は理想気体とする。
(a) 温めるのに必要なメタンの量を求めよ。
(b) 1 kW のヒーターを使うとしたらどれだけ時間がかかるか。

7・7 次の反応の標準反応エンタルピーの値を用いて，シクロプロパン（C$_3$H$_6$）からプロペン（CH$_3$CHCH$_2$）への異性化反応のエンタルピー変化を求めよ。

① C$_3$H$_6$(g) + 9/2 O$_2$(g) ⟶ 3CO$_2$(g) + 3H$_2$O(l)　　　$\Delta H° = -2091$ kJ mol^{-1}
② CH$_3$CHCH$_2$(g) + H$_2$(g) ⟶ CH$_3$CH$_2$CH$_3$(g)　　　$\Delta H° = -124$ kJ mol^{-1}
③ CH$_3$CH$_2$CH$_3$(g) + 5O$_2$(g) ⟶ 3CO$_2$(g) + 4H$_2$O(l)　$\Delta H° = -2220$ kJ mol^{-1}
④ H$_2$(g) + 1/2 O$_2$(g) ⟶ H$_2$O(l)　　　　　　　　$\Delta H° = -286$ kJ mol^{-1}

7・8 次に示されるベンゼンの 25℃ での水素化エンタルピーは -205 kJ mol^{-1} である。シクロヘキサン C$_6$H$_{12}$(l)の標準燃焼エンタルピーと水 H$_2$O(l) の標準生成エンタルピーが，25℃でそれぞれ -3920 kJ mol^{-1} および -286 kJ mol^{-1} であるとき，次の問いに答えよ。

$$\mathrm{C_6H_6\ (l)\ +\ 3H_2\ (g)\ \longrightarrow\ C_6H_{12}\ (l)}$$

(a) ベンゼンの 25℃ での標準燃焼エンタルピーはいくらか。

(b) ベンゼンの100℃での水素化エンタルピーをキルヒホッフの法則より求めよ。ただし定圧熱容量は次の値を使い，熱容量は温度に依存しないと仮定せよ。 $\mathrm{C_6H_6}$ (l): 136.1 J K^{-1} mol^{-1}, $\mathrm{H_2}$ (g): 28.8 J K^{-1} mol^{-1}, $\mathrm{C_6H_{12}}$ (l): 156.5 J K^{-1} mol^{-1}。

8章 ● 熱力学の第二法則 - 自然に起こる変化の方向 -

　反応だけでなくある現象が自然に起こるかどうか判断するには，一つには変化の前後における系のエネルギー差を考えることである。たとえば，水素と酸素の混合物に点火すれば，反応は爆発的に起こり，大きな発熱を伴い水が生成する。発熱を伴うことから高いエネルギー状態から低いエネルギー状態，つまり安定な状態に系は変化したといえる。このように大きな発熱を伴う現象は一般に自然に起こる変化と考えることができる。それでは大きな安定化のエネルギーが獲得できない現象は自然に起こる変化とはいえないのであろうか。さきに6章において，NaClは水に溶解するときにわずかに吸熱し，むしろエネルギー的には不安定化されていると述べた。しかしNaClの溶解が自然に起こることは実際に体験できる。これは，溶解することにより乱れた状態になり，このことが自然に起こる変化のための駆動力になると説明してきた。ここでは，乱れた状態の度合に関係しているエントロピーの概念を導入し，この変化とエネルギー変化により，自然に起こる変化の方向が示せること，さらにどの程度までその変化が進行するかまでも予測できることを明らかにしていこう。

8-1　自発的に起こる変化の方向

　自発的（spontaneous）に起こる過程は，必ずエネルギーや物質が乱雑に分散していく方向にある。たとえば，図8・1には理想気体が，容器と外界が熱的に遮断された条件下で，真空容器中に膨張する様子が描かれている。気体分子は絶え間なく乱雑に運動しておりすぐに真空中に膨張してしまい，膨張した気体分子がすべてもとの位置に戻ることは決してない。理想気体の場合，分子が持つエネルギーは分子間距離には無関係であり，したがって系のエネルギーには変化がない。このことから本来起こる変化の方向は物質が分散する方向だということができる。

　もう一つの例としては，たとえば，熱い金属が周囲の冷たいものと接触するとき必ず冷却することが挙げられる。この冷却の過程は自発的に起こり，逆に金属が熱くなるようなことはない。熱い金属のブロックでは原子が激しく振動

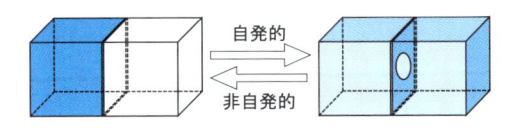

図8・1　物質の乱雑な分散（理想気体の真空中への膨張）

しており，エネルギーはこのブロックに集まっている．この金属に外界の冷たい物質，たとえば空気や冷たい他の金属などが接触すれば，振動する原子が外界の隣接する粒子にぶつかりエネルギーを渡す．外界には多くの粒子があり，どんどんとエネルギーを伝えていく（図8・2）．金属の振動の激しさが外界の粒子と同じ程度まで弱まったときに，金属が外界のエネルギーを逆に獲得して熱くなるようなことはあり得ない．このことからエネルギーも乱雑に分散しようとする傾向を持つということができる．

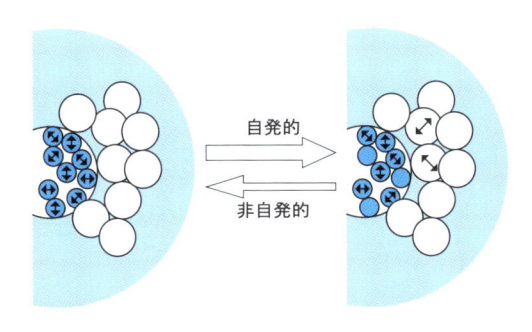

図8・2　エネルギーの乱雑な分散（両矢印は原子の熱運動を表している．）

8−2　エントロピー変化

エントロピー（entropy）は乱雑さの度合で，記号 S で表す．U や H と同様にエントロピーも状態量であるので，その変化 ΔS は最初の状態と最後の状態のエントロピーのみに依存する．系の状態の乱雑さは，系に加わった熱に比例することは容易に予想できる．たとえば，一酸化炭素 CO の 0 K での結晶はすべての C−O の双極子が一定の方向にならび，完全な秩序が保たれているのでエントロピーは最小である．しかし，ここに熱を加えれば一部の C−O の双極子の向きは変わり，乱雑さの度合が増す，つまりエントロピーが増加するといえる（図8・3）．したがって，エントロピー変化 ΔS は加えられた熱 q_{rev}（変化

が可逆過程のときに加える熱，つまり，系と外界あるいは系の内部でも温度差が生じないように加える熱）に比例することがわかる。

$$\Delta S \propto q_{rev}$$

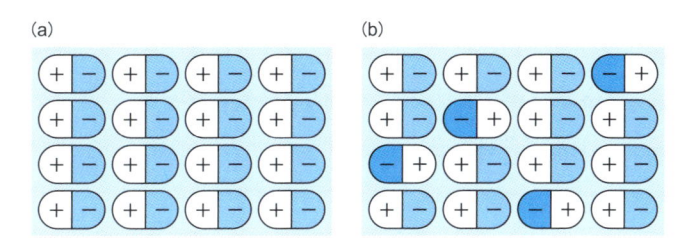

図8・3　COの結晶の状態
(a) 0 K での完全な結晶，(b) 0 K より高い温度での結晶（反対方向の双極子が一部混合する。）

　エントロピー変化 ΔS は熱が加えられるときの温度には反比例する。たとえば，0 K 付近の低温で熱を加えれば，その乱雑さの変化は大きいものになるが，より高温ですでに乱雑な状態であったところに同じ熱を加えてもその変化は小さいことは予想できる。したがって，定温過程の場合のエントロピー変化は最終的に次のように定義できる。

$$\Delta S = \frac{q_{rev}}{T} \qquad T = 一定 \tag{8-1}$$

8－3　熱力学の第二法則

　自然に起こる変化の方向を決定する二つの力，エントロピー変化とエネルギー変化，の影響力を比べる方法を示しているのが熱力学の第二法則（second law of thermodynamics）であり，それは次のように言い表すことができる。

> **熱力学の第二法則**：自発的に起こるすべての過程で，宇宙のエントロピーは常に増加している。

ここでいう宇宙のエントロピーとは，系と外界のエントロピー変化の総和であることに注意する必要がある。

$$\Delta S_{total} = \Delta S_{system} + \Delta S_{surrounding}$$

つまり，系のエントロピーが減少しても，それを打ち消すほどのエントロピーの増大が外界で起これば，その変化は自然に起こりうることを示している。ま

た，もう一つの注意点は，自然に起こる変化というのは速度が速いことを必ずしも意味していない点である．熱力学から得られる結論からは，変化の方向およびその程度がわかるのであり，速度についての情報は得られない．

ここで，さきに述べた熱は高温部から低温部に必ず移動する現象を例にとり，自然に起こる変化の過程ではエントロピーは常に増加することを見ておこう．系から外界に熱 q が温度 T のもとで可逆的に移動するとき

$$\Delta S_{\text{total}} = \Delta S_{\text{system}} + \Delta S_{\text{surrounding}}$$
$$= -\frac{q}{T} + \frac{q}{T} = 0$$

これに対して，不可逆的に短時間で熱が移動するためには，系の温度 T_h が外界の温度 T_l よりも高くならなければならない．このとき

$$\Delta S_{\text{total}} = \Delta S_{\text{system}} + \Delta S_{\text{surrounding}}$$
$$= -\frac{q}{T_\text{h}} + \frac{q}{T_\text{l}} > 0$$

となり，エントロピーは増大する．結局，自発的に起こる変化の過程では $\Delta S_{\text{total}} \geqq 0$ であり，可逆過程で $\Delta S_{\text{total}} = 0$，不可逆過程では $\Delta S_{\text{total}} > 0$ となる．

8-4 物質のエントロピー

ある反応でのエントロピー変化を評価する場合に，化合物そのものにエントロピー値が割り当てられていれば，反応の前後におけるエントロピーの差は容易に求められる．一般に，固体状態の物質は液体状態よりも秩序だっており，したがってそのエントロピーは小さいといえる．また，気体状態は液体状態よりも乱雑さが増しており，そのエントロピーは大きいといえる．したがって，ある物質のエントロピーは，与えられた温度では

$$S_{\text{solid}} < S_{\text{liquid}} < S_{\text{gas}}$$

ということができる．それではエントロピーの絶対値はどのように決めるのだろうか．ここで重要な法則が熱力学の第三法則（third law of thermodynamics）である．

> 熱力学の第三法則：純粋な結晶性の物質の絶対零度でのエントロピーは0に等しい．

絶対零度における完全結晶（原子や分子の配列に欠陥や不純物のない理想的な

結晶)では，すべての原子や分子は完全に規則的に配列しており，エントロピーは0になる．このことから，絶対零度からある特定の温度まで q_{rev}/T を加え合わせていけば，ある物質のエントロピーの絶対値を測定により求めることができる．* このようにして，標準状態で求めたものが物質の標準エントロピー (standard entropy)であり，$S°$ で表す．25℃での標準エントロピーの値をまとめたのが表8・1である．これらの値を用いて，ある反応系の標準エントロピー変化 $\Delta S°$（正確に記せば系のエントロピー変化なので $\Delta S°_{system}$ となるが通常 $\Delta S°$ と略記する）を次のように求めることができる．

$$\Delta S° = (生成物の S° の総和) - (反応物の S° の総和) \tag{8-2}$$

例題8・1 次の反応の標準エントロピー変化を求めよ．

(a) $CaCO_3 (s) \rightarrow CaO (s) + CO_2 (g)$

(b) $2H_2 (g) + O_2 (g) \rightarrow 2H_2O (l)$

(8-2)式および表8・1のデータから

(a) $\Delta S° = \{1 \text{ mol} \times (39.7 \text{ J K}^{-1} \text{ mol}^{-1}) + 1 \text{ mol} \times (213.6 \text{ J K}^{-1} \text{ mol}^{-1})\}$
$- 1 \text{ mol} \times (92.9 \text{ J K}^{-1} \text{ mol}^{-1}) = 160.4 \text{ J K}^{-1}$

(b) $\Delta S° = 2 \text{ mol} \times (69.9 \text{ J K}^{-1} \text{ mol}^{-1}) - \{2 \text{ mol} \times (130.6 \text{ J K}^{-1} \text{ mol}^{-1})$
$+ 1 \text{ mol} \times (205.0 \text{ J K}^{-1} \text{ mol}^{-1})\} = -326.4 \text{ J K}^{-1}$

---

* 一定圧力のもとで，純物質の温度を絶対零度から T K まで上昇させるときに次の相転移が起こるとする．

$$固体 \xrightarrow[融解]{T_f} 液体 \xrightarrow[蒸発]{T_b} 気体$$

このとき，温度 T K におけるこの物質のエントロピーは次のように与えられる．(7-13)式より $q_{rev} = \Delta H = C_p \Delta T$（定圧）なので，この微小変化は $dq_{rev} = C_p dT$ となる．したがって，エントロピー変化の微小変化は，$dS = dq_{rev}/T = C_p dT/T$ で表される．これを固体の温度上昇と融解および液体の温度上昇と蒸発，さらには気体の温度上昇の過程についてそれぞれ積分していけばよい．したがって

$$S = \int \frac{C_p(s) \, dT}{T} + \frac{\Delta H_{fus}}{T_f} + \int \frac{C_p(l) dT}{T} + \frac{\Delta H_{vap}}{T_b} + \int \frac{C_p(g) dT}{T}$$

となる．

この例題のそれぞれの標準反応エンタルピーは (a) $\Delta H° = 178.3$ kJ (b) $\Delta H° = -571.6$ kJ と計算でき，(a)は吸熱反応，(b)は大きな発熱反応である。(b)の水の生成反応は自然に起こる反応であるが，反応のエントロピー変化は減少しており，自然に起こらないように見える。しかしながら，この反応では大きな負のエンタルピー変化に見られるように，エネルギーの安定化があり，これがこの反応の駆動力になっている。ここで見られるエネルギーの安定化が，外界のエントロピー変化にどのように関わってくるのかについて次に見ていこう。

表8・1　25℃での標準エントロピー $S°/JK^{-1}mol^{-1}$

C(s, グラファイト)	5.74	H_2(g)	130.57
C(s, ダイヤモンド)	2.38	HF(g)	173.67
CO(g)	197.56	HCl(g)	186.8
CO_2(g)	213.6	HBr(g)	198.59
CH_4(g)	186.3	HI(g)	206.48
C_2H_6(g)	229.1	H_2O(l)	69.9
C_3H_8(g)	270.2	H_2O(g)	188.72
CCl_4(l)	216.2	H_2S(g)	205.79
C_2H_5OH(l)	161.0	Cl_2(g)	223.07
CH_3COOH(l)	159.9	F_2(g)	202.78
C_2H_2(g)	201.0	N_2(g)	191.5
C_2H_4(g)	219.3	O_2(g)	205.0
C_6H_6(l)	173.4	NH_3(g)	192.3
$C_6H_{12}O_6$(s, α-D-グルコース)	212.1	NO(g)	210.65
$C_{12}H_{22}O_{11}$(s, スクロース)	360.2	NO_2(g)	240.0
CaO(s)	39.7	N_2O_4(g)	304.2
$CaCO_3$(s, 方解石)	92.9	HNO_3(l)	155.6
$Ca(OH)_2$(s)	83.4	S(s, 斜方)	31.8
$CaSO_4$(s)	107	S(g)	167.71
Fe(s)	27.3	SO_2(g)	248.1
Fe_2O_3(s)	87.4	SO_3(g)	256.6
Fe_3O_4(s)	146	H_2SO_4(l)	156.9

8−5 ギブズの自由エネルギー

鉄がさびる現象は，室温でゆっくり進行し，自然に起こる変化の方向であることは実際に体験できる。この反応の25℃での標準エントロピー変化と標準反応エンタルピーを評価してみよう。

$$4\text{Fe (s)} + 3\text{O}_2\text{ (g)} \longrightarrow 2\text{Fe}_2\text{O}_3\text{ (s)}$$

$S°/\text{J K}^{-1}\text{ mol}^{-1}$	27.3	205.0	87.4
$\Delta H_\text{f}°/\text{kJ mol}^{-1}$	0	0	−824.2

$$\Delta S° = 2\text{ mol} \times (87.4 \text{ J K}^{-1}\text{ mol}^{-1})$$
$$- \left\{ 4\text{ mol} \times (27.3 \text{ J K}^{-1}\text{ mol}^{-1}) + 3\text{ mol} \times (205.0 \text{ J K}^{-1}\text{ mol}^{-1}) \right\}$$
$$= -549.4 \text{ J K}^{-1}$$

$$\Delta H° = 2\text{ mol} \times (-824.2 \text{ kJ mol}^{-1}) - (0 + 0) = -1648.4 \text{ kJ}$$

大きなエントロピーの減少と大きな発熱を伴うことがわかる。さきにも述べたように，注意しなくてはいけないのは，自然に起こる変化かどうかを知るには反応系のエントロピー変化だけではなく，その変化によって起こる外界のエントロピー変化も求めなければならないことである。この反応では大きな熱が発生し，それが外界に流出し，そのことにより外界のエントロピー変化が大きくなると考えられる（図8・4）。

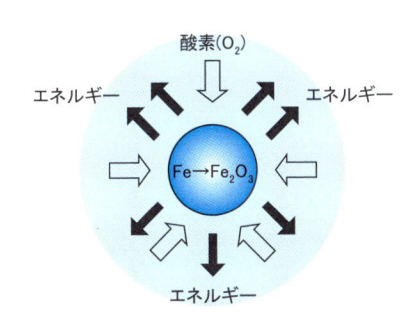

図8・4　鉄の酸化におけるエントロピー変化

外界で起こるエントロピー変化は，外界に流出する熱をその移動が起きたときの温度で割ることで求められる。圧力や温度が一定の過程では，外界に流出する熱は，系で発生した熱の符号を変えたものに等しく

$$q_\text{surrounding} = -\Delta H°$$

鉄の酸化で起こる外界のエントロピー変化は，したがって

$$\Delta S°_{\text{surrounding}} = \frac{q_{\text{surrounding}}}{T} = \frac{-\Delta H°}{T}$$

$$= -\frac{-1648.4 \times 10^3 \text{ J}}{298 \text{ K}} = 5532 \text{ J K}^{-1}$$

そしてエントロピー変化の総和は

$$\Delta S°_{\text{total}} = \Delta S° + \Delta S°_{\text{surrounding}}$$

$$= -549.4 \text{ J K}^{-1} + 5532 \text{ J K}^{-1} = 4983 \text{ J K}^{-1}$$

となり，非常に大きなエントロピーの増大となることから，鉄が酸化されさびるという現象は自然に起こる変化の方向であるといえる。

　標準状態に限らずある状態でのエントロピー変化の総和を一般化すれば

$$\Delta S_{\text{total}} = \Delta S + \Delta S_{\text{surrounding}}$$

$$= \Delta S - \frac{\Delta H}{T}$$

両辺に $-T$ をかけ並べ替えると

$$-T \Delta S_{\text{total}} = \Delta H - T \Delta S \tag{8-3}$$

となる。ここでギブズの自由エネルギー（Gibbs free energy）というあらたな熱力学の状態量 G を導入する。これは

$$G = H - TS \tag{8-4}$$

と定義される。一定の T と p での変化では

$$\Delta G = \Delta H - T \Delta S \tag{8-5}$$

である。もしも反応物，生成物ともに標準状態にあるとすれば，標準自由エネルギーの変化 $\Delta G°$ が求められる。

$$\Delta G° = \Delta H° - T \Delta S° \tag{8-6}$$

(8-3)式と(8-5)式とを比べれば，ギブズの自由エネルギー変化 ΔG は $-T \Delta S_{\text{total}}$ を置きかえたものになり，二つの駆動力，エントロピー変化とエネルギー変化（エンタルピー変化），が組み合わさったものであることがわかる。したがって，ギブズの自由エネルギー変化 ΔG の正負が変化の方向を表すことになる。まとめると

$\Delta G < 0$ 自発的な変化
$\Delta G > 0$ 非自発的な変化
$\Delta G = 0$ 平衡状態

変化の過程が発熱（$\Delta H < 0$）でエントロピー変化も正であるときには，$\Delta G < 0$ となり自発的な変化であることがわかる．また，吸熱過程（$\Delta H > 0$）でも $T\Delta S$ が十分に大きい場合に限って $\Delta G < 0$ となり自発的な過程となる．

例題 8・2 25℃において，四酸化二窒素の二酸化窒素への解離反応の標準自由エネルギーの変化 $\Delta G°$ を求めよ．

$$N_2O_4\,(g) \rightarrow 2NO_2\,(g)$$

	N_2O_4 (g)	$2NO_2$ (g)
$S°/\mathrm{J\,K^{-1}\,mol^{-1}}$	304.2	240.0
$\Delta H_f°/\mathrm{kJ\,mol^{-1}}$	9.2	33.2

$\Delta S° = 2\,\mathrm{mol} \times (240.0\,\mathrm{J\,K^{-1}\,mol^{-1}}) - 1\,\mathrm{mol} \times (304.2\,\mathrm{J\,K^{-1}\,mol^{-1}})$
$\qquad = 175.8\,\mathrm{J\,K^{-1}}$

$\Delta H° = 2\,\mathrm{mol} \times (33.2\,\mathrm{kJ\,mol^{-1}}) - 1\,\mathrm{mol} \times (9.2\,\mathrm{kJ\,mol^{-1}}) = 57.2\,\mathrm{kJ}$

(8-6)式から

$\Delta G° = \Delta H° - T\Delta S°$
$\qquad = 57.2\,\mathrm{kJ} - (298\,\mathrm{K})(175.8\,\mathrm{J\,K^{-1}})\left(\dfrac{1\,\mathrm{kJ}}{10^3\,\mathrm{J}}\right) = 4.8\,\mathrm{kJ}$

この反応が完全に進行したとすれば57.2 kJの吸熱が起こるが，エントロピーが増大することによりそのエネルギーの不安定化を補い，結果として標準自由エネルギーのわずかな増大に終わることがわかる．標準自由エネルギーの変化が極めて小さいことから，後に述べるように実際には反応はわずかに進行して平衡に達することが考えられる．

標準生成自由エネルギー

標準生成エンタルピーと標準エントロピーから標準生成自由エネルギー (standard Gibbs energy of formation) $\Delta G_f°$ が容易に求められることを見ていこう．標準生成自由エネルギーは，標準状態にある 1 mol の物質が，やはり標準状態にある単体から生成する場合の標準自由エネルギーの差であり，標準生成エンタルピーの定義と似ている．たとえば，25℃におけるメタンの標準生成自由エネルギーは次のように求めることができる．

$$\text{C (s)} + 2\text{H}_2 \text{ (g)} \longrightarrow \text{CH}_4 \text{ (g)}$$

$S°/\text{J K}^{-1} \text{ mol}^{-1}$ 5.7   130.6   186.2

$\Delta S_\text{f}° = 186.2 - (5.7 + 2 \times 130.6) = -80.7 \text{ J K}^{-1} \text{ mol}^{-1}$

メタンの標準生成エンタルピーは $\Delta H_\text{f}° = -74.7 \text{ kJ mol}^{-1}$ であるから

$$\begin{aligned}\Delta G_\text{f}° &= \Delta H_\text{f}° - T\Delta S_\text{f}° \\ &= -74.7 \text{ kJ mol}^{-1} - (298 \text{ K})(-80.7 \text{ J K}^{-1} \text{ mol}^{-1})\left(\frac{1 \text{ kJ}}{10^3 \text{ J}}\right) \\ &= -50.7 \text{ kJ mol}^{-1}\end{aligned}$$

このようにして得られた物質の標準生成自由エネルギーを表8・2に示した。

表8・2　25℃での標準生成自由エネルギー $\Delta G_\text{f}°/\text{kJ mol}^{-1}$

$\text{Al}_2\text{O}_3(\text{s})$	-1577	$\text{HF}(\text{g})$	-273
$\text{AgNO}_3(\text{s})$	-32	$\text{HCl}(\text{g})$	-95.4
$\text{C}(\text{s, ダイヤモンド})$	2.9	$\text{HBr}(\text{g})$	-53.1
$\text{CO}(\text{g})$	-137	$\text{HI}(\text{g})$	1.30
$\text{CO}_2(\text{g})$	-394	$\text{H}_2\text{O}(\text{l})$	-237
$\text{CH}_4(\text{g})$	-50.7	$\text{H}_2\text{O}(\text{g})$	-228
$\text{C}_2\text{H}_6(\text{g})$	-32.2	$\text{MgCl}_2(\text{s})$	-592.5
$\text{C}_2\text{H}_4(\text{g})$	68.2	$\text{Mg(OH)}_2(\text{s})$	-833.9
$\text{C}_2\text{H}_2(\text{g})$	211	$\text{NH}_3(\text{g})$	-17
$\text{C}_3\text{H}_8(\text{g})$	-24.1	$\text{N}_2\text{O}(\text{g})$	104
$\text{CH}_3\text{OH}(\text{l})$	-166	$\text{NO}(\text{g})$	86.8
$\text{C}_2\text{H}_5\text{OH}(\text{l})$	-174	$\text{NO}_2(\text{g})$	51.9
$\text{CH}_3\text{COOH}(\text{l})$	-390	$\text{HNO}_3(\text{l})$	-79.9
$\text{C}_6\text{H}_6(\text{l})$	124	$\text{PbO}_2(\text{s})$	-219
$\text{C}_6\text{H}_{12}\text{O}_6(\text{s}, \alpha\text{-D-グルコース})$	-909	$\text{PbSO}_4(\text{s})$	-811.3
$\text{C}_{12}\text{H}_{22}\text{O}_{11}(\text{s, スクロース})$	-1549	$\text{SO}_2(\text{g})$	-300
$\text{CaO}(\text{s})$	-604.2	$\text{SO}_3(\text{g})$	-370
$\text{Ca(OH)}_2(\text{s})$	-896.4	$\text{H}_2\text{SO}_4(\text{l})$	-689.9
$\text{CaSO}_4(\text{s})$	-1320	$\text{SiO}_2(\text{s})$	-856
$\text{CuO}(\text{s})$	-127	$\text{SiH}_4(\text{g})$	52.3
$\text{Fe}_2\text{O}_3(\text{s})$	-742	$\text{ZnO}(\text{s})$	-318

標準生成エンタルピーの場合と同じように単体の標準生成自由エネルギーは0である。次のように単体から同じ単体になることは変化しないことと同じであるからである。

$$H_2 (g) \longrightarrow H_2 (g) \qquad \Delta G_f^\circ = 0$$

このことから，標準生成エンタルピーの値から反応の標準エンタルピー変化を求めるのと同じように，標準生成自由エネルギーからも反応の標準自由エネルギー変化を求めることができる。すなわち

$$\Delta G^\circ = (\text{生成系の } \Delta G_f^\circ \text{ の総和}) - (\text{反応系の } \Delta G_f^\circ \text{ の総和})$$

となる。

> **例題 8・3** 生体内のエネルギーのもとになるグルコースの燃焼における標準自由エネルギーの変化を求めよ。ただし 25℃ での値とする。
>
> $$C_6H_{12}O_6 (s) + 6O_2 (g) \longrightarrow 6CO_2 (g) + 6H_2O (l)$$
>
> $\Delta G_f^\circ / \text{kJ mol}^{-1}$　　　−909　　　0　　　−394　　　−237
>
> 標準自由エネルギーの変化は
>
> $$\Delta G^\circ = \{6 \text{ mol} \times (-394 \text{ kJ mol}^{-1}) + 6 \text{ mol} \times (-237 \text{ kJ mol}^{-1})\}$$
> $$- \{1 \text{ mol} \times (-909 \text{ kJ mol}^{-1}) + 0\} = -2877 \text{ kJ}$$

8−6　自由エネルギーと正味の仕事

自由エネルギーの変化 ΔG を知ることは，反応の方向を予測する以外にもさらに大きな情報を我々に与えてくれる。それは，その変化が反応過程を利用して得られる，膨張以外の仕事の最大値 w'_{max} に等しいことによる。ここでいう膨張以外の仕事とは，たとえば，化学電池を組み立てたときの電気的な仕事をさしている。このことは次のように説明できる。いま，系がなし得る仕事 w を体積変化による仕事 w_v とそれ以外の仕事 w'_{max} に分けて考える。つまり

$$w = w_v + w'_{max}$$

となる。(8-4)式　$G = H - TS$　および　$H = U + pV$　からその変化 ΔG は

$$\Delta G = \Delta H - \Delta (TS)$$
$$= \Delta U + \Delta (pV) - \Delta (TS)$$
$$= \Delta U + p\Delta V + V\Delta p - T\Delta S - S\Delta T$$

したがって，定温・定圧過程では

$$\Delta G = \Delta U + p\Delta V - T\Delta S$$

と書くことができる。$\Delta U = q + w$，可逆過程では$T\Delta S = q$（エントロピーの定義より），そして$w_v = -p\Delta V$から

$$\begin{aligned}\Delta G &= q + w - w_v - q \\ &= w - w_v \\ &= w'_{max}\end{aligned}$$

となる。この式は，可逆変化を行う系から取り出すことができる膨張以外の仕事の最大値w'_{max}が自由エネルギー変化ΔGに等しいことを示している。

したがって，(8-5)式の自由エネルギーの変化ΔGは

$$\Delta G = \Delta H - T\Delta S = w'_{max} \tag{8-7}$$

と表すことができる。つまり，系のエントロピーが減少するときには，エンタルピー変化ΔHがすべて膨張以外の仕事に使われるわけではなく，第2項$T\Delta S$は仕事に使えないエネルギーを表している。たとえば，下に示した鉄がさびる反応において標準状態では1648 kJの熱が発生するが，そのうちの1484 kJだけが自由に仕事に使えることを意味している。自由エネルギーの自由とは，ある変化から生じるエネルギーの中で自由に使えるエネルギーという意味が込められているのである。

$$4\text{Fe (s)} + 3\text{O}_2\text{ (g)} \longrightarrow 2\text{Fe}_2\text{O}_3\text{ (s)}$$

$\Delta H° = -1648$ kJ

$\Delta G° = -1484$ kJ

$\Delta S° = -549.4$ J K^{-1} ($T\Delta S° = -164$ kJ)

すべてのエネルギーが膨張以外の仕事に使えない理由は，反応系で起こる549.4 J K^{-1}のエントロピーの減少にある。549.4 J K^{-1}のエントロピーの増加を外界に引き起こさない限りこの反応は進まないのである。反応が進行するか否かは，系と外界のエントロピー変化を合わせた全エントロピー変化が正になる必要があることを思い出してほしい。したがって，系のエントロピーの減少を埋め合わせるのに必要な熱は$T\Delta S° = -164$ kJとなり，これを$\Delta H°$から差し引いた分が$\Delta G°$となる。すなわち，$\Delta H°$と$\Delta G°$との差は熱として外界に放出しなければならないエネルギーであり，それによって変化は自発的に起こり，系から仕事を取り出すことができる。

8-7 ヘルムホルツの自由エネルギー

変化が定容過程で起こる場合には，外界と系の間での熱 q の出入りは，系の内部エネルギー変化 ΔU に等しい．したがって，(8-5)式の ΔH を ΔU に，ΔG を ΔA に書き直すと

$$\Delta A = \Delta U - T\Delta S \tag{8-8}$$

となる．ここで A を次のように定義する．

$$A = U - TS \tag{8-9}$$

A をヘルムホルツの自由エネルギー（Helmholtz free energy）とよぶ．A は G と同様に状態量であり，G と同じように，定温で定容のとき

$\Delta A < 0$　　自発的な変化

$\Delta A = 0$　　平衡状態

となる．

A は G と次のように関係付けられる．

$$\begin{aligned}G &= H - TS = U + pV - TS \\ &= A + pV\end{aligned} \tag{8-10}$$

問 題

8・1 燃料電池に応用される次の反応について以下の問いに答えよ．

$$2H_2\,(g) + O_2\,(g) \longrightarrow 2H_2O\,(l)$$

(a) この反応系の 25 ℃ における標準エントロピー変化を計算せよ．

(b) この反応系をとりまく外界の 25 ℃ における標準エントロピー変化を計算せよ．

(c) 25 ℃ における全体の標準エントロピー変化を計算せよ．

(d) この反応は自発的に起こるか否か答えよ．

(e) この反応の 25 ℃ におけるギブズの標準自由エネルギー変化を求めよ．

8・2 次のメタノールの酸化反応を利用した燃料電池がある．25℃，標準状態でこの反応によってどれだけの電気的な仕事を取り出すことができるか．

$$CH_3OH\,(l) + \frac{3}{2}O_2\,(g) \longrightarrow CO_2\,(g) + 2H_2O\,(l)$$

8・3 成層圏のオゾン O_3 は紫外光を吸収して酸素分子 O_2 と活性な酸素原子（励起一重項酸素）となり，その活性酸素が他の O_3 と反応して 2 分子の O_2 となる。この機構によりオゾンは動植物に有害な紫外光を減少させている。さて，O_3 から O_2 への変化は，25℃，標準状態で自然に起こる変化となるのか。また，そのときの系のエントロピー変化を求めよ。ただし，$O_3(g)$ の25℃での標準生成自由エネルギーと標準生成エンタルピーはそれぞれ $163.2\ \mathrm{kJ\ mol^{-1}}$ と $142.7\ \mathrm{kJ\ mol^{-1}}$ とする。

8・4 クロロフルオロカーボン $CCl_2F_2(g)$ の25℃での標準生成自由エネルギーを求めよ。ただし，それの25℃での標準生成エンタルピーは $\Delta H_f^\circ = -491.6\ \mathrm{kJ\ mol^{-1}}$ で，標準エントロピーは $S^\circ = 300.9\ \mathrm{J\ K^{-1}\ mol^{-1}}$ である。

8・5 前問のフロンの加水分解処理に関連して，以下の反応についての標準自由エネルギー変化が次のようにわかっている。1分子の水ではじめに起こる加水分解の生成物としては，$COCl_2$ と COF_2 のうちどちらが有利に生成すると考えられるか。

$\Delta G^\circ/\mathrm{kJ\ mol^{-1}}$

① $CCl_2F_2(g) + 2H_2O(l) \longrightarrow CO_2(g) + 2HCl(g) + 2HF(g)$　　-204.5
② $COF_2(g) + H_2O(l) \longrightarrow CO_2(g) + 2HF(g)$　　-80.33
③ $COCl_2(g) + H_2O(l) \longrightarrow CO_2(g) + 2HCl(g)$　　-141.03

8・6 プロパンの燃焼に伴う ΔA° と ΔG° の差は，25℃においてどれだけになるか計算により求めよ。各気体は理想気体とする。

　　$C_3H_8(g) + 5O_2(g) \longrightarrow 3CO_2(g) + 4H_2O(l)$

9章●化学平衡と熱力学

 8章では，ある反応における生成系の自由エネルギーと反応系の自由エネルギーの差 ΔG を求めることにより，反応が進行する方向を予測できること，すなわち $\Delta G < 0$ のときには反応は進行し，$\Delta G = 0$ においては反応は平衡にあることを述べた。また ΔG の値は，反応系から取り出すことのできる膨張以外の仕事の最大値に等しいことも述べた。ΔG の値からはさらに多くの情報が得られるが，その中でも本章では，その値から反応が進行する割合を正確に評価できることを学ぼう。

 反応が進行する割合とは，すなわち，反応が平衡に到達する割合を意味している。この平衡は化学反応の概念を含むことから化学平衡（chemical equilibrium）とよばれる。液相から気相への転移などにおける平衡と同じように，化学平衡でも反応系から生成系に変化する速度とその逆の変化の速度がつり合う動的な平衡（dynamic equilibrium）をさしている。本章では，平衡状態を記述するのに用いられる定量的な関係についてまとめ，さらに自由エネルギーとの関わりについて見ていこう。

9－1　平衡定数

 同じ物質量の水素とヨウ素を密封容器に入れ，高温に加熱するとヨウ化水素が生成してくる。しかし，すべての反応物がヨウ化水素になるのではなく，ある割合のところで反応は見かけ上停止したように見え，一定の割合の反応物が残る。逆に，ヨウ化水素だけを同じ条件で加熱していくと，水素とヨウ素が生成してくるが，ここでもある割合のところで反応は見かけ上停止したように見える。

$$H_2 + I_2 \rightleftarrows 2HI$$

すなわち，この反応は正逆どちらの方向にも進行し得る可逆反応（reversible reaction）であり，最終的には，反応が見かけ上停止した状態に到達する。このような状態を化学平衡の状態という。可逆反応を化学反応式で表すときには，→ の代わりに $\rightleftarrows$ を使う。ここで一つ注意しなくてはいけないことは，すべての

反応は可逆反応であり，見かけ上完全に進行する反応でも生成混合物中にわずかにではあるが反応物が混在していることである．次の水の生成反応の場合にも見かけ上反応は完全に進行しているので → を使うことが多いが，厳密に測定すれば，ごく微量の反応物が生成物中に検出されるのである．

$$H_2 + \frac{1}{2}O_2 \longrightarrow H_2O$$

酢酸とエタノールから酢酸エチルと水が生成する反応

$$CH_3COOH + C_2H_5OH \rightleftarrows CH_3COOC_2H_5 + H_2O$$

が1861年にBerthelotとSt. Gillesによって詳細に研究され，平衡状態にある物質の定量的な関係が示された（表9・1）．それによると，平衡状態におけるそれぞれの化学種のモル濃度を[ ]で表せば，最初の反応物の濃度に関わらず$[CH_3COOC_2H_5][H_2O]/[CH_3COOH][C_2H_5OH]$ がほぼ4になることが示された．この値4が平衡定数（equilibrium constant）といわれ，K_cで表す．添え字のcはこの定数を濃度で表していることを示しており，K_cを濃度平衡定数という．

$$\frac{[CH_3COOC_2H_5][H_2O]}{[CH_3COOH][C_2H_5OH]} = K_c \tag{9-1}$$

表9・1 酢酸とエタノールのエステル化反応における平衡状態の定量的な関係(100℃)

酢酸の初期濃度 /mol dm^{-3}	エタノールの初期濃度 /mol dm^{-3}	平衡時のエステルの濃度 /mol dm^{-3}	平衡時の水の濃度 /mol dm^{-3}	K_c
1.00	0.18	0.171	0.171	3.9
1.00	0.50	0.414	0.414	3.4
1.00	1.00	0.667	0.667	4.0
1.00	2.00	0.858	0.858	4.5
1.00	8.00	0.966	0.966	3.9

この関係は一般の化学反応についてもあてはまる．たとえば，反応式

$$aA + bB + \cdots \rightleftarrows cC + dD + \cdots \tag{9-2}$$

とするならば

$$K_c = \frac{[C]^c[D]^d \cdots}{[A]^a[B]^b \cdots} \tag{9-3}$$

の関係が成り立ち，化学量論係数 a, b, c, d は，それぞれの化学種の平衡時での濃度の累乗の値と一致する．この関係を化学平衡の法則 (law of equilibrium) あるいは質量作用の法則 (law of mass action) とよんでいる．化学種が気体の場合には，モル濃度の代りに分圧 p が使われることも多く，そのときには圧平衡定数 K_p として

$$K_p = \frac{p_C{}^c p_D{}^d \cdots}{p_A{}^a p_B{}^b \cdots} \tag{9-4}$$

が成立する．

化学種が理想気体として扱えると仮定するならば K_c と K_p の間には次の関係がある．モル濃度 c は分圧 p と

$$c = \frac{n}{V} = \frac{p}{RT}$$

の関係があるので

$$K_c = \frac{[C]^c[D]^d \cdots}{[A]^a[B]^b \cdots} = \frac{\left(\dfrac{p_C}{RT}\right)^c \left(\dfrac{p_D}{RT}\right)^d \cdots}{\left(\dfrac{p_A}{RT}\right)^a \left(\dfrac{p_B}{RT}\right)^b \cdots}$$

$$= \left(\frac{p_C{}^c p_D{}^d \cdots}{p_A{}^a p_B{}^b \cdots}\right)\left(\frac{1}{RT}\right)^{(c+d+\cdots)-(a+b+\cdots)} = K_p \left(\frac{1}{RT}\right)^{(c+d+\cdots)-(a+b+\cdots)}$$

ここで $(c + d + \cdots) - (a + b + \cdots) = \Delta n$ とおけば

$$K_c = K_p(RT)^{-\Delta n} \text{ すなわち } K_p = K_c(RT)^{\Delta n} \tag{9-5}$$

なお，反応系と生成系のあいだの化学量論係数に変化がなければ，$\Delta n = 0$ より

$$K_p = K_c \tag{9-6}$$

となる．

例題 9・1 酢酸 2.5 mol とエタノール 1.6 mol を加えて 100℃ で反応させた．平衡状態になったとして生成する酢酸エチルの物質量を求めよ．また，はじめに水が 1.0 mol あったときには，何 mol の酢酸エチルが生成するか．ただし，反応の濃度平衡定数は $K_c = 4.0$ とする．

生成する酢酸エチルの物質量を x mol とすれば，水も同量 x mol だけ生成する．酢酸は $(2.5 - x)$ mol，エタノールは $(1.6 - x)$ mol だけ平衡時には残っている．溶液の体

積を V とすれば (9-1)式から

$$\frac{[CH_3COOC_2H_5][H_2O]}{[CH_3COOH][C_2H_5OH]} = \frac{\left(\dfrac{x}{V}\right)\left(\dfrac{x}{V}\right)}{\left(\dfrac{2.5-x}{V}\right)\left(\dfrac{1.6-x}{V}\right)}$$

$$= \frac{x^2}{(2.5-x)(1.6-x)} = 4.0$$

この二次方程式を解けば

  $x = 1.3$ mol あるいは 4.2 mol

生成物は 1.6 mol をこえることはないので $x = 1.3$ mol となる。

はじめに水が 1.0 mol あるときも生成する酢酸エチルの物質量を x mol とすれば，平衡時の水の物質量は $(1.0 + x)$ mol となる。したがって，上と同様に(9-1)式から

$$\frac{[CH_3COOC_2H_5][H_2O]}{[CH_3COOH][C_2H_5OH]} = \frac{\left(\dfrac{x}{V}\right)\left(\dfrac{1.0+x}{V}\right)}{\left(\dfrac{2.5-x}{V}\right)\left(\dfrac{1.6-x}{V}\right)}$$

$$= \frac{x^2+x}{(2.5-x)(1.6-x)} = 4.0$$

これを解いて $x = 1.1$ mol あるいは 4.7 mol

生成物が 1.6 mol をこえることはないので $x = 1.1$ mol となる。

9－2 不均一系の化学平衡

化学反応に異なる相が関係している場合，たとえば，ある固体が気体と反応するような場合には，反応が進んで一定になった組成は不均一平衡 (heterogeneous equilibrium) にあるという。たとえば，真空にした容器の中に固体の炭酸水素ナトリウム $NaHCO_3$ をいれ加熱していくと，一部が分解し炭酸ガスと水蒸気および固体の炭酸ナトリウム Na_2CO_3 が生成してくる。温度を一定に保てばこれらの化学種の組成は一定になり，平衡状態に到達する。

$$2NaHCO_3 (s) \rightleftarrows Na_2CO_3 (s) + CO_2 (g) + H_2O (g)$$

この反応の平衡定数を K_c' とおけば，平衡時の各化学種の濃度との間には

$$K_c' = \frac{[Na_2CO_3 (s)][CO_2 (g)][H_2O (g)]}{[NaHCO_3 (s)]^2} \tag{9-7}$$

の関係がある。ここで，$[Na_2CO_3 (s)]$ や $[NaHCO_3 (s)]$ で表される純粋な固体の濃度とはなにかを考えよう。濃度とは単位体積中の物質量であり，単位体積中の

純固体の物質量は単位体積中の質量，つまり密度に比例する。固体の密度は存在する量には無関係で常に一定であるから，純固体の濃度も常に一定であるといえる。したがって，(9-7)式の $[Na_2CO_3(s)]$ や $[NaHCO_3(s)]$ は定数といえるので，それらを平衡定数 K_c' に組み込み，あらたな平衡定数を K_c とおけば

$$K_c = [CO_2(g)][H_2O(g)]$$

となる。なお，K_c の代わりに K_p で扱えば

$$K_p = p_{CO_2(g)} p_{H_2O(g)}$$

となり，この反応では

$$K_p = K_c (RT)^2$$

の関係がある。

固体の濃度が平衡定数の式に現れないこのような考え方は，固体を含むすべての不均一系の反応に適用できる。

9−3　平衡の移動

平衡状態にある化学種の量的な関係は，温度や圧力などの外的な条件が変わると変わり，平衡の位置に変化が生じてくる。これを化学平衡の移動というが，平衡の位置がどのように変わるかは，1888年に le Châtelier によって実験的な結果に基づいて次のようにまとめられた。

> ルシャトリエの原理 (le Châtelier's principle)：平衡にある反応が，圧力，濃度あるいは温度などの条件の変化を受けた場合，この変化をできる限り少なくする方向に平衡の移動が起こる。

濃度の影響

たとえば，酢酸とエタノールから酢酸エチルが生成する反応では，平衡時での化学種の濃度の関係は(9-1)式で表すことができる。この平衡定数の式を用いれば平衡移動の方向ばかりでなく，定量的にも取り扱うことができる。例題9・1でも明らかなように，生成物の一つである水が加えられ，その濃度が大きくなれば酢酸エチルの生成は抑えられる。つまり，加えられた水の濃度を抑制するように平衡が左にずれることがわかる。しかもあらたな平衡の位置までも決めることができる。一方，たとえばエタノールなどの反応物がさらに加えられれば，平衡はさらに生成物側にずれることになる。

圧力の影響

たとえば赤褐色をしている二酸化窒素 NO_2 は無色の四酸化二窒素 N_2O_4 とは平衡関係にある。この平衡混合物に圧力をかけると気体の色は薄くなり，逆に圧力を減じていくと濃い色になる（図 9・1）。すなわち，圧力が加わるとこの反応の平衡は四酸化二窒素側に移動していることが予想できる。

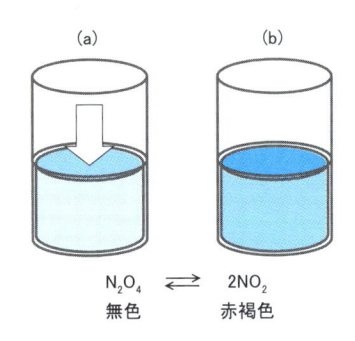

図 9・1 平衡に及ぼす圧力の影響
(a) 圧力をかけた場合, (b) 圧力を減じた場合

四酸化二窒素の最初の物質量を n_0，解離度を α そして全圧を P とすれば，平衡時の物質量，モル分率および分圧は次のように表すことができる。

	N_2O_4 (g)	$\rightleftarrows$	$2NO_2$ (g)	
平衡時の物質量	$n_0(1-\alpha)$		$2n_0\alpha$	合計 $n_0(1+\alpha)$
平衡時のモル分率	$\dfrac{1-\alpha}{1+\alpha}$		$\dfrac{2\alpha}{1+\alpha}$	
平衡時の分圧	$\dfrac{1-\alpha}{1+\alpha}P$		$\dfrac{2\alpha}{1+\alpha}P$	

反応物が気体なので，平衡定数の式としては(9-4)式を使うとわかりやすい。

$$K_p = \frac{(p_{NO_2})^2}{p_{N_2O_4}} = \frac{4\alpha^2}{1-\alpha^2}P$$

α について求めれば

$$\alpha = \sqrt{\frac{K_p}{K_p + 4P}}$$

となる。すなわち，全圧 P を大きくすると解離度 α は小さくなる。つまり平衡

は左に移動することがわかる。逆に，全圧 P が小さくなると解離度 α は大きくなる，つまり平衡は右に移動する。これはルシャトリエの原理から予想されるとおりである。

　反応の平衡が加圧によってどちらに移動するかは，より定性的には次のようにいうことができる。生成系の気体分子の数が反応系よりも少なければ，加圧によって平衡は右側に移動する。そうすれば反応系の圧力増加が少なくなるからである。逆に反応系の分子数のほうが少なければ，加圧することによって平衡は左に移動する。たとえば，窒素と水素からアンモニアが生成する反応

$$\frac{1}{2}N_2\,(g) + \frac{3}{2}H_2\,(g) \rightleftarrows NH_3\,(g)$$

では，反応系の方が分子数が多いので加圧によって平衡は右に移動する。平衡時のアンモニアの濃度を測定した結果を表9・2に示した。より高圧で反応を行うと，平衡は右に移動し，平衡時のアンモニアの濃度が高くなることがわかる。

　また，高温でのヨウ化水素 HI の解離反応

$$2HI\,(g) \rightleftarrows H_2\,(g) + I_2\,(g)$$

では，気体分子数は反応式の左と右で同じなので，平衡は圧力の影響を受けないことが容易に予想できる。

表9・2　平衡時のアンモニアの濃度（$N_2:H_2 = 1:3$のとき）

温度 /℃	アンモニア濃度 /mol%						
	10 atm	20 atm	50 atm	100 atm	300 atm	600 atm	1000 atm
200	50.66	67.56	74.38	81.54	89.94	95.37	98.29
300	14.73	30.25	39.41	52.64	70.96	84.21	92.55
400	3.85	10.15	15.27	25.12	47.00	65.20	79.82
500	1.21	3.49	5.56	10.61	26.44	42.15	57.47
600	0.49	1.39	2.25	4.52	13.77	23.10	31.43
700	0.23	0.68	1.05	2.18	7.28	12.60	12.87

温度の影響

　反応をより高い温度で行えば，多量の生成物が得られるとは限らない。その反応が発熱反応であるか吸熱反応であるかによるのである。仮に吸熱反応ならば，加熱によって平衡は生成物側に移動し，より多量の生成物が得られる。これは，反応が進行することで吸熱を促進し，それにより加熱という条件を緩和しているのである。逆に，発熱反応ならば，加熱によって平衡は反応物側に移動し生成物は少なくなる。アンモニアの生成反応がこの例であり，表9・2に示したように温度が低いほうがアンモニアの割合が大きくなることがわかる。

　このアンモニアの生成反応は工業的にも重要な反応であり，ハーバー-ボッシュ法としてよく知られている。ルシャトリエの原理から，この反応には高圧で低温の反応条件が望ましいが，低温では十分な反応速度が得られないという問題が生じてくる。実際には酸化鉄（Ⅲ）鉄（Ⅱ）を主にして少量のアルミナ・マグネシア・酸化カリウムからなる触媒を使い，約300 atm，500～600℃で製造されている。

9-4　イオンを含む平衡 －溶解度積－

　これまでに述べた化学平衡の考え方は，イオンを含む反応における平衡にも広く適用できる。また，塩が水に溶けてイオンが生成する水和反応にも平衡現象が起こっている。ここでは，溶解して生成するイオンと溶けずに残っている塩との間でどのような平衡があるか考えていこう。

　塩はあるところまで溶けて，そこで飽和し，それ以上は溶けない。そのときの飽和溶液（saturated solution）の濃度を，この塩の溶解度（solubility）という。この飽和溶液と溶けていない固体の塩とは平衡状態にある。このような溶解平衡も平衡定数で定量的に表すことができる。たとえば塩化銀 AgCl の場合では

$$\text{AgCl (s)} \rightleftarrows \text{Ag}^+ \text{(aq)} + \text{Cl}^- \text{(aq)} \tag{9-8}$$

$$K_c = \frac{[\text{Ag}^+][\text{Cl}^-]}{[\text{AgCl (s)}]}$$

となる。しかし，9-2節で述べたように固体のモル濃度は一定と考えられるので，[AgCl (s)] を K_c の中に含めることができる。これをあらたに K_{sp} と表し，溶解度積（solubility product）とよぶ。したがって

$$K_{sp} = [Ag^+][Cl^-] \tag{9-9}$$

となる。同様に，一般式 M_xA_y （溶解して M^{m+} と A^{n-} が生成する）で表される塩の溶解度積は

$$K_{sp} = [M^{m+}]^x[A^{n-}]^y \qquad (mx = ny) \tag{9-10}$$

となる。溶解度積は，イオン濃度が低い塩，つまり難溶性の塩の性質を表すのに大変便利なので，ここでは話を難溶性の塩について限ることにする。代表的な塩の溶解度積を表9・3にまとめた。

表9・3　難溶性塩の25℃の水に対する溶解度積

$PbCl_2$	1.6×10^{-5}	$Fe(OH)_2$	7.9×10^{-16}	PbS	1.3×10^{-28}
$BaCO_3$	5.1×10^{-9}	$Zn(OH)_2$	2.0×10^{-17}	$Al(OH)_3$	1.0×10^{-33}
$CaCO_3$	4.8×10^{-9}	AgI	8.3×10^{-17}	$Fe(OH)_3$	2.0×10^{-39}
$AgCl$	1.8×10^{-10}	FeS	6.3×10^{-18}		
$BaSO_4$	1.3×10^{-10}	CuS	6.3×10^{-36}		

M_xA_y で表される塩に対して K_{sp} の単位は $(mol\ dm^{-3})^{x+y}$ である。

それでは溶解度と溶解度積の間にはどのような関係があるのだろうか。たとえば AgCl の場合，その溶解度を s とおけば，生成する Ag^+ と Cl^- の濃度も s となることがわかる。したがって，(9-9)式から

$$K_{sp} = [Ag^+][Cl^-] = s \times s = s^2$$

また，次の平衡式で表される $PbCl_2$ の場合には，その溶解度を同様に s とすれば，Pb^{2+} の濃度は s であるが Cl^- の濃度は 2s となる。よって，溶解度積は

$$PbCl_2\ (s) \rightleftarrows Pb^{2+}\ (aq) + 2Cl^-\ (aq)$$

$$K_{sp} = [Pb^{2+}][Cl^-]^2 = s \times (2s)^2 = 4s^3$$

で表される。

例題9・2　表9・3にある溶解度積の値から AgCl と $PbCl_2$ の溶解度を求めよ。

AgCl と $PbCl_2$ の溶解度積は，それぞれ $1.8 \times 10^{-10}\ mol^2\ dm^{-6}$, $1.6 \times 10^{-5}\ mol^3\ dm^{-9}$ である。それぞれの溶解度を s とすれば，AgCl では

$$K_{sp} = [Ag^+][Cl^-] = s^2 = 1.8 \times 10^{-10}\ mol^2\ dm^{-6}$$

よって

$$s = (1.8 \times 10^{-10}\ mol^2\ dm^{-6})^{1/2} = 1.3 \times 10^{-5}\ mol\ dm^{-3}$$

$PbCl_2$ の場合には

$$K_{sp} = [Pb^{2+}][Cl^-]^2 = 4s^3 = 1.6 \times 10^{-5} \text{ mol}^3 \text{ dm}^{-9}$$

よって

$$s = \left(\frac{1.6 \times 10^{-5} \text{ mol}^3 \text{ dm}^{-9}}{4}\right)^{1/3} = 1.6 \times 10^{-2} \text{ mol dm}^{-3}$$

このように，AgCl と $PbCl_2$ の溶解度には大きな差があることがわかる。

 ルシャトリエの原理は，イオンを含む平衡でも同じように適用できる。たとえば，(9-8)式で表される平衡状態に，$AgNO_3$ や NaCl を加えると AgCl の固体が増えてくる。これは，$AgNO_3$ や NaCl が溶解して Ag^+ や Cl^- が生成し，これらのイオンにより平衡が左に移動するためである。言い換えれば難溶性の AgCl が増加し沈殿することになる。このように，共通のイオンが存在することで難溶性の塩がさらに溶けにくくなることを共通イオン効果（common-ion effect）という。
 AgCl の水溶液に NaCl を加えると，はじめは Cl^- の共通イオン効果により AgCl の固体が増えてくるが，さらに NaCl を加えていくと，AgCl は見かけ上溶解してくる。これは過剰の Cl^- がある場合には，$AgCl_2^-$ や $AgCl_3^{2-}$，$AgCl_4^{3-}$ の錯イオンを形成し溶解してくるためである。このような錯形成反応は他の化学種でも見られることがある。たとえば，水酸化アルミニウム $Al(OH)_3$ の沈殿に過剰の NaOH を加えると沈殿が溶解してくる。これも可溶性の $Al(OH)_4^-$ の錯イオンが生成するためである。
 以上の溶解度積の考え方や錯イオン形成による溶解度の変化などを利用して，金属イオンの定性分析が行われる。

9－5 平衡定数とギブズの自由エネルギー

 8章において，反応のギブズの自由エネルギー変化 $\varDelta G$ が0のとき，その反応は平衡状態にあることを述べた。それではこのギブズの自由エネルギー変化と平衡定数 K との間にはどのような関係があるのだろうか。ここではそれについて考えていこう。
 反応の自由エネルギー変化 $\varDelta G$ とは，生成物の自由エネルギーの総和から反応物の自由エネルギーの総和を差し引いたものである。

$\Delta G =$ (生成物の自由エネルギーの総和) $-$ (反応物の自由エネルギーの総和)

いま均一系の気相反応を考え,平衡にある気体をすべて理想気体とすれば,気体 i の自由エネルギーはその分圧 p_i によって次のように表すことができる。[*1]

$$G_i = G_i^\circ + nRT \ln \frac{p_i}{p^\circ} \tag{9-11}$$

ここで,p° は標準圧力で 1 atm となる。したがって(9-11)式は

$$G_i = G_i^\circ + nRT \ln p_i \tag{9-12}$$

となる。

1 mol 当りのギブズの自由エネルギー量を化学ポテンシャル (chemical potential) といい,μ で表す。よって(9-12)式は

$$\mu_i = \mu_i^\circ + RT \ln p_i \tag{9-13}$$

[*1] (9-11)式は次のように導くことができる。温度一定のもとで成り立つ(8-5)式はその微小変化を考えれば

$$dG = dH - T\,dS$$

となる。定義から $H = U + pV$ であるから,その微小変化は

$$dH = d(U + pV) = dU + p\,dV + V\,dp$$

熱力学の第一法則 $dU = dq + dw$ を代入すれば

$$dH = dq + dw + p\,dV + V\,dp$$

可逆変化では $dq = T\,dS,\ dw = -p\,dV$ となるから

$$dH = T\,dS - p\,dV + p\,dV + V\,dp = T\,dS + V\,dp$$

この式を $dG = dH - T\,dS$ に代入すれば

$$dG = V\,dp$$

となる。理想気体を仮定すれば $V = nRT/p$ とおけるので,両辺を積分して

$$\Delta G = \int V\,dp = nRT \int_{p_1}^{p_2} \frac{1}{p}\,dp = nRT \ln \frac{p_2}{p_1}$$

が得られる。ここで,$p_1 = p^\circ$(このとき $G = G^\circ$),$p_2 = p$(このときの自由エネルギーが G)とすれば

$$\Delta G = G - G^\circ = nRT \ln \frac{p}{p^\circ}$$

となる。したがって

$$G = G^\circ + nRT \ln \frac{p}{p^\circ}$$

が得られる。

と書くことができる。したがって次の平衡における自由エネルギー変化 ΔG は

$$aA + bB + \cdots \rightleftarrows cC + dD + \cdots$$

$$\begin{aligned}
\Delta G &= (c\mu_C + d\mu_D + \cdots) - (a\mu_A + b\mu_B + \cdots) \\
&= (c\mu_C^\circ + cRT \ln p_C + d\mu_D^\circ + dRT \ln p_D + \cdots) \\
&\quad - (a\mu_A^\circ + aRT \ln p_A + b\mu_B^\circ + bRT \ln p_B + \cdots) \\
&= \{(c\mu_C^\circ + d\mu_D^\circ + \cdots) - (a\mu_A^\circ + b\mu_B^\circ + \cdots)\} \\
&\quad + RT \{(c \ln p_C + d \ln p_D + \cdots) - (a \ln p_A + b \ln p_B + \cdots)\}
\end{aligned}$$

ここで

$$\Delta G^\circ = (c\mu_C^\circ + d\mu_D^\circ + \cdots) - (a\mu_A^\circ + b\mu_B^\circ + \cdots)$$

とおけば

$$\begin{aligned}
\Delta G &= \Delta G^\circ + RT \{(c \ln p_C + d \ln p_D + \cdots) - (a \ln p_A + b \ln p_B + \cdots)\} \\
&= \Delta G^\circ + RT \ln \frac{p_C^c p_D^d \cdots}{p_A^a p_B^b \cdots}
\end{aligned}$$

となる。平衡状態では $\Delta G = 0$ であるから

$$\Delta G^\circ = -RT \ln \frac{p_C^c p_D^d \cdots}{p_A^a p_B^b \cdots}$$

とおける。対数項の中身は圧平衡定数 K_p であるから

$$\Delta G^\circ = -RT \ln K_p \tag{9-14}$$

が得られる。[*2] 8章で述べたように，反応の標準自由エネルギー変化 ΔG° は反応物と生成物の標準生成自由エネルギーから求めることができる。したがって，この値が求められれば，実際に実験により調べなくてもある反応の平衡についての情報が得られることがわかる。

[*2] (9-14)式を記述するには，$\Delta G^\circ = -(1 \text{ mol}) \times RT \ln K_p$ とおくべきである。なぜならば，(9-14)式を導く過程で得られる式を物質量に注目して記せば

$$\begin{aligned}
\Delta G &= \Delta G^\circ + RT[\{(c \text{ mol}) \ln p_C + (d \text{ mol}) \ln p_D + \cdots\} - \{(a \text{ mol}) \ln p_A \\
&\quad + (b \text{ mol}) \ln p_B + \cdots\}] \\
&= \Delta G^\circ + (1 \text{ mol}) \times RT \ln \frac{p_C^c p_D^d \cdots}{p_A^a p_B^b \cdots} \\
&= \Delta G^\circ + (1 \text{ mol}) \times RT \ln K_p
\end{aligned}$$

となるからである。

実在の溶液については，化学ポテンシャルは活量 (activity) a_i*3 を用いて

$$\mu_i = \mu_i^\circ + RT \ln a_i$$

と書くことができる。また，希薄溶液では活量はモル濃度に近似できるので，ギブズの自由エネルギーと平衡定数との次の関係を同様に導くことができる。

$$\Delta G^\circ = -RT \ln K_c \tag{9-15}$$

ただし，$K_c = [C]^c[D]^d \cdots /[A]^a[B]^b \cdots$

例題 9・3 一酸化炭素と水から水素が生成する次の反応の25℃での圧平衡定数を，表8・2で示した標準生成自由エネルギーの値から求めよ。

$$CO\,(g) + H_2O\,(g) \rightleftharpoons H_2\,(g) + CO_2\,(g)$$

(9-14)式 $\Delta G^\circ = -RT \ln K_p$ から，この反応の ΔG° をはじめに求めればよい。表8・2より

$$\Delta G^\circ = \{0 + (-394)\} - \{(-137) + (-228)\} = -29 \text{ kJ}$$

$$\ln K_p = -\frac{\Delta G^\circ}{RT} = -\frac{-29 \times 10^3 \text{ J}}{(8.314 \text{ J K}^{-1}\text{ mol}^{-1})(298 \text{ K})(1 \text{ mol})}$$

$$= 11.7$$

したがって

$$K_p = 1.2 \times 10^5$$

となる。

続いて，平衡と反応熱との関係について考えてみよう。平衡定数はギブズの自由エネルギー変化とは(9-14)式から

---

*3 実際の気体や溶液では，物質間の相互作用などが原因となって，理想気体や理想溶液の挙動と外れる場合がある。このようなずれを補う意味で濃度や分圧の代わりに活量 a とよばれる量を使用する。また，活量と分圧，モル分率やモル濃度との補正係数を活量係数という。一般的には次の記号が用いられる。

気体：$a = f \cdot p$ （分圧）

溶液：$a = f \cdot x$ （モル分率），$a = y \cdot c$ （モル濃度），

$a = \gamma \cdot m$ （重量モル濃度）

圧力や濃度を0に近づけることで物質間の相互作用は弱まり，理想的な挙動を示すようになる。このとき活量係数は1に近づいていく。

$$\ln K_p = -\frac{\Delta G°}{RT} \tag{9-16}$$

の関係がある。一方，ギブズの標準自由エネルギー変化と標準エンタルピー変化および標準エントロピー変化とは，(8-6)式から

$$\Delta G° = \Delta H° - T\Delta S°$$

の関係がある。ここで標準エンタルピー変化および標準エントロピー変化は，考えている温度範囲では一定と仮定する。すると(9-16)式は

$$\ln K_p = -\frac{\Delta G°}{RT} = -\frac{\Delta H°}{RT} + \frac{\Delta S°}{R}$$

となる。別の温度 T' では

$$\Delta G° = \Delta H° - T'\Delta S°$$

であるから，この温度での平衡定数を K_p' とすれば，同様に

$$\ln K_p' = -\frac{\Delta G°}{RT'} = -\frac{\Delta H°}{RT'} + \frac{\Delta S°}{R}$$

となる。両者の差をとれば

$$\ln K_p' - \ln K_p = -\frac{\Delta H°}{R}\left(\frac{1}{T'} - \frac{1}{T}\right)$$

すなわち

$$\ln \frac{K_p'}{K_p} = -\frac{\Delta H°}{R}\left(\frac{1}{T'} - \frac{1}{T}\right) \tag{9-17}$$

が得られる。この式はファントホッフの定圧平衡式とよばれる。

いま $T'>T$ のとき，(9-17)式の右辺の $(1/T'-1/T)$ 項は負となるので，$\Delta H°$ が正ならば右辺は正となる。これは $K_p'>K_p$ を表している。すなわち，$\Delta H°$ が正，つまり反応が吸熱反応のときには，温度が高くなると平衡は生成物の側に移動することを意味している。一方，反応が発熱反応（$\Delta H°$ が負）のときには $K_p'<K_p$ となり，温度が高くなると平衡は反応物の側に移動することがわかる。これらの結果は，ルシャトリエの原理から予想されるものと同じである。

> **例題 9・4** アンモニアの生成反応
>
> $$\frac{1}{2}N_2(g) + \frac{3}{2}H_2(g) \rightleftharpoons NH_3(g)$$
>
> は発熱反応であり,そのエンタルピー変化は $\Delta H° = -46.1 \text{ kJ mol}^{-1}$ である。298 K での圧平衡定数が $K_p = 7.58 \times 10^2 \text{ atm}^{-1}$ のとき,500 K での圧平衡定数を求めよ。
>
> (9-17) 式から,500 K での圧平衡定数を $K_p{}'$ とすれば
>
> $$\ln\frac{K_p{}'}{7.58\times 10^2} = -\frac{-46.1\times 10^3 \text{ J mol}^{-1}}{8.314 \text{ J K}^{-1} \text{ mol}^{-1}}\left(\frac{1}{500} - \frac{1}{298}\right) = -7.517$$
>
> $$e^{-7.517} = \frac{K_p{}'}{7.58 \times 10^2}$$
>
> したがって
>
> $$K_p{}' = 0.412 \text{ atm}^{-1}$$
>
> となる。

9-6 相の間の平衡

二つ以上の相があって,その中にある共通の物質が溶けている場合を考えてみよう。それぞれの相に物質が溶けている状態もまた動的平衡にある。これは分布平衡(distribution equilibrium)にあるという。物質が溶解するという現象も,たとえば溶解熱の出入りがあることを考えれば,化学反応の一つとして考えられる。したがって,分布平衡も化学平衡に密接に関わっており,平衡時のモル濃度には化学平衡と同様の定量的な関係がある。

ヘンリーの法則

はじめに,ある気体Bとそれが溶媒に溶解している状態との間の平衡について考えよう(図9・2)。ここでは,その気体は溶解するだけで溶媒とは反応しない場合を考える。溶媒に溶解している気体のモル濃度 [B] とそれと平衡にある気体のモル濃度,すなわち気体の分圧 p_B との間には,平衡時には化学平衡と同じように次の比例関係がある。

$$\frac{p_B}{[B]} = K$$

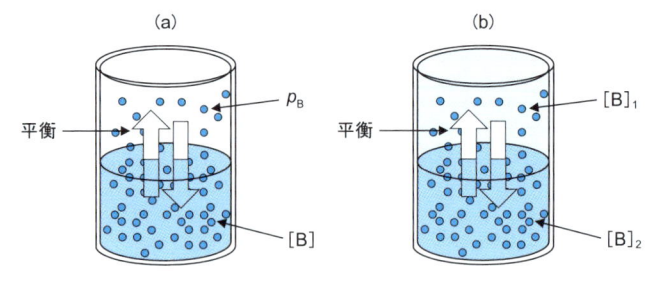

図9・2 (a)ヘンリーの法則 (b)分配の法則

この関係は，1803年に Henry によって定式化され，次のヘンリーの法則 (Henry's law) としてまとめられたものと同じである．

> ヘンリーの法則：単位質量の溶媒に溶ける気体の質量 w_B は，その分圧 p_B に比例する．

また，ヘンリーの法則は次のように言い換えることができる．気体の分圧は，溶液中のその気体の濃度に比例する．すなわち

$$p_B = K_H x_B \tag{9-18}$$

ここで x_B は溶けている気体のモル分率で，K_H は平衡定数の一種で，気体によっても溶媒によっても異なる値をとる(表9・4)．表から，ヘリウムは窒素と比較し K_H の値が大きく，水に対する溶解度が小さいことがわかる．スキューバダイビングの際に用いるボンベの中には，窒素ガスの代わりにヘリウムガスが酸素ガスとともに充てんされている．これは，窒素ガスでは血液中に溶解する量が多く，潜水病を引き起こす原因となるからである．

表9・4 20℃における水に対する気体のヘンリー定数 $K_H/10^9$ Pa

H_2	8.27	CO	4.124
N_2	7.67	CO_2	0.144
O_2	3.93	CH_4	3.609
He	14.5	C_2H_2	0.120

分配の法則

互いに混合しない 2 種類の溶媒に，ある物質が溶けている場合にも動的な平衡が成り立ち，分配平衡 (partition equilibrium) にあるという。一定の温度では，各溶媒における溶質の濃度の比は一定である。これは分配の法則 (partition law) と呼ばれる。つまり，2 種類の溶媒をそれぞれ溶媒 1 と溶媒 2 とし，平衡時にそれぞれの溶媒に溶けている溶質 B のモル濃度を $[B]_1, [B]_2$ とすれば

$$\frac{[B]_1}{[B]_2} = K \tag{9-19}$$

の関係が成立する。ここでの平衡定数を特に分配係数 (partition coefficient) という。表 9・5 には，いくつかの分配係数をまとめている。分配係数の違いを利用すれば，ある溶媒中に溶けている溶質を他の溶媒に効率よく移すことができる。このような操作は抽出 (extraction) とよばれる。

表 9・5 水と他の有機溶媒の間の分配係数 (25℃)

溶質 B	有機溶媒	$K = [B]_水 / [B]_{有機溶媒}$
Cl_2	CCl_4	0.10
I_2	CCl_4	0.012
$UO_2(NO_3)_2$	$(C_2H_5)_2O$	1.2
CH_3COOH	C_6H_6	16.0
$CH_2ClCOOH$	C_6H_6	28.0

例題 9・5 カフェインを含む水溶液を，その 2 倍の体積のクロロホルムと一緒に振り混ぜることによって，カフェインを水溶液から抽出した。抽出されたカフェインの割合はいくらか。カフェインの分配係数 $K = [カフェイン]_水/[カフェイン]_{クロロホルム}$ が 7.1 として求めよ。

カフェインの全物質量を n とし，抽出されたカフェインの割合を α とおく。また，水の体積を V とおけば，この平衡は (9-19) 式から次のように表すことができる。

$$K = \frac{[カフェイン]_水}{[カフェイン]_{クロロホルム}}$$

$$= \frac{\frac{n(1-\alpha)}{V}}{\frac{n\alpha}{2V}} = \frac{2(1-\alpha)}{\alpha} = 7.1$$

したがって,

$$\alpha = \frac{2}{K_{\text{dist}} + 2} = \frac{2}{7.1 + 2} = 0.22$$

となる.

問　題

9・1 次の一般式で表される反応が平衡にあるとき,加圧すると平衡はどちらに移動するか.
(a)　A (g) + B (g) $\rightleftharpoons$ C (g)
(b)　A (g) $\rightleftharpoons$ 2B (g)
(c)　A (g) $\rightleftharpoons$ B (g)
(d)　次の二つの反応が同じ容器中で起こり,平衡にある.
　　　A (g) + B (g) $\rightleftharpoons$ C (g)
　　　C (g) $\rightleftharpoons$ D (g)

9・2 酢酸およびエタノールを同じ物質量で混合するとき,その66.7%は酢酸エチルおよび水に変化して平衡に達する.酢酸50.0 g にエタノール20.0 g を混合して平衡になるまで反応させた.
(a)　この反応の平衡定数を求めよ.
(b)　何 g の酢酸エチルが生じるか計算せよ.
(c)　この平衡混合物にさらに水を10.0 g 加えると酢酸エチルは何 g になるか.

9・3 ヨウ化水素の分解反応 HI (g) $\rightleftharpoons$ 1/2 H$_2$ (g) + 1/2 I$_2$ (g) の平衡定数は600℃で0.120である.この温度で1 mol のヨウ化水素を平衡に到達させると,何 mol の水素が生成するか.

9・4 反応 2NO$_2$ (g) $\rightleftharpoons$ N$_2$O$_4$ (g) の平衡定数は365 K で $K_c = 3.0$ (mol dm^{-3})$^{-1}$ である.この反応を4.0 dm^3 の容器中で行い,365 K で平衡に到達させた.次の問いに答えよ.

(a) 平衡にある混合気体のうち二酸化窒素 NO_2 の物質量を測定したところ，2.0 mol であった．この混合気体中にある四酸化二窒素 N_2O_4 の物質量を求めよ．

(b) 混合気体の入っている容器の体積を，365 K の温度を一定に保って 8.0 dm^3 にし，あらたに平衡に到達させた．平衡は右に移動するか，あるいは左に移動するか答えよ．さらに，このときの二酸化窒素 NO_2 の物質量を求めよ．

9・5 アンモニアが生成する次の反応がある．

$1/2\, N_2\,(g) + 3/2\, H_2\,(g) \rightleftarrows NH_3\,(g)$ 窒素と水素を 1:3 の物質量比になるように 2 dm^3 の容器にいれた．2 mol の窒素を用いて，600 ℃ に保ち平衡に到達させたとき，次の問いに答えよ．

(a) このとき 0.36 mol のアンモニアが生成した．この反応の濃度平衡定数 K_c はいくらか．

(b) この反応の圧平衡定数 K_p はいくらか．

(c) 容器を 1 dm^3 に圧縮すると，アンモニアは何 mol になるか．

9・6 一酸化炭素と水から水素ガスを得る次の反応がある．

$CO\,(g) + H_2O\,(g) \rightleftarrows H_2\,(g) + CO_2\,(g)$

この反応の 700 K での圧平衡定数は $K_p = 9.00$ である．ともに 1 mol の一酸化炭素と水を密封容器にいれ，700 K で反応させ平衡に到達させた．このとき全圧は 1 atm になった．生成する水素の分圧と物質量を求めよ．

9・7 NH_4SH は次の解離反応を行うことが知られている．

$NH_4SH\,(s) \rightleftarrows NH_3\,(g) + H_2S\,(g)$

この反応の圧平衡定数は 25 ℃ で $K_p = 0.11\ atm^2$ である．次の問いに答えよ．

(a) 解離圧はいくらか．

(b) 平衡にある系に 0.50 atm のアンモニアを加えて，さらに平衡に達したときの NH_3 と H_2S の圧力はいくらか．

(c) 平衡にある系にさらに等量の NH_4SH を加えたとき，解離圧はいくらか．

9・8 塩化銀 AgCl の飽和溶液 1 dm³ に，NaCl を 1.0×10^{-4} mol dm⁻³ になるように加えたときに沈殿してくる AgCl の質量を求めよ。

9・9 反応の平衡定数は，温度が一定ならば変わらないが，温度が変われば平衡定数も変化する。次の反応 $CO_2 (g) + H_2 (g) \rightleftarrows CO (g) + H_2O (g)$ の圧平衡定数が 400℃で $K_p = 6.76 \times 10^{-4}$ であるとき，800℃での圧平衡定数はいくらか。ただし，この温度範囲での反応エンタルピーは一定であり，$\Delta H° = 40.3$ kJ mol⁻¹ とする。

9・10 クロロホルムと水の間での化合物 B の分配係数は 10.0 で，B はクロロホルムに溶けやすい。B を 5.0 g 含む 200 cm³ の水を，50 cm³ のクロロホルムで抽出したときに，抽出される B の質量はいくらか。また，25 cm³ のクロロホルムで 2 回抽出をくり返せば，抽出される B の質量は総量でいくらになるか。

10章 ● 酸と塩基

酸性雨・酸性食品・アルカリ性食品など，酸性，アルカリ性（塩基性）という言葉は私たちになじみ深い。この章では酸・塩基の種類や性質について学ぼう。

10−1 酸と塩基

食酢やレモンの果汁を口にふくむとすっぱい味がする。また，これを青色リトマス紙につけると赤く変色する。このような性質を酸性という。食酢には酢酸 CH_3COOH，レモンにはクエン酸 $C_3H_4(OH)(COOH)_3$ が含まれるためである。逆に，水酸化ナトリウム NaOH やアンモニア NH_3 の水溶液のように，赤色リトマス紙を青く変える性質を塩基性（あるいはアルカリ性）という。まず，酸・塩基を科学的な言葉で記述することから始めよう。

10−1−1 酸と塩基の定義

アレニウスの定義

1887年 Arrhenius は，「酸（acid）とは水に溶けて水素イオン H^+（プロトン proton ともいう。水素原子から電子が1個なくなった陽子のこと）を生じる物質であり，塩基（base）とは水にとけて水酸化物イオン OH^- を生じる物質である」と定義した。この定義によれば，塩化水素は水溶液中で(10-1)式のように解離して H^+ を生じるので酸である。H^+ は，水中で陽子として存在できず，さらに水と配位結合してオキソニウムイオン H_3O^+（oxoniumu ion: ヒドロニウムイオンは古い名称）となっている［(10-2)式］。

$$HCl \rightleftarrows H^+ + Cl^- \tag{10-1}$$

$$H^+ + H_2O \rightleftarrows H_3O^+ \tag{10-2}$$

したがって，(10-1)式，(10-2)式をあわせて

$$HCl + H_2O \rightleftarrows H_3O^+ + Cl^- \tag{10-3}$$

と表せる。

一方，水酸化ナトリウムは水に溶けると OH^- を生じるので塩基である。また，アンモニア NH_3 は分子内に OH を持っていないが，水に溶けると一部が水

と反応して OH^- を生じるため塩基である。

$$NaOH \rightleftharpoons Na^+ + OH^-$$

$$NH_3 + H_2O \rightleftharpoons NH_4^+ + OH^-$$

ブレンステッド-ローリーの定義と共役酸・共役塩基

1923年 Brønsted と Lowry はそれぞれ独立に，酸と塩基の新しい定義を発表した。彼らは水素イオン H^+ だけに注目し，「酸とは H^+ を与える物質であり，塩基とは H^+ を受け取る物質である」と定義した。たとえば酢酸は水溶液中で解離し，水に H^+ を与え H_3O^+ と CH_3COO^- になる。したがって H^+ を与える CH_3COOH は酸であり，H^+ を受けとる H_2O は塩基である。

$$CH_3COOH + H_2O \rightleftharpoons H_3O^+ + CH_3COO^- \qquad (10\text{-}4)$$
　　　　　酸　　　塩基　　　共役酸　　共役塩基

(10-4)式で右から左への逆反応では，H_3O^+ は CH_3COO^- に H^+ を与えるので酸，CH_3COO^- は H^+ を受けとるので塩基と考えることができる。そこで，H_3O^+ はもとの塩基 H_2O の共役酸（conjugate acid），CH_3COO^- はもとの酸 CH_3COOH の共役塩基（conjugate base）という。

一方，アンモニアは水溶液中でアンモニウムイオン NH_4^+ と OH^- になる。ここでアンモニアは水から H^+ を受け取っているので塩基，水は H^+ を与えているので酸である。また，NH_4^+ は NH_3 の共役酸，OH^- は H_2O の共役塩基である。

$$NH_3 + H_2O \rightleftharpoons NH_4^+ + OH^- \qquad (10\text{-}5)$$
　　　塩基　　酸　　　共役酸　共役塩基

したがって，ブレンステッド-ローリーの定義によれば，H_2O は相手により酸あるいは塩基となる。

ブレンステッド-ローリーの定義は水溶液以外の系にも適用できる。塩化水素とアンモニアの気体が反応すると白色の塩化アンモニウム $NH_4^+Cl^-$ が生成する。この反応では，HCl が NH_3 に H^+ を与えているので，HCl は酸，NH_3 は HCl からの H^+ を受けとっているので塩基である。

$$NH_3 + HCl \rightleftharpoons NH_4^+Cl^-$$
　　　塩基　　酸

ルイスの定義

1923年 Lewis は H^+ の移動ではなく,「非共有電子対を受け取る物質を酸,非共有電子対を与える物質を塩基」と定義した。NH_3 はアレニウスの定義,ブレンステッド-ローリーの定義により塩基と分類できた。ルイスの定義では,N 原子がその非共有電子対を H^+ に与えるため塩基と分類される。

$$\underset{\text{ルイス塩基}}{H-\overset{H}{\underset{H}{N}}:} + \underset{\text{ルイス酸}}{H-\overset{..}{\underset{..}{O}}-H} \rightleftarrows H-\overset{H}{\underset{H}{\overset{+}{N}}}:H + OH^-$$

さらに,ルイスの定義は次のような H^+ が関与しない物質にも拡張できる。ここで BF_3 は NH_3 から非共有電子対を受けとるのでルイス酸,NH_3 は非共有電子対を与えるのでルイス塩基である。

$$\underset{\substack{\text{ルイス塩基} \\ \text{(非共有電子対} \\ \text{供与体)}}}{H-\overset{H}{\underset{H}{N}}:} + \underset{\substack{\text{ルイス酸} \\ \text{(非共有電子対} \\ \text{受容体)}}}{\overset{F}{\underset{F}{B}}-F} \rightarrow H-\overset{H}{\underset{H}{N}}:\overset{F}{\underset{F}{B}}-F$$

このように,ルイス塩基は非共有電子対を持つ分子やイオン($:\overset{..}{\underset{..}{O}}H^-$, $:NH_3$, $R-\overset{..}{\underset{..}{O}}-H$ など)であり,ルイス酸は電子不足の化学種(H^+, $AlCl_3$, $FeBr_3$ など)である。

> **例題 10・1** ブレンステッド-ローリーの定義により,次の化学種を酸か塩基かに分類せよ。
>
> (a) HSO_4^- (b) SO_4^{2-} (c) NH_4^+
>
> (a) HSO_4^- は H^+ を受け取り硫酸 H_2SO_4 となり,また H^+ を与え SO_4^{2-} となるので酸・塩基の両方である。
>
> $$\underset{\text{塩基}}{HSO_4^- + H^+} \longrightarrow H_2SO_4 \qquad \underset{\text{酸}}{HSO_4^-} \longrightarrow SO_4^{2-} + H^+$$
>
> (b) SO_4^{2-} は H^+ を受けとるので,塩基。 $SO_4^{2-} + H^+ \longrightarrow HSO_4^-$
>
> (c) NH_4^+ は H^+ を与えるので,酸である。 $NH_4^+ \longrightarrow NH_3 + H^+$

10−1−2　酸および塩基の強さと解離定数

では，酸や塩基の強さをどのように表したらよいだろうか．まず，酸 HA を水に溶かした場合を考えてみよう．HA の解離は次のように表すことができる．

$$HA + H_2O \rightleftarrows H_3O^+ + A^- \tag{10-7}$$

化学平衡の法則により，この過程の平衡定数 K_{eq} はそれぞれの化学種のモル濃度（mol dm^{-3}）を用いて

$$K_{eq} = \frac{[H_3O^+][A^-]}{[HA][H_2O]} \tag{10-8}$$

と表せる．ここで，溶媒である H_2O は溶質 HA に比べて大過剰存在するので，H_2O の一部がオキソニウムイオンに変化しても濃度変化はほとんどなく一定と考えることができる．したがって

$$K_a = K_{eq}[H_2O] = \frac{[H_3O^+][A^-]}{[HA]} \tag{10-9}$$

ここで，K_a を酸解離定数（acid dissociation constant）または，酸定数（acidity constant）という．K_a の値は一般に小さいので対数で表す．

$$pK_a = -\log K_a \tag{10-10}$$

25℃での塩酸と酢酸の K_a の値は，それぞれ 10^7 と 1.8×10^{-5} であり，酢酸の K_a は塩酸にくらべて極めて小さい．すなわち，(10-9)式の分子の値が分母の値にくらべ極めて小さいことを示している．これは酢酸が水溶液中でほんのわずかしか H_2O に H^+ を与えていない，すなわち(10-7)式の平衡はほとんど左に片寄っていることを意味している．このように K_a が小さい（pK_a が大きい）酸を弱酸（weak acid）という．表 10・1 にいくつかの弱酸の pK_a の値を示した．

一方，塩酸や硫酸では(10-7)式の平衡はほとんど右にかたよっている．すなわち，HCl を水に溶かすと水に水素イオン H^+ を与え，ほぼ完全に H_3O^+ と Cl^- イオンになっている．このように，水溶液中で完全に H^+ を失うものを強酸（strong acid）といい，HCl，HBr，HNO_3，$HClO_4$，H_2SO_4 などがある．強酸の K_a は大きく pK_a は小さな値を持つ．

アンモニアやアミンは水溶液中で塩基性を示す．これら塩基の強さも酸と同様に考えることができ，(10-13)式を導ける．

表 10・1　各種酸の解離定数（25℃）

酸	化学式	共役塩基	K_a/mol dm^{-3}	pK_a
塩　酸	HCl	Cl$^-$	10^7	-7
硫　酸	H$_2$SO$_4$	HSO$_4^-$	10^2	-2
オキソニウムイオン	H$_3$O$^+$	H$_2$O	1	0
シュウ酸	(COOH)$_2$	COO$^-$ | COOH	5.9×10^{-2}	1.23
硫酸水素イオン	HSO$_4^-$	SO$_4^{2-}$	1.2×10^{-2}	1.92
リン酸	H$_3$PO$_4$	H$_2$PO$_4^-$	7.3×10^{-3}	2.14
フッ化水素酸	HF	F$^-$	6.5×10^{-4}	3.19
ギ　酸	HCOOH	HCOO$^-$	1.8×10^{-4}	3.75
乳　酸	CH$_3$CH(OH)COOH	CH$_3$CH(OH)COO$^-$	1.4×10^{-4}	3.85
酢　酸	CH$_3$COOH	CH$_3$COO$^-$	1.8×10^{-5}	4.75
炭　酸	H$_2$CO$_3$	HCO$_3^-$	4.3×10^{-7}	6.37
リン酸二水素イオン	H$_2$PO$_4^-$	HPO$_4^{2-}$	6.3×10^{-8}	7.20
ホウ酸	H$_3$BO$_3$	H$_2$BO$_3^-$	5.8×10^{-10}	9.24
グリシン	NH$_3^+$CH$_2$COO$^-$	NH$_2$CH$_2$COO$^-$	1.7×10^{-10}	9.78
フェノール	C$_6$H$_5$OH	C$_6$H$_5$O$^-$	1.3×10^{-10}	9.89
炭酸水素イオン	HCO$_3^-$	CO$_3^{2-}$	4.7×10^{-11}	10.33
リン酸水素イオン	HPO$_4^{2-}$	PO$_4^{3-}$	4.0×10^{-13}	12.40

$$\text{R－N(H)－H} + \text{H－O－H} \xrightleftharpoons{K_{eq}} \text{R－N(H)(H)－H}^+ + :\text{OH}^- \tag{10-11}$$

$$K_{eq} = \frac{[\text{RNH}_3^+][\text{OH}^-]}{[\text{RNH}_2][\text{H}_2\text{O}]} \tag{10-12}$$

$$K_b = K_{eq}[\text{H}_2\text{O}] = \frac{[\text{RNH}_3^+][\text{OH}^-]}{[\text{RNH}_2]} \tag{10-13}$$

$$\text{p}K_b = -\log K_b \tag{10-14}$$

ここで K_b を塩基解離定数（base dissociation constant）あるいは塩基定数（basicity constant）とよぶ。K_b の大きな塩基ほど，すなわち pK_b が小さいほどH$^+$を受け入れやすく，平衡は右に片寄っており塩基性は強い。逆に，大きな

pK_b を持つほど塩基性が弱い。表 10・2 にいくつかの塩基の pK_b を示す。

表 10・2 塩基の解離定数 (25℃)

塩　基	化学式	K_b/mol dm^{-3}	pK_b
メチルアミン	CH_3NH_2	3.6×10^{-4}	3.44
アンモニア	NH_3	1.8×10^{-5}	4.75
ヒドロキシルアミン	NH_2OH	1.1×10^{-8}	7.97
ピリジン	(ピリジン構造)	1.8×10^{-9}	8.75
アニリン	(アニリン構造 $-NH_2$)	4.3×10^{-10}	9.37
尿素	H_2NCNH_2 (C=O)	1.3×10^{-14}	13.90

　では，酸の強さと共役塩基の塩基性の強さとの関係はどのようになっているだろうか。HCl は H$^+$ を水に与えやすく強酸である。逆に，Cl$^-$ は H_3O^+ から H$^+$ をうばって HCl になりにくいので極めて弱い塩基といえる。一方，酢酸は水に H$^+$ を与えにくく弱酸である。したがって，CH_3COO^- は水から H$^+$ をうばいやすい，つまり Cl$^-$ より強い塩基であるといえる。つまり，強酸の共役塩基は弱塩基であり，弱酸の共役塩基は強塩基である。

> **例題 10・2**　つぎの物質を酸性の強い順に並べよ。
> 　シュウ酸（$pK_a = 1.23$），ギ酸（$K_a = 1.8 \times 10^{-4}$ mol dm^{-3}），炭酸（$pK_a = 6.35$）
> 　ギ酸の $pK_a = -\log(1.8 \times 10^{-4}) = 3.75$ と計算できる。pK_a が小さいほど強い酸であるので，シュウ酸，ギ酸，炭酸の順に弱くなる。

10－1－3　酸と塩基の価数

　HCl や NaOH のように，解離して H$^+$ や OH$^-$ となる 1 個の水素原子あるいは OH を持つものを 1 価の酸あるいは塩基という。また H_2SO_4，H_3PO_4，$Ca(OH)_2$，のように 2 個以上の H$^+$ や OH$^-$ を放出する酸・塩基を多価の酸・塩基という（表10・3）。多価の酸や塩基は何段にもわたって解離するが，第 1 段階の解離定数がもっとも大きい。リン酸の場合を次に示そう。

表 10・3　酸・塩基の価数

酸	価数	塩基
HCl　HNO$_3$　CH$_3$COOH	1価	NaOH　KOH　NH$_3$
H$_2$SO$_4$　H$_2$S　(COOH)$_2$　CO$_2$	2価	Ca(OH)$_2$　Ba(OH)$_2$
H$_3$PO$_4$	3価	Al(OH)$_3$　Fe(OH)$_3$

$$H_3PO_4 \rightleftarrows H^+ + H_2PO_4^- \qquad K_a = 7.3 \times 10^{-3} \text{ mol dm}^{-3}$$
リン酸

$$H_2PO_4^- \rightleftarrows H^+ + HPO_4^{2-} \qquad K_a = 6.3 \times 10^{-8} \text{ mol dm}^{-3}$$
リン酸二水素イオン

$$HPO_4^{2-} \rightleftarrows H^+ + PO_4^{3-} \qquad K_a = 4.0 \times 10^{-13} \text{ mol dm}^{-3}$$
リン酸水素イオン

10-2　酸，塩基，塩の水溶液の pH

酸や塩基の水溶液の酸性，塩基性について考えよう。

10-2-1　水のイオン積と水溶液の pH

純粋な水は極めてわずかであるが解離している。

$$H_2O + H_2O \rightleftarrows H_3O^+ + OH^- \tag{10-15}$$

この平衡定数はつぎのように表される。

$$K_{eq} = \frac{[H_3O^+][OH^-]}{[H_2O]^2} \tag{10-16}$$

ここで純水はわずかしか解離しないので，[H$_2$O] はほぼ一定と考えてよい。したがって

$$K_{eq}[H_2O]^2 = K_W = [H_3O^+][OH^-] = [H^+][OH^-] \tag{10-17}$$

（オキソニウムイオン H$_3$O$^+$ を通常簡単に H$^+$ と表す。[H$_3$O$^+$] = [H$^+$]）

この K_W を水のイオン積（ionic product of water）といい，25℃では，$K_W = 1.0 \times 10^{-14}$ mol^2 dm^{-6} である。酸や塩基が溶けた水溶液でも，この関係は温度が一定であれば成り立っている。すなわち，水に HCl を加えれば水素イオン濃度 [H$^+$] が増加するので，K_W を一定に保つよう [OH$^-$] が減少する。逆に，塩基を加えれば [OH$^-$] が増加し [H$^+$] が減少する。したがって，水溶液の酸性と塩基性の度合いを水素イオン濃度 [H$^+$] で表すことができる。水素イオン濃度は，

広い範囲にわたり変化することから，(10-18)式で示すように対数をとり，pH（ピーエイチ，水素イオン指数 hydrogen ion exponent ともいう）という数値で表す．

$$\mathrm{pH} = -\log[\mathrm{H}^+] = \log\frac{1}{[\mathrm{H}^+]} \qquad (10\text{-}18)^*$$

中性の水溶液中では，$[\mathrm{H}^+]$ と $[\mathrm{OH}^-]$ の値は等しいので，$[\mathrm{H}^+] = [\mathrm{OH}^-] = 1.0 \times 10^{-7}\,\mathrm{mol\,dm}^{-3}$，したがって，$\mathrm{pH} = -\log(1.0 \times 10^{-7}) = 7$，すなわち，25℃では，pH = 7 が中性，pH < 7 が酸性，pH > 7 が塩基性となる．

また，(10-17)式の両辺の対数をとれば

$$-\log K_\mathrm{W} = -\log[\mathrm{H}^+] - \log[\mathrm{OH}^-]$$

ここで，$\mathrm{p}K_\mathrm{W} = -\log K_\mathrm{W}$，$\mathrm{pOH} = -\log[\mathrm{OH}^-]$ とすれば

$$\mathrm{p}K_\mathrm{W} = \mathrm{pH} + \mathrm{pOH} \qquad (10\text{-}19)$$

となり，水酸化物イオン濃度 $[\mathrm{OH}^-]$ が分かれば，pH の値を求めることができる．pH 試験紙を用いると色の変化からおおよその pH 値を知ることができるが，精度のよい pH を測定するには pH メータを用いる．

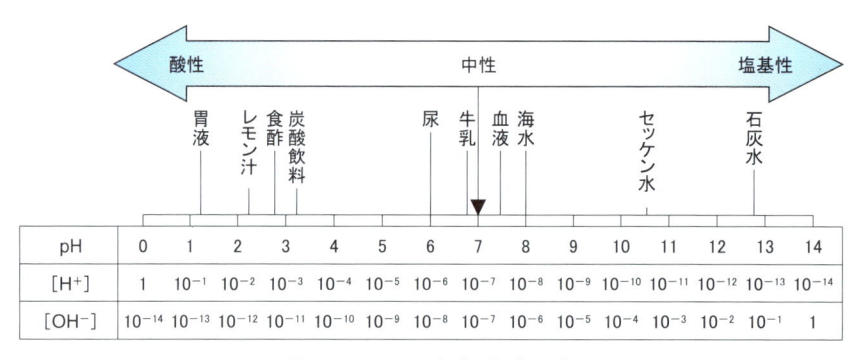

	酸性 ←						中性						塩基性 →	
	胃液	レモン汁	食酢	炭酸飲料		尿	牛乳	血液	海水		セッケン水		石灰水	
pH	0	1	2	3	4	5	6	7	8	9	10	11	12	13	14
$[\mathrm{H}^+]$	1	10^{-1}	10^{-2}	10^{-3}	10^{-4}	10^{-5}	10^{-6}	10^{-7}	10^{-8}	10^{-9}	10^{-10}	10^{-11}	10^{-12}	10^{-13}	10^{-14}
$[\mathrm{OH}^-]$	10^{-14}	10^{-13}	10^{-12}	10^{-11}	10^{-10}	10^{-9}	10^{-8}	10^{-7}	10^{-6}	10^{-5}	10^{-4}	10^{-3}	10^{-2}	10^{-1}	1

図 10・1　pH と $[\mathrm{H}^+]$, $[\mathrm{OH}^-]$

---

* $[\mathrm{H}^+]$ は $\mathrm{mol\,dm}^{-3}$ の単位をともなっている．このような次元を持つ量の対数をとるのは適切でないので，正確な定義は単位を加えて次のように書く方がよい．

$$\mathrm{pH} = -\log\frac{[\mathrm{H}^+]}{\mathrm{mol\,dm}^{-3}}$$

> **例題 10・3** 水素イオン濃度が 2.5×10^{-6} mol dm^{-3} より高い雨を酸性雨という。この雨の pH および pOH を求めよ。
>
> $\text{pH} = -\log[\text{H}^+] = -\log(2.5 \times 10^{-6}) = 5.6$
> $\text{pOH} = 14 - \text{pH} = 14 - 5.6 = 8.4$

10−2−2 強酸,強塩基の水溶液の pH

塩酸 HCl は強酸である。H_2O に H^+ を与え完全に H_3O^+ と Cl^- になっており,HCl 分子は水溶液中に存在しない。

$$HCl + H_2O \longrightarrow H_3O^+ + Cl^-$$

したがって,濃度が C_A mol dm^{-3} の強酸水溶液の pH は

$$\text{pH} = -\log[\text{H}^+] = -\log C_A \tag{10-20}$$

と表せる。

一方,NaOH のような強塩基も水溶液中で完全に解離して,塩基と同じ濃度の OH^- を与える。したがって,濃度 C_B mol dm^{-3} の強塩基水溶液では

$$\text{pOH} = -\log[\text{OH}^-] = -\log C_B$$

となる。ここで,$\text{p}K_w = \text{pH} + \text{pOH} = 14$ (10-19 式)であるので

$$\text{pH} = 14 - \text{pOH} = 14 + \log C_B \tag{10-21}$$

> **例題 10・4** 0.050 mol dm^{-3} の水酸化ナトリウム水溶液の pH はいくらか。
>
> (10-21)式より,pH $= 14 + \log 0.05 = 14 - 1.30 = 12.7$

10−2−3 弱酸および弱塩基の水溶液の pH

弱酸水溶液の pH を求めてみよう。酸や塩基のような電解質が水に溶けてどのくらい解離したか,その割合を示す値を解離度 α ($0 \leq \alpha \leq 1$)という。解離度が 1 のときは,その電解質は完全に解離しており,1 よりも小さいときは,一部が解離している。HA の濃度を C_A mol dm^{-3},解離度を α とすると,解離前と解離平衡における濃度は以下のように表せる。

	HA	⇌	H^+	A^-
解離前	C_A		0	0
解離平衡	$C_A(1-\alpha)$		$C_A\alpha$	$C_A\alpha$

よって

$$K_a = \frac{[\text{H}^+][\text{A}^-]}{[\text{HA}]} = \frac{C_A \alpha \times C_A \alpha}{C_A(1-\alpha)} = \frac{C_A \alpha^2}{1-\alpha} \tag{10-22}$$

酢酸のような弱酸では,解離はわずかであるので($\alpha \ll 1$),$1-\alpha \approx 1$とすると

$$K_a = C_A \alpha^2 \tag{10-23}$$

よって,解離度 α を $\alpha = \left(\dfrac{K_a}{C_A}\right)^{1/2}$

と表せる。したがって水素イオン濃度 $[\text{H}^+] = C_A \alpha = C_A \left(\dfrac{K_a}{C_A}\right)^{1/2} = (K_a C_A)^{1/2}$

よって, $\text{pH} = -\log[\text{H}^+] = -\log(K_a C_A)^{1/2} = -\dfrac{1}{2}\log(K_a C_A)$

$$= -\frac{1}{2}\log K_a - \frac{1}{2}\log C_A$$

$$= \frac{1}{2}\text{p}K_a - \frac{1}{2}\log C_A \tag{10-24}$$

したがって,弱酸の濃度と pK_a がわかれば pH を求めることができる。たとえば,0.01 mol dm^{-3} の酢酸水溶液の pH は

$$\text{pH} = \frac{1}{2} \times 4.75 - \frac{1}{2}\log 0.01 = 2.38 - \frac{1}{2}(-2) = 3.38$$

と求まる。ここで,0.01 mol dm^{-3} の酢酸水溶液では,CH$_3$COOH はどのくらい解離しているのか考えてみよう。酢酸の酸解離定数 $K_a = 1.8 \times 10^{-5}$ を(10-22)式にいれ,その二次方程式を解くと,解離度 α は $\alpha = 4.2 \times 10^{-2}$ と求まる。つぎに,この値から pH を求めると,pH $= -\log(C_A \alpha) = -\log(4.2 \times 10^{-4}) = 3.38$ が得られる。これからわかるように,解離度 α が 0.05 以内ならば $(C_A - C_A \alpha) \approx C_A$ と近似でき,(10-24)式から pH を求めても同じ値が得られる。そこで本書では,今後この近似した式のみの取り扱いを示す。

例題 10・5 0.15 mol dm^{-3} の乳酸 CH$_3$CH(OH)COOH (p$K_a = 3.85$) の解離度と pH を求めよ。

p$K_a = -\log K_a$ よって,$K_a = 10^{-3.85} = 1.41 \times 10^{-4}$

$\alpha = \left(\dfrac{K_a}{C_A}\right)^{1/2} = \left(\dfrac{1.41 \times 10^{-4}}{0.15}\right)^{1/2} = 3.07 \times 10^{-2}$

厳密に α を求めるには，(10-22)式に K_a と C_A の値を代入し

$$0.15\,\alpha^2 + 1.41\times 10^{-4}\alpha - 1.41\times 10^{-4} = 0$$

の二次方程式を解けばよい。$\alpha = 3.02 \times 10^{-2}$ と求まる。ここでは，(10-24)式を用いて

$$\mathrm{pH} = \frac{1}{2}\,\mathrm{p}K_a - \frac{1}{2}\log C_A = \frac{1}{2}\times 3.85 - \frac{1}{2}\log 0.15 = 2.34$$

同様に，濃度 C_B の弱塩基の pH を求めてみよう。

$$\mathrm{B} + \mathrm{H_2O} \rightleftharpoons \mathrm{BH}^+ + \mathrm{OH}^- \tag{10-25}$$

弱酸の場合と同様に，解離度 α が小さいとすれば，平衡定数は

$$K_b = \frac{[\mathrm{BH}^+][\mathrm{OH}^-]}{[\mathrm{B}]} = \frac{C_B\,\alpha \times C_B\,\alpha}{C_B(1-\alpha)} = \frac{C_B\,\alpha^2}{(1-\alpha)} \approx C_B\,\alpha^2 \tag{10-26}$$

よって，$\alpha = (K_b/C_B)^{1/2}$ したがって，$[\mathrm{OH}^-] = C_B\,\alpha = (K_b C_B)^{1/2}$
両辺の対数をとると

$$\log[\mathrm{OH}^-] = \frac{1}{2}\log K_b + \frac{1}{2}\log C_B$$

$$\mathrm{pOH} = \frac{1}{2}\,\mathrm{p}K_b - \frac{1}{2}\log C_B \tag{10-27}$$

$$\mathrm{pH} = \mathrm{p}K_W - \mathrm{pOH} = \mathrm{p}K_W - \frac{1}{2}\,\mathrm{p}K_b + \frac{1}{2}\log C_B \tag{10-28}$$

ここで(10-30)式を利用すれば

$$\mathrm{pH} = \mathrm{p}K_W - \frac{1}{2}(\mathrm{p}K_W - \mathrm{p}K_a) + \frac{1}{2}\log C_B$$

$$= \frac{1}{2}\,\mathrm{p}K_W + \frac{1}{2}\,\mathrm{p}K_a + \frac{1}{2}\log C_B \tag{10-29}$$

よって，弱塩基の濃度とその共役酸の $\mathrm{p}K_a$ がわかれば pH を求めることができる。

例題 10・6 $0.01\ \mathrm{mol\ dm}^{-3}$ のアンモニア水溶液の pH を求めよ。

表10・2より　アンモニアの $\mathrm{p}K_b = 4.75$ であるので，(10-28)式より

$$\mathrm{pH} = 14 - \frac{1}{2}\times 4.75 + \frac{1}{2}\log 0.01 = 10.6$$

ここで共役な酸-塩基対の酸解離定数 K_a と塩基解離定数 K_b の間には次の関係があることを学んでおこう。

$$pK_a + pK_b = pK_W \tag{10-30}$$

たとえば，塩基 NH_3 とその共役酸 NH_4^+ について考えよう。NH_3 の塩基解離平衡式は，次のように表わされる。

$$NH_3 + H_2O \rightleftarrows NH_4^+ + OH^- \qquad K_b = \frac{[NH_4^+][OH^-]}{[NH_3]}$$

一方，その共役酸では

$$NH_4^+ + H_2O \rightleftarrows NH_3 + H_3O^+ \qquad K_a = \frac{[NH_3][H_3O^+]}{[NH_4^+]}$$

と表される。したがって

$$K_a \times K_b = \frac{[NH_3][H_3O^+]}{[NH_4^+]} \times \frac{[NH_4^+][OH^-]}{[NH_3]} = [H_3O^+][OH^-] = K_W \tag{10-31}$$

この式の両辺の対数をとると，$\log K_a + \log K_b = \log K_W$
すなわち，$pK_a + pK_b = pK_W$ \hfill (10-30)

の式が得られる。したがって，酸あるいは塩基の解離定数がわかれば，それらの共役塩基あるいは共役酸の解離定数を求めることができる。

10-2-4 塩の水溶液の pH（塩の加水分解）

HCl と NaOH から生成した塩 NaCl の水溶液の pH は 7 である。同様に硫酸ナトリウム Na_2SO_4，硝酸カルシウム $Ca(NO_3)_2$ など，強酸と強塩基から生成した塩の水溶液も中性であり，強酸と強塩基との中和滴定の当量点の pH は 7.0 となる。

一方，弱酸と強塩基あるいは弱塩基と強酸から生じた塩を水に溶かすと中性とならない。これは弱酸の陰イオンや弱塩基の陽イオンが水と反応して，もとの弱酸や弱塩基を生じるためであり，この変化を塩の加水分解（hydrolysis）という。塩の水溶液の pH の計算は，酸塩基中和滴定の当量点の pH や緩衝液の pH を求める場合に必要となるので，よく理解しておこう。

(1) 弱酸と強塩基から生成した塩の水溶液の pH

酢酸ナトリウム水溶液が弱い塩基性を示すのはなぜだろう。酢酸ナトリウムは完全に解離して CH_3COO^- と Na^+ となる。この CH_3COO^- は水の解離で生じた

H^+ と結合し CH_3COOH を生じる。この CH_3COOH の解離度は小さいので,溶液中の $[H^+]$ が減少することになる。そこで,$K_w = 1.0 \times 10^{-14}$ を保つように水酸化物イオン濃度 $[OH^-]$ が増加するので,水溶液は塩基性を示す。すなわち,次のような加水分解の式で表わせる。

$$CH_3COO^- + H_2O \rightleftarrows CH_3COOH + OH^-$$

では,塩の水溶液の pH はいくつになるのだろうか。この加水分解の平衡定数 K_h は

$$K_h = \frac{[CH_3COOH][OH^-]}{[CH_3COO^-]} \tag{10-32}$$

これを変形すると

$$K_h = \frac{[CH_3COOH][H^+][OH^-]}{[H^+][CH_3COO^-]} = \frac{K_w}{K_a} \tag{10-33}$$

と表わせる。(10-31)式より $K_a \times K_b = K_w$ であるので

$$K_h = K_b \tag{10-34}$$

となり,加水分解の平衡定数は,弱酸 CH_3COOH の共役塩基 CH_3COO^- の塩基解離定数に等しいことがわかる ($K_h = K_b = 5.6 \times 10^{-10}$ であり,極めてわずかな CH_3COO^- が H^+ と反応しているにすぎない)。したがって,弱酸と強塩基からなる塩の水溶液は,弱酸の共役塩基の水溶液とみなせるので,弱塩基の pH を求める式と同じと考えてよい。したがって

$$pH = pK_w - \frac{1}{2}pK_b + \frac{1}{2}\log C_B \tag{10-28}$$

$$= \frac{1}{2}pK_w + \frac{1}{2}pK_a + \frac{1}{2}\log C_B \tag{10-29}$$

となり,弱酸の pK_a がわかれば,pH を求めることができる。また (10-29)式は塩の濃度が高くなれば pH は大きくなり,酸の pK_a が大きい,すなわち共役塩基の塩基性が大きいほど pH が大きいことを示している。

(2) 弱塩基と強酸から生成した塩の水溶液の pH

弱塩基 NH_3 と強酸 HCl から生成した塩化アンモニウム NH_4Cl は水に溶けて弱い酸性を示す。これは,NH_4^+ の一部が水と反応して H_3O^+ を生じ,$[H^+]$ が増加するためである。

$$NH_4^+ + H_2O \rightleftarrows NH_3 + H_3O^+$$

$$K_h = \frac{[NH_3][H_3O^+]}{[NH_4^+]} = K_a$$

したがって加水分解の平衡定数は共役酸の酸解離定数に等しい。そして，NH_4Cl 水溶液は，NH_3 の共役酸の水溶液とみなすことができる。すなわち，弱酸の pH を求める式と同じと考えてよく，次式で表わされる。

$$pH = \frac{1}{2}pK_a - \frac{1}{2}\log C_A \tag{10-24}$$

$$= \frac{1}{2}pK_W - \frac{1}{2}pK_b - \frac{1}{2}\log C_A$$

例題 10・7 0.010 mol dm^{-3} の酢酸ナトリウム水溶液の pH を求めよ。

(10-29)式に値を代入し

$$pH = \frac{1}{2}pK_W + \frac{1}{2}pK_a + \frac{1}{2}\log C_B = \frac{1}{2}(14 + 4.75 + \log 0.010) = 8.37_5 ≒ 8.38$$

となり，この水溶液は塩基性である。

10-3 酸-塩基滴定

塩酸と水酸化ナトリウム水溶液を混合すると，塩化ナトリウムと水が生成する。

$$HCl + NaOH \longrightarrow NaCl + H_2O$$

この式は次のように書くこともできる。

$$H^+ + Cl^- + Na^+ + OH^- \longrightarrow Na^+ + Cl^- + H_2O$$

すなわち，$H^+ + OH^- \longrightarrow H_2O$

と表わせる。このように，酸と塩基を混合すると，酸から生じる H^+ と塩基から生じる OH^- が結合して H_2O となり，酸と塩基の両方の性質が失われる反応を中和反応または中和（neutralization）という。

濃度 C_A mol dm^{-3}，体積 V_A cm^3 の価数 n_A の酸と，濃度 C_B mol dm^{-3}，体積 V_B cm^3 の価数 nB の塩基とが反応してちょうど中和したとすると，次の関係が成立する。

$$n_A \times C_A \times V_A = n_B \times C_B \times V_B \tag{10-35}$$

したがって，濃度のわかっている酸あるいは塩基を用いて，濃度不明の塩基あるいは酸の溶液を滴定すればその濃度を求めることができる。これの操作を中和滴定という。

10-3-1 強酸と強塩基の滴定

0.10 mol dm^{-3} の塩酸水溶液 10.0 cm^3 に 0.10 mol dm^{-3} の水酸化ナトリウム水溶液を少しずつ滴下していき，溶液のpHをpHメータで測定すると，滴定量と溶液のpHの関係を示す滴定曲線が得られる（図10・2）。水酸化ナトリウム水溶液 10.0 cm^3 を滴下したところが，当量点（equivalence point）（あるいは中和点ともいう）となる。この当量点付近でpHが3から10へと著しく変化するので，この付近で色が敏感に変化する試薬をあらかじめ溶液に加えておけば，色の変化から当量点を知ることができる。これを指示薬（indicator）という。

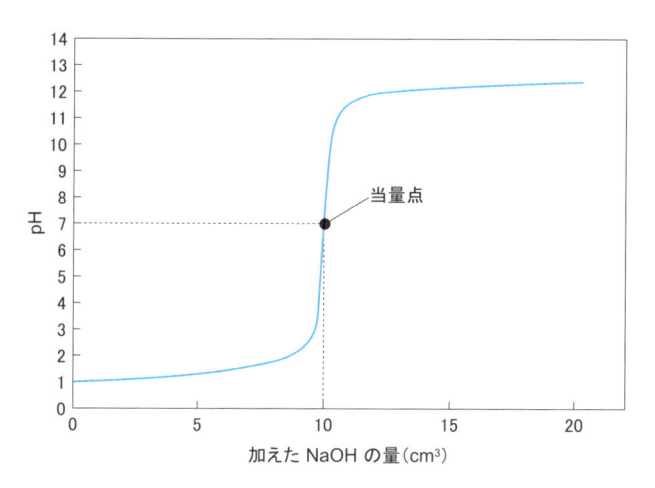

図10・2 強酸を強塩基で滴定したときのpH曲線

指示薬は水素イオン濃度の変化を反映して構造変化をおこし，色が変化する色素で，それぞれ特有の変色域を持つ。強酸-強塩基の滴定では，pH = 7で色が変わるブロモチモールブルー（pH < 6.0で黄色，pH > 7.6で青色）がよい。しかし，当量点でのpH変化が大きいので，フェノールフタレイン（pH < 8.2で無色，pH > 9.8で赤色）やメチルオレンジ（pH < 3.1で橙色，pH > 4.4で黄色）も利用できる（図10・3）。

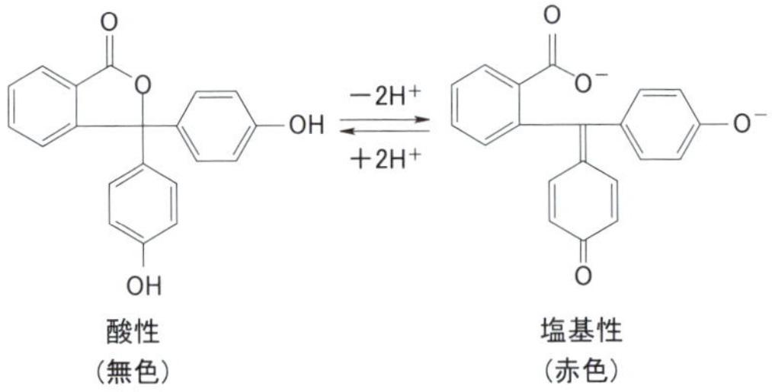

−2H+
+2H+
OH
O
O−
酸性
（無色）
塩基性
（赤色）

フェノールフタレイン

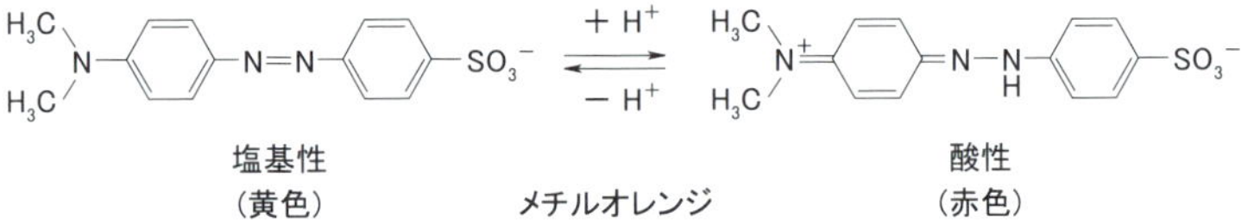

H3C
N
N=N
SO3−
+ H+
− H+
N+
N−N
H
塩基性
（黄色）
メチルオレンジ
酸性
（赤色）

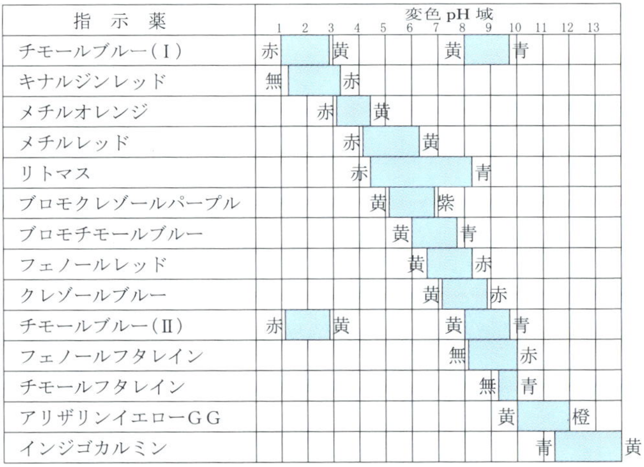

指示薬
変色 pH 域
1 2 3 4 5 6 7 8 9 10 11 12 13
チモールブルー（I） 赤 黄 黄 青
キナルジンレッド 無 赤
メチルオレンジ 赤 黄
メチルレッド 赤 黄
リトマス 赤 青
ブロモクレゾールパープル 黄 紫
ブロモチモールブルー 黄 青
フェノールレッド 黄 赤
クレゾールブルー 黄 赤
チモールブルー（II） 赤 黄 黄 青
フェノールフタレイン 無 赤
チモールフタレイン 無 青
アリザリンイエローGG 黄 橙
インジゴカルミン 青 黄

図 10・3　一般的な指示薬の変色域

図10・2の滴定曲線の形をこれまで学んだ pH の計算方法で検証してみよう。滴定前の塩酸水溶液の pH は $pH = -\log[H^+] = -\log 10^{-1} = 1$ である。NaOH 水溶液を 1.0 cm^3 加えると

$$[H^+] = \frac{\dfrac{0.1 \times 10.0}{1000} - \dfrac{0.1 \times 1.0}{1000}}{\dfrac{11.0}{1000}} = 8.18 \times 10^{-2}\ \mathrm{mol\ dm^{-3}}$$

よって，pH = $-\log(8.18 \times 10^{-2}) = 1.09$ となる。さらに，5.0 cm^3，9.9 cm^3 加えると pH はそれぞれ 1.5，3.3 となる。このように当量点までは pH は徐々に上昇する。さらに滴下すると pH は急激に上昇する。10.0 cm^3 加えた当量点での pH は 7 である。当量点をすぎると，中性溶液に NaOH を加えることになるので，溶液は塩基性となる。10.1 cm^3 滴下すると pH=10.7，15.0 cm^3，20.0 cm^3 加えるとそれぞれ pH=12.3，12.5 と増加する。

> **例題 10・8** 0.10 mol dm^{-3} の塩酸水溶液 10.0 cm^3 に 0.10 mol dm^{-3} の水酸化ナトリウム水溶液を 12.0 cm^3 加えた溶液の pH を求めよ。
>
> NaOH が過剰なので
>
> $$[\text{OH}^-] = \frac{\frac{0.10 \times 12.0}{1000} - \frac{0.10 \times 10.0}{1000}}{\frac{22.0}{1000}} = 9.1 \times 10^{-3} \text{ mol dm}^{-3}$$
>
> $[\text{H}^+] = \dfrac{1.0 \times 10^{-14}}{9.1 \times 10^{-3}} = 1.1 \times 10^{-12}$　よって，pH $= -\log(1.1 \times 10^{-12}) = 12.0$

10−3−2　弱酸および弱塩基の滴定

0.10 mol dm^{-3} の酢酸水溶液 10.0 cm^3 を強塩基である 0.10 mol dm^{-3} の水酸化ナトリウム水溶液で滴定したときの滴定曲線を図 10・4 に示した。強酸-強塩基の滴定の場合（図 10・2）と様子が少しちがうことに注意しよう。

$$\text{CH}_3\text{COOH} + \text{NaOH} \longrightarrow \text{CH}_3\text{COONa} + \text{H}_2\text{O}$$

塩基を加えると pH は緩やかに増加する。当量点付近の pH の変化も強酸を強塩基で滴定した場合にくらべて小さく，6 から 10 へと変化している。また，当量点の pH は 7 ではなく，やや塩基性となる。したがって，指示薬としてメチルオレンジは利用できず，フェノールフタレインを使用すればよい。ここでも，pH を計算から求めてみよう。滴定前の pH は弱酸の pH を求める(10-24)式で計算できる。

$$\text{pH} = \frac{1}{2}\text{p}K_\text{a} - \frac{1}{2}\log C_\text{A} = \frac{1}{2} \times 4.75 - \frac{1}{2}\log 0.10 = 2.87_5 = 2.88$$

当量点では，生成した CH$_3$COONa の加水分解により，溶液は中性ではなく塩基性となり，その pH は(10-29)式から求めることができる。

$$\mathrm{pH} = 7 + \frac{1}{2}\mathrm{p}K_\mathrm{a} + \frac{1}{2}\log C = 7 + \frac{1}{2} \times 4.75 + \frac{1}{2}\log 0.1 \times \frac{10}{20} = 8.73$$

当量点をすぎると，強塩基が過剰となるので，塩基の濃度から pH を計算すればよい。

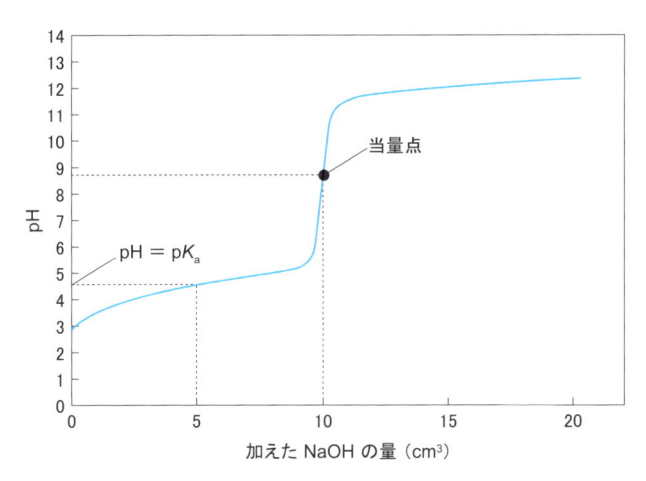

図 10・4　弱酸を強塩基で滴定したときの pH 曲線

ここで，滴定曲線から弱酸の $\mathrm{p}K_\mathrm{a}$ を求めることができることを示そう。

$$\mathrm{HA} \rightleftarrows \mathrm{H}^+ + \mathrm{A}^-$$

弱酸 HA の酸解離定数 K_a は次のように表せる。

$$K_\mathrm{a} = \frac{[\mathrm{H}^+][\mathrm{A}^-]}{[\mathrm{HA}]}$$

これを変形すると

$$[\mathrm{H}^+] = K_\mathrm{a}\frac{[\mathrm{HA}]}{[\mathrm{A}^-]}$$

両辺の対数をとり，マイナスの符号をつけると次のように表わせる。

$$-\log[\mathrm{H}^+] = -\log K_\mathrm{a} - \log\frac{[\mathrm{HA}]}{[\mathrm{A}^-]}$$

したがって

$$\mathrm{pH} = \mathrm{p}K_\mathrm{a} + \log\frac{[\mathrm{A}^-]}{[\mathrm{HA}]} \tag{10-35}$$

一般式では

$$\mathrm{pH} = \mathrm{p}K_\mathrm{a} + \log \frac{[\text{共役塩基}]}{[\text{酸}]} \tag{10-36}$$

これをヘンダーソン–ハッセルバルヒの式（Henderson-Hasselbalch equation）という。当量点の中間点すなわち，塩基を加えて酸を半分だけ中和した点では，[共役塩基] = [酸] であり，(10-36)式は pH = pK_a となる。したがって，滴定曲線より当量点の中間点の pH がわかれば，弱酸の pK_a すなわち K_a 値を求めることができる（図10・4）。

強酸を弱塩基で滴定した場合，当量点は弱酸性側にあり，また，当量付近における pH の変化量は強酸-強塩基による滴定の場合にくらべ小さい。一方，弱酸の弱塩基による滴定では，生じたアニオンとカチオンがともに加水分解を起こす。したがって，当量点付近の pH 変化が非常にゆるやかで当量点の検出がむずかしいため，一般に弱酸を弱塩基で滴定することは行わない。

> **例題 10・9** 0.10 mol dm^{-3} の酢酸水溶液 10.0 cm^3 を 0.10 mol dm^{-3} の水酸化ナトリウム水溶液で滴定した。当量点の中間点となるために必要な水酸化ナトリウム水溶液は何 cm^3 か。また，その中間点での pH はいくらか。
>
> 当量点は，10.0 cm^3 を滴下したときであるので，中間点は 5.0 cm^3
> このとき，$[\mathrm{CH_3COO^-}] = \dfrac{5}{(10+5)} \times 0.10$，$[\mathrm{CH_3COOH}] = \dfrac{(10-5)}{(10+5)} \times 0.10$
> よって，ヘンダーソン–ハッセルバルヒの式 (10-36) より
>
> $$\mathrm{pH} = \mathrm{p}K_\mathrm{a} + \log \frac{[\mathrm{A^-}]}{[\mathrm{HA}]} = 4.75 + \log 1 = 4.75$$

10–4 緩 衝 液

100 cm^3 の純水に 1.0 mol dm^{-3} の塩酸あるいは 1.0 mol dm^{-3} の NaOH をわずか 1 cm^3 加えると pH は 7 から 2，あるいは 7 から 12 にそれぞれ大きく変化する。一方，0.2 mol dm^{-3} の酢酸水溶液 50 cm^3 と 0.2 mol dm^{-3} の酢酸ナトリウム水溶液 50 cm^3 の混合液 (pH = 4.75) に 1.0 mol dm^{-3} の塩酸あるいは 1.0 mol dm^{-3} の NaOH を 1 cm^3 加えた場合，pH はそれぞれ 4.66，4.84 である。純水に塩酸あるいは NaOH を加えた場合にくらべ pH 変化が極めて小さい。弱酸とその塩を

等量含む溶液や弱塩基とその塩を等量含む溶液のように，少量の酸や塩基を加えてもpHがあまり変化しない溶液を緩衝液（buffer solution）とよび，溶液の作用を緩衝作用（buffer action）という．酢酸水溶液を強塩基NaOHで滴定した場合（図10・4），当量点の中間点付近でpH変化が少ないのも，緩衝作用のためである．

弱酸である酢酸にその強塩基の塩である酢酸ナトリウムを加えた場合を例に，なぜこのような緩衝作用がおこるのかを考えてみよう．

酢酸は以下の解離平衡にある．

$$CH_3COOH \rightleftarrows CH_3COO^- + H^+ \tag{10-37}$$

ここに，酢酸ナトリウムを加えると，酢酸ナトリウムは完全に解離する．

$$CH_3COONa \longrightarrow CH_3COO^- + Na^+ \tag{10-38}$$

したがって多量に存在するCH_3COO^-のため，酢酸の解離は抑制され(10-37)式の平衡は著しく左側に片寄っている．この緩衝液に少量の強酸HClを加えると，解離して生成したH^+はすぐに多量に存在するCH_3COO^-と結合してCH_3COOHとなる．したがって溶液中の$[H^+]$が増加しないためpHは減少しない．

$$CH_3COO^- + H^+ \longrightarrow CH_3COOH \tag{10-39}$$

一方，この溶液に少量の塩基を加えても大量に存在するCH_3COOHと反応してCH_3COO^-とH_2Oになるので，溶液中の$[OH^-]$は増加せずpHは大きくならない．

$$CH_3COOH + OH^- \longrightarrow H_2O + CH_3COO^- \tag{10-40}$$

次に緩衝液のpHを求めてみよう．混合液中の酢酸の濃度をC_A，酢酸ナトリウムの濃度をC_Sとすると酢酸の解離定数K_aは次式のように表わせる．

$$K_a = \frac{[CH_3COO^-][H^+]}{[CH_3COOH]} = \frac{C_S[H^+]}{C_A}$$

これを変形すれば

$$[H^+] = K_a \frac{C_A}{C_S}$$

すなわち

$$pH = pK_a + \log\frac{C_S}{C_A} \tag{10-41}$$

となり，緩衝液の pH は，ヘンダーソン－ハッセルバルヒの式を用いて求められる。

(10-41)式からわかるように，緩衝液の pH は，弱酸とその塩の濃度ではなく両者の濃度比で決定される。また，水を加えても C_S/C_A の比は変化しないので，pH は変わらない。C_S/C_A を変えれば，緩衝液の pH を変化させることができるが，実際には $C_S/C_A=1$ のときが緩衝作用が大きいことがわかっている。代表的な緩衝液を表 10・4 に示した。

ヒトの体液の pH は緩衝作用により厳密にコントロールされており，血漿の pH は 7.40 ± 0.05 に維持されている。こうして，酵素が適切に働いている。

表 10・4 一般的な緩衝液

成　　　分	有効 pH 範囲
グリシンとグリシン塩酸塩	1.0 〜 3.7
フタル酸とフタル酸水素カリウム	2.2 〜 3.8
酢酸と酢酸ナトリウム	3.7 〜 5.6
クエン酸二ナトリウムとクエン酸三ナトリウム	5.0 〜 6.3
リン酸二水素カリウムとリン酸水素二カリウム	5.8 〜 8.0
ホウ酸と水酸化ナトリウム	6.8 〜 9.2
ホウ酸ナトリウムと水酸化ナトリウム	9.2 〜 11.0
リン酸水素二ナトリウムとリン酸三ナトリウム	11.0 〜 12.0

例題 10・10　$0.200\ \mathrm{mol\ dm^{-3}}$ の酢酸と酢酸ナトリウムを等容量ずつ混合した。この溶液の pH を求めよ。

$$\mathrm{pH} = 4.75 + \log \frac{0.200 \times \frac{1}{2}}{0.200 \times \frac{1}{2}} = 4.75$$

問　　題

10・1　$0.15\ \mathrm{mol\ dm^{-3}}$ の酢酸水溶液における $\mathrm{CH_3COOH}$, $\mathrm{CH_3COO^-}$, $\mathrm{H^+}$, $\mathrm{OH^-}$ のモル濃度を求めよ。

10・2 つぎの溶液の pH を求めよ。

(a)　0.010 mol dm^{-3} H$_3$BO$_4$　　(b)　0.010 mol dm^{-3} NH$_4$Cl

10・3　0.100 mol dm^{-3} の乳酸水溶液25.0 cm^3 を0.20 mol dm^{-3} の水酸化ナトリウム水溶液で滴定した。

(a)　滴定前の pH を求めよ。
(b)　NaOH 水溶液を 5.0 cm^3 だけ加えたときの pH を求めよ。
(c)　当量点での pH を求めよ。

10・4　0.10 mol dm^{-3} の酢酸水溶液と0.10 mol dm^{-3} の酢酸ナトリウムを含む緩衝液100 cm^3 がある。この溶液に0.10 mol dm^{-3} の塩酸水溶液を4.00 cm^3 加えたときの pH はいくらか。また，0.10 mol dm^{-3} の水酸化ナトリウム水溶液4.00 cm^3 加えたときの pH はいくらか。

10・5　0.020 mol dm^{-3} の酢酸ナトリウム水溶液100 cm^3 に0.10 mol dm^{-3} の塩酸水溶液を加え，pH = 5.0 の溶液を調製するには，塩酸を何cm^3 加えればよいか。

11章 ●電気化学 - 化学エネルギーと電気エネルギー -

　反応が持つエネルギーを取り出すには，熱のエネルギーとして取り出す方法があり，その際の考え方については熱化学として7章で述べた。ある種の反応では，化学種の間で電子の授受が行われている。この場合には，その反応のエネルギーは熱のかたちをとるだけではなく，化学種の間を移動する電子を反応系から取り出すことにより，そのエネルギーで電気的な仕事を行わせることができる。つまり，電気エネルギーのかたちとして利用できる。日常よく用いられているマンガン電池や新エネルギーの一つとして将来大いに期待されている燃料電池はこの種のエネルギーを利用したものである。電池の電位差が反応の起こりやすさを反映しているものとすれば，たとえば電位差が0つまり電池の電気がなくなったとされる状態は，反応が平衡に到達しこれ以上進行しない状態と考えることができる。このように考えれば，電位差が反応の平衡と関係したものであること，また，平衡は反応のギブズの自由エネルギー変化 ΔG で表わすことができることから（9章），電池の電位差もまた ΔG のような熱力学的な諸性質から理解できると予想される。

　化学種の間での電子の授受は酸化，還元とよばれ基本的な反応形式の一つである。本章では，はじめにこの酸化と還元について学び，ついでその応用となる電池について理解しよう。さらに電池の電位と反応の熱力学的な諸性質との関わりについてまとめよう。

11-1　酸化と還元

　酸化 (oxidation) と還元 (reduction) は重要な反応形態の一つであるが，時代とともにその定義は拡張されてきた。元来は，ある物質が酸素と化合する反応を酸化，その逆反応が還元とよばれた。たとえば

$$4Fe + 3O_2 \longrightarrow 2Fe_2O_3$$

$$Fe_2O_3 + 3C \longrightarrow 2Fe + 3CO$$

で表される反応のうち，上の反応は鉄の酸化反応であるし，下は逆に酸化鉄から酸素が除かれているので酸化鉄の還元反応ということができる。しかし現在

では酸化と還元は，化学種の間の電子の授受に注目して次のように定義される．

　　酸化：ある化学種から電子を取り去ること

　　還元：ある化学種に電子を与えること

もちろんこの定義からいっても，さきの上の反応は鉄が酸化される反応であるし，下の反応は酸化鉄が還元される反応であることは理解できる．一つの反応で電子を失う化学種があれば，当然電子を受け取る化学種もある．たとえば，次の反応では

$$Zn + 2AgNO_3 \longrightarrow 2Ag + Zn(NO_3)_2$$

亜鉛 Zn は酸化され，銀イオン Ag^+ は還元されている．このように酸化と還元は同時に起こるので，このような反応を酸化還元反応 (redox reaction) という．また，他の化学種を酸化できる化学種を酸化剤 (oxidizing agent)，還元できるものを還元剤 (reducing agent) という．酸と塩基の場合と同じように，同じ化学種でも反応する相手によって酸化剤として働いたり，還元剤として働く場合がある．たとえば，過酸化水素は次の上の反応のように酸化剤として働く場合が多いが，相手が過マンガン酸カリウムのように強い酸化剤のときには，下記のように還元剤として働いている．

$$2Fe^{2+} + H_2O_2 + 2H^+ \longrightarrow 2Fe^{3+} + 2H_2O$$

$$2MnO_4^- + 5H_2O_2 + 6H^+ \longrightarrow 2Mn^{2+} + 5O_2 + 8H_2O$$

11−2　酸 化 数

　酸化還元反応を考える場合，電子の足跡を追うために酸化数 (oxidation number) の概念を用いると大変わかりやすい．酸化数は，一つの化合物中の電子をそれぞれの原子に帰属させようとするものである．実際には化合物中の電子は化合物全体に複雑に分布しているので，架空の電荷数と考えた方がよい．しかし酸化還元反応のつり合いをとり，それに基づいて電気化学的計算を行うときには重要となる．酸化数は次の規則に従って決められる．

(1)　単体中の原子の酸化数はすべて 0．

　　　例；Zn, F_2, P_4, S_8 におけるすべての原子の酸化数は 0

(2)　単原子イオンの酸化数はその電荷に等しい．

　　　例；Na^+ (+1), Al^{3+} (+3), Cl^- (−1), S^{2-} (−2)

(3)　中性化合物中の原子の酸化数の総和は 0，多原子イオンに対してはその

和はイオンの電荷数に等しい。

　　　例：Fe_2O_3 の酸化数の総和は 0：$+3×2+(-2)×3$，
　　　　　MnO_4^- の総和は -1：$+7+(-2)×4$

(4) 下に記した主要な例外のほかは，H 原子は常に酸化数は $+1$ であり，O 原子は常に -2 である。

a) 規則(1)で記したように，単体中の原子の酸化数は 0 である。
b) 金属水素化物中の H 原子の酸化数は -1 とする。例：NaH，CaH_2
c) 過酸化物中の O 原子の酸化数は -1 とする。例：H_2O_2，Na_2O_2
d) OF_2 の酸素原子の酸化数は $+2$ とする。

例題 11・1 下に記した化合物中の硫黄あるいは塩素原子の酸化数を求めよ。

(a) H_2SO_4　(b) $S_2O_3^{2-}$　(c) $Na_2S_3O_6$　(d) $Ba(ClO_3)_2$　(e) $KClO_4$

(a) H_2SO_4 硫黄原子の酸化数を x とおけば
$$2×(+1) + x + 4×(-2) = 0 \quad x = +6$$

(b) $S_2O_3^{2-}$ 硫黄原子の酸化数を x とおけば
$$2x + 3×(-2) = -2 \quad x = +2$$

(c) $Na_2S_3O_6$ 硫黄原子の酸化数を x とおけば
$$2×(+1) + 3x + 6×(-2) = 0 \quad x = +3\frac{1}{3}$$

酸化数はこの例のように整数にならないときもあるので注意。

(d) $Ba(ClO_3)_2$ 化合物中の Ba は Ba^{2+} であり酸化数は $+2$。塩素原子の酸化数を x とおけば
$$(+2) + 2×\{x + 3×(-2)\} = 0 \quad x = +5$$

(e) $KClO_4$ 化合物中の K は K^+ であり酸化数は $+1$。塩素原子の酸化数を x とおけば
$$(+1) + x + 4×(-2) = 0 \quad x = +7$$

11−3 化 学 電 池

酸化還元反応で起こっている電子の移動を，外部回路を通して行わせることで，反応のエネルギーを電気エネルギーとして取り出すことができる。硫酸銅の水溶液に金属の亜鉛粉末を直接加えれば，ただちに次の反応が起こり

$$Zn(s) + CuSO_4(aq) \longrightarrow ZnSO_4(aq) + Cu(s) \tag{11-1}$$

大きな発熱が認められる。実際に亜鉛粉末のまわりに銅の黒色粉末が生成していくのが観察できる。このとき反応のエネルギーは熱エネルギーとして取り出すことができる（図11・1(a)）。一方，この反応は次の二つの反応によって起こると考えることができる。この二つの反応を，図11・1(b)のように

$$Zn \longrightarrow Zn^{2+} + 2e^- \quad (Znの酸化)$$
$$Cu^{2+} + 2e^- \longrightarrow Cu \quad (Cu^{2+}の還元)$$

外部回路でつなげば，亜鉛の電極から電子が取り出され，亜鉛は Zn^{2+} になって溶液中に溶け出していく。一方，電子は外部回路を通って銅電極に入り，そこで電極周辺にある Cu^{2+} と接触する。そのために Cu^{2+} は Cu 原子となり銅電極に析出することになる。この電子の流れから電気的なエネルギーを取り出すことができる。このように，化学反応から電気エネルギーを得ることからこれらのシステムは化学電池（electrochemical cell）とよばれ，特に上記の Zn と Cu^{2+} の反応を利用したものをダニエル電池（Daniell cell）という。化学電池は二つの半電池（half cell）からできており，電池によっては図中(b)にあるような塩橋（salt bridge）で連結されている。塩橋は，ゼラチン中に KNO_3 や KCl などの電解質を混ぜ合わせ，それを管につめたものである。反応が進行するにつれ，亜鉛電極室では Zn^{2+} が陰イオンよりも多くなり，逆に，銅電極室では Cu^{2+} が減少していくので陰イオンよりも少なくなる。塩橋中にある陽イオンは，過剰の負電荷を補償するため銅電極室へ移動し，また，陰イオンは亜鉛電極室へ移動する。このように両電極間で電気的中性が保たれることにより，連続的に電池反応が進行するのである。図11・1(c)にある電解質液がしみ込んだ多孔質の隔壁も塩橋と同じ役割を果たしている。

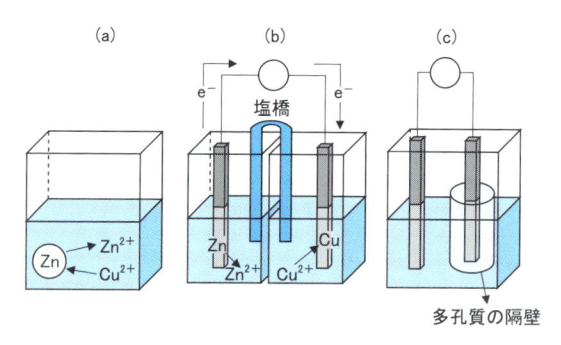

図11・1　金属亜鉛と銅イオンの反応 (a) (b) (c)

11章 電気化学 – 化学エネルギーと電気エネルギー –

ダニエル電池では，負電荷を持つ電子が亜鉛電極から銅電極に向かっていることから，銅電極の方が亜鉛電極よりも相対的に正の電位にあることがわかる。そこで，この両電極間の電位差を測定することを考えてみよう。どちらの半電池も溶液の濃度が変わらないように測定するために，電池から電流を取り出さないよう電位をかける。これは溶液の濃度が変われば電位差も変わってくるためである。このようにかけられた電位が電極間の電位差に相当し，この電池の起電力（electromotive force）となる。

測定された起電力 E は，慣例上，右側の電極電位（electrode potential）から左側の電極電位を差し引いた値で表す（図 11・2）。

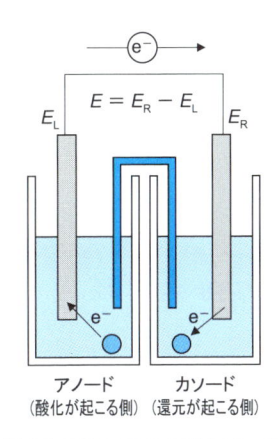

図 11・2　起電力の表し方およびカソードとアノード

起電力：E (電池) $= E_R$(右側の電極電位) $- E_L$(左側の電極電位)

したがって，右側の電極電位が左よりも高いときに起電力は正の符号を，低ければ負の符号を持つ。上のダニエル電池の溶液の濃度がともに 1 mol dm^{-3} のとき，起電力は $E = +1.10 \text{ V}$ である。重要なことは，高い電位を持つ電極では還元が起こり，低い電位の電極では酸化が起こる点である。いま還元が起こる電極をカソード（cathode）とよび，酸化が起こる方をアノード（anode）という。

電池の構造は電池図（cell diagram）を用いて表す。たとえば，ダニエル電池を，電池図を使って表せば次のように書くことができる。

$$\text{Zn(s)} \mid \text{ZnSO}_4 \text{ (aq)} \mid \text{CuSO}_4 \text{ (aq)} \mid \text{Cu (s)}$$

媒質が異なる接合部はたて線 | で表し，この中に溶液の濃度を記してもよい。

塩橋などで連結されている場合には，電解質溶液の間に二重のたて線 ∥ をいれる。たとえば

$$\text{Zn(s)} \mid \text{ZnSO}_4 \text{ (aq, 0.01 mol dm}^{-3}) \parallel \text{CuSO}_4 \text{ (aq, 0.1 mol dm}^{-3}) \mid \text{Cu(s)}$$

である。

11−4 起電力と平衡

電池の起電力は，それぞれの半電池の溶液の濃度に依存する。ダニエル電池の場合には，その起電力 E は $\ln\{[\text{Zn}^{2+}]/[\text{Cu}^{2+}]\}$ に比例し（図 11・3），次のネルンストの式（Nernst equation）によって表される。[*1]

$$E = E° - \frac{RT}{2F} \ln \frac{[\text{Zn}^{2+}]}{[\text{Cu}^{2+}]} \tag{11-2}$$

ここで，R は気体定数，T は絶対温度，F はファラデー定数である。$E°$ は標準起電力（standard electromotive force）とよばれ，Zn^{2+} と Cu^{2+} がともに 1 mol dm^{-3} のときの起電力の値である。したがって，$[\text{Zn}^{2+}]/[\text{Cu}^{2+}] = 1$ のとき $\ln\{[\text{Zn}^{2+}]/[\text{Cu}^{2+}]\} = 0$ となり，起電力は標準起電力と等しくなる。また，電池の標準起電力 $E°$ は，次節で述べるように，それぞれの電極の標準電極電位

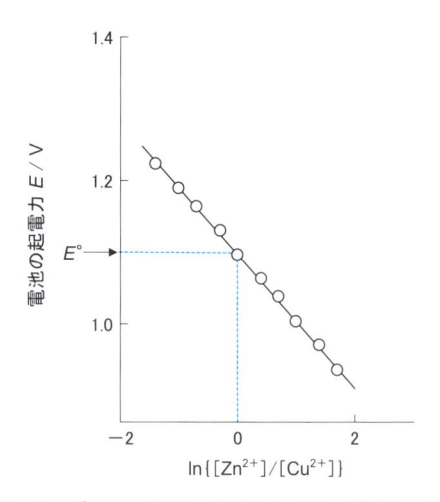

図 11・3　ダニエル電池の起電力とイオン濃度との関係

[*1] イオンの濃度はモル濃度ではなく活量 a で表すべきであるが，希薄溶液では，活量はモル濃度で近似できる。

(standard electrode potential) の差から得られる。

$E°$ (電池) $= E°$ (右側の標準電極電位) $- E°$ (左側の標準電極電位)

　電池を使いつくすとはどのような状態になるときであろうか。その状態では，酸化還元反応はそれ以上進まず，反応が平衡に達したことを意味している。このときの電池の起電力 E は0になり，したがって，(11-2)式は

$$0 = E° - \frac{RT}{2F} \ln \frac{[Zn^{2+}]}{[Cu^{2+}]}$$

となる。この式にあるイオンの濃度比は平衡時のものであり，(11-1)式で表される反応の平衡定数 K_c に他ならない。したがって

$$E° = \frac{RT}{2F} \ln K_c \tag{11-3}$$

となる。つまり，電池の標準起電力についての情報が得られれば，すぐにその電池反応についての平衡定数を求めることができる。

　ここで，他の一般的な電池反応についてまとめておこう。イオンの濃度が関与する簡単な電池反応

$$aA\,(aq) \rightleftarrows bB\,(aq)$$

があり，この反応では z 個の電子がやりとりされているとすれば，この電池の起電力は次のネルンストの式で与えられる。

$$E = E° - \frac{RT}{zF} \ln \frac{[B]^b}{[A]^a} \tag{11-4}$$

したがって，平衡定数との関係を表わす式は次のようになる。

$$E° = \frac{RT}{zF} \ln K_c \tag{11-5}$$

さらに付け加えれば，電池反応が水素や酸素のような気体によるときには，上のモル濃度の代わりに気体の分圧を用いればよい。

例題 11・2　下記の電池反応の25℃における平衡定数を，電池の標準起電力の値から求めよ。

$$\tfrac{1}{2}I_2\,(s) + [Fe(CN)_6]^{4-} \rightleftarrows I^- + [Fe(CN)_6]^{3-}$$

全体の反応を，左側の極で酸化，右側の極で還元が起こるように分けて書く。

左側の極（アノード），酸化：$[Fe(CN)_6]^{4-} \longrightarrow [Fe(CN)_6]^{3-} + e^-$

右側の極（カソード），還元：$1/2\,I_2 + e^- \longrightarrow I^-$

標準起電力は，右側の極の標準電極電位（0.536 V，表11・1）から左側の極の標準電極電位（0.356 V）を引いたものであるから

$$E°(\text{電池}) = 0.536\,\text{V} - 0.356\,\text{V} = 0.180\,\text{V}$$

である。この反応では関わる電子数は $z = 1$ であるから，平衡定数は(11-5)式から，$1\,\text{J} = 1\,\text{C V}$ を使って

$$\ln K_c = \frac{zFE°}{RT} = \frac{FE°}{RT}$$

$$= \frac{(96485\,\text{C mol}^{-1})(0.180\,\text{V})}{(8.314\,\text{J K}^{-1}\,\text{mol}^{-1})(298\,\text{K})}$$

$$= 7.00_9$$

したがって $K_c = 1.11 \times 10^3$ となる。

11-5 標準電極電位

標準電極電位は，溶液の濃度がすべて $1\,\text{mol dm}^{-3}$ のときの電池の起電力を測定することで求めることができる。測定により得られるのは電極電位の差であるから，基準となる電極を決めその電位を0とおくことにより，電池の起電力の値がそのまま他方の電極の標準電極電位となる。このための基準として選ばれたのが標準水素電極（standard hydrogen electrode, SHE）である（図11・4）。この電極の化学平衡は

$$H^+\,(aq) + e^- \rightleftarrows \frac{1}{2}H_2\,(g)$$

で表され，水素イオン濃度が $1\,\text{mol dm}^{-3}$ で，気体水素は標準状態（指定された温度，通常は25℃で1 atm）にある場合の電位である。標準水素電極を左側の半電池として，右側には他の標準電極を半電池とした電池を構成し，その起電力を測定する。この起電力が他の標準電極の電位となる。

$$\begin{aligned}E°(\text{電池}) &= E°(\text{右側の標準電極電位}) - E°(\text{SHE})\\ &= E°(\text{右側の標準電極電位}) - 0\\ &= E°(\text{右側の標準電極電位})\end{aligned}$$

実際には標準水素電極を組み立てるのは不便なので，種々の二次標準電極が使われる。カロメル電極（calomel electrode）がもっとも代表的なものである（図11・4）。カロメルとは塩化水銀(I) Hg_2Cl_2 の通称であり，この電極は $Cl^- | Hg_2Cl_2(s) | Hg(l)$ で表され，Cl^- としては KCl が使用される。25℃で $E° = 0.2682$ V である。このように測定された標準電極電位の値を表11・1にまとめた。

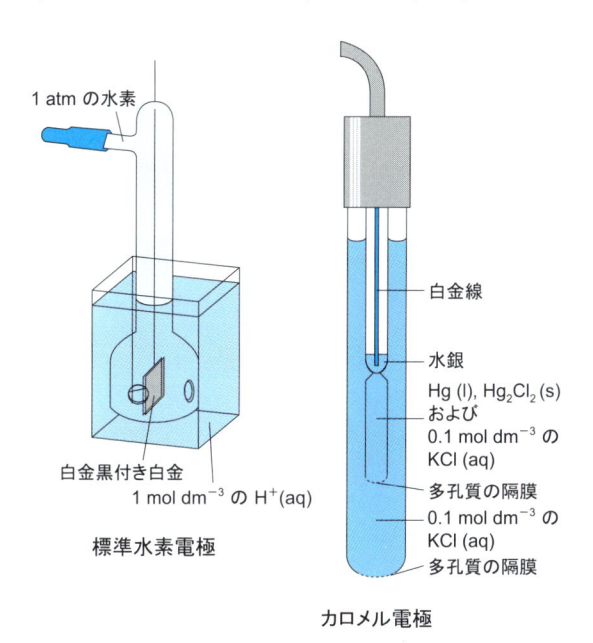

図11・4 標準水素電極とカロメル電極

標準電極電位の値が大きいほど（たとえば，$Ce^{4+} + e^- \rightarrow Ce^{3+}$　$E° = 1.61$ V）表11・1に示されている電極反応の右方向へ進む反応（還元反応）が起こりやすい。逆に，その値が小さいほど（たとえば，$Li^+ + e^- \rightarrow Li$　$E° = -3.045$ V）左方向に進む反応（酸化反応）が起こりやすい。この左方向への反応は金属のイオン化反応に等しい。金属のイオン化傾向の大小の順序を示すイオン化列は，この標準電極電位の小さいものから大きい順にならべたものである。

Li > K > Ca > Na > Zn > Fe > Cd > Sn > Pb > (H_2) > Cu > Hg > Ag

イオン化列で前にある金属ほどイオンになりやすく，還元力が強い。

表 11·1　25℃での標準電極電位 ($E°$/V)

電極系	電極反応	$E°$/V
Li/Li$^+$	Li$^+$ + e$^-$ ⇌ Li	－3.045
K/K$^+$	K$^+$ + e$^-$ ⇌ K	－2.925
Rb/Rb$^+$	Rb$^+$ + e$^-$ ⇌ Rb	－2.925
Cs/Cs$^+$	Cs$^+$ + e$^-$ ⇌ Cs	－2.923
Ba/Ba^{2+}	Ba^{2+} + 2e$^-$ ⇌ Ba	－2.906
Ca/Ca^{2+}	Ca^{2+} + 2e$^-$ ⇌ Ca	－2.866
Na/Na$^+$	Na$^+$ + e$^-$ ⇌ Na	－2.714
Ce/Ce^{3+}	Ce^{3+} + 3e$^-$ ⇌ Ce	－2.483
Eu/Eu^{3+}	Eu^{3+} + 3e$^-$ ⇌ Eu	－2.407
Mg/Mg^{2+}	Mg^{2+} + 2e$^-$ ⇌ Mg	－2.363
Al/Al^{3+}	Al^{3+} + 3e$^-$ ⇌ Al	－1.662
Mn/Mn^{2+}	Mn^{2+} + 2e$^-$ ⇌ Mn	－1.180
Zn/Zn^{2+}	Zn^{2+} + 2e$^-$ ⇌ Zn	－0.7628
Cr/Cr^{3+}	Cr^{3+} + 3e$^-$ ⇌ Cr	－0.744
Fe/Fe^{2+}	Fe^{2+} + 2e$^-$ ⇌ Fe	－0.4402
Cd/Cd^{2+}	Cd^{2+} + 2e$^-$ ⇌ Cd	－0.403
Pb/PbBr$_2$/Br$^-$	PbBr$_2$ + 2e$^-$ ⇌ Pb + 2Br$^-$	－0.284
Pb/PbCl$_2$/Cl$^-$	PbCl$_2$ + 2e$^-$ ⇌ Pb + 2Cl$^-$	－0.268
Ag/AgI/I$^-$	AgI + e$^-$ ⇌ Ag + I$^-$	－0.1518
Sn/Sn^{2+}	Sn^{2+} + 2e$^-$ ⇌ Sn	－0.136
Pb/Pb^{2+}	Pb^{2+} + 2e$^-$ ⇌ Pb	－0.126
Fe/Fe^{3+}	Fe^{3+} + 3e$^-$ ⇌ Fe	－0.036
D$_2$/D$^+$ a)	2D$^+$ + 2e$^-$ ⇌ D$_2$	－0.0034
H$_2$/H$^+$	2H$^+$ + 2e$^-$ ⇌ H$_2$	0
Ag/AgBr/Br$^-$	AgBr + e$^-$ ⇌ Ag + Br$^-$	0.0713
Ag/AgCl/Cl$^-$	AgCl + e$^-$ ⇌ Ag + Cl$^-$	0.2222
Hg/Hg$_2$Cl$_2$/Cl$^-$	Hg$_2$Cl$_2$ + 2e$^-$ ⇌ 2Hg + 2Cl$^-$	0.2682
Cu/Cu^{2+}	Cu^{2+} + 2e$^-$ ⇌ Cu	0.337
[Fe(CN)$_6$]$^{4-}$/[Fe(CN)$_6$]$^{3-}$	[Fe(CN)$_6$]$^{3-}$ + e$^-$ ⇌ [Fe(CN)$_6$]$^{4-}$	0.356
Cu/Cu$^+$	Cu$^+$ + e$^-$ ⇌ Cu	0.521
I$_2$/I$^-$	I$_2$ + 2e$^-$ ⇌ 2I$^-$	0.536
Fe^{2+}/Fe^{3+}	Fe^{3+} + e$^-$ ⇌ Fe^{2+}	0.771
Hg/Hg$_2^{2+}$	Hg$_2^{2+}$ + 2e$^-$ ⇌ 2Hg	0.788
Ag/Ag$^+$	Ag$^+$ + e$^-$ ⇌ Ag	0.7991
Hg$_2^{2+}$/Hg^{2+}	2Hg^{2+} + 2e$^-$ ⇌ Hg$_2^{2+}$	0.920
Ce^{3+}/Ce^{4+}	Ce^{4+} + e$^-$ ⇌ Ce^{3+}	1.61

a) Dは重水素 ($^2_1$H) を表す。

11-6 実用電池

電池は1次電池と2次電池に分類される。マンガン乾電池のように再生できないものを1次電池といい，鉛蓄電池のように放電と充電をくり返しできるものを2次電池という。身のまわりで実際に使われているいくつかの電池についてその電池反応と構造を下にまとめる。

(1) **マンガン電池** （起電力 1.5 V）

$$(-) \ Zn \ | \ NH_4Cl, ZnCl_2 \ | \ MnO_2, C \ (+) \ *2$$

$(-) \quad Zn \longrightarrow Zn^{2+} + 2e^-$

$\quad\quad\quad Zn^{2+} + 2NH_4^+ \longrightarrow [Zn(NH_3)_2]^{2+} + 2H^+$

$(+) \quad 2H^+ + 2MnO_2 + 2e^- \longrightarrow H_2O + Mn_2O_3$

全体の反応　$Zn + 2NH_4^+ + 2MnO_2 \longrightarrow [Zn(NH_3)_2]^{2+} + H_2O + Mn_2O_3$

一般に乾電池とよばれるもので，NH_4Cl や $ZnCl_2$ の飽和水溶液をデンプンなどでねったものと，MnO_2 や黒鉛（グラファイト）粉末（C）を NH_4Cl 水溶液でねったものを使う。(+)極で H^+ が反応するが水素ガスは発生せず，すぐに MnO_2 と反応して水になる。

類似の電池にアルカリマンガン電池がある。この電池では電解質溶液に塩化アンモニウムの代わりに水酸化カリウムを用いており，起電力は同じく1.5 Vである。

(2) **酸化銀電池** （起電力 1.55 V）

$$(-) \ Zn \ | \ KOH(aq) \ | \ Ag_2O \ (+)$$

$(-) \quad Zn + 2OH^- \longrightarrow ZnO + H_2O + 2e^-$

$(+) \quad Ag_2O + H_2O + 2e^- \longrightarrow 2Ag + 2OH^-$

全体の反応　$Zn + Ag_2O \longrightarrow 2Ag + ZnO$

類似の水銀電池は，(+)極に HgO を使ったもので，起電力は1.35 Vである。

(3) **リチウム電池** （起電力　$(CF)_n$ 型　2.8 V　　MnO_2 型　3.0 V）

$(-) \quad Li \longrightarrow Li^+ + e^-$

$(+) \quad (CF)_n + nLi^+ + ne^- \longrightarrow (CFLi)_n$

または　$MnO_2 + Li^+ + e^- \longrightarrow MnOOLi$

リチウム金属は，半電池を構成する中でもっとも標準電極電位が低く，しか

---

*2 電池のカソードを（+）極（＝正極），アノードを（−）極（＝負極）という表し方をすることがある。

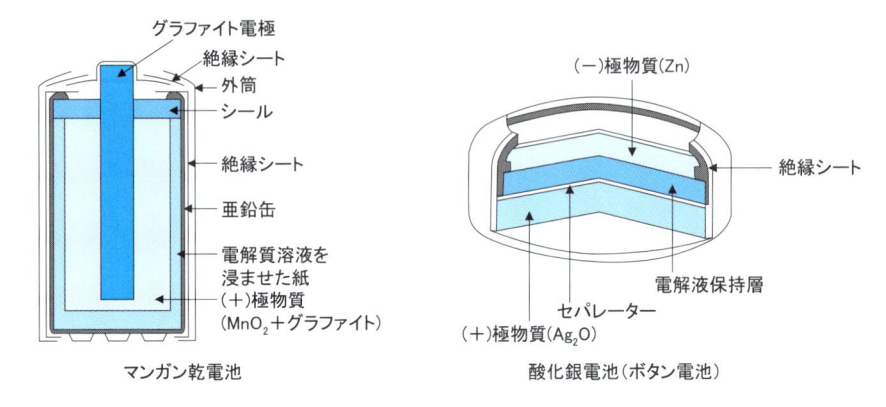

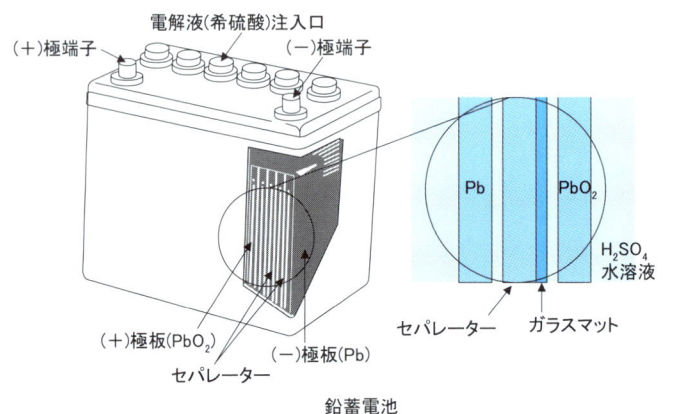

図11・5 マンガン電池，酸化銀電池および鉛蓄電池の構造

も電気量密度が高いことから，(−)極として最適といえる。電極電位の高いフッ素は，(+)極として適していると考えられるが，反応性が極めて高いガスであるために，そのまま用いることができない。そこで，フッ化黒鉛$(CF)_n$が用いられている。また，フッ化黒鉛の代わりにMnO_2が使用されている。

(4) 鉛蓄電池 (起電力 2.05 V)

$$(-)\,Pb\,|\,H_2SO_4\,(aq)\,|\,PbO_2\,(+)$$

(−)　　$Pb \rightleftarrows Pb^{2+} + 2e^-$

　　　　$Pb^{2+} + SO_4^{2-} \rightleftarrows PbSO_4$

(+)　　$PbO_2 + 4H^+ + 2e^- \rightleftarrows Pb^{2+} + 2H_2O$

　　　　$Pb^{2+} + SO_4^{2-} \rightleftarrows PbSO_4$

全体の反応　　$Pb + PbO_2 + 2H_2SO_4 \rightleftarrows 2PbSO_4 + 2H_2O$

　この電池は2次電池であり，放電すると右向きの反応が起こる．放電の程度は H_2SO_4 の損失量によって測定できる．H_2SO_4 の密度は H_2O より大きいので，電解液の密度を測定することにより H_2SO_4 の損失の程度を知ることができる．放電後に外から電圧を加えて反対の方向に電流を流せば，ちょうど逆の変化が起こり，両極は最初の状態にもどる．これが充電である．

　(5)　ニッケル-カドミウム電池　（起電力 1.5 V）

　　　　$(-)\ Cd\ |\ KOH\,(aq)\ |\ Ni_2O_3\ (+)$

$(-)$　　$Cd + 2OH^- \rightleftarrows CdO + H_2O + 2e^-$

$(+)$　　$Ni_2O_3 + H_2O + 2e^- \rightleftarrows 2NiO + 2OH^-$

全体の反応　　$Cd + Ni_2O_3 \rightleftarrows CdO + 2NiO$

　この電池も放電と充電をくり返す2次電池である．

11-7　pH と水素電極

　水素電極の電位はその溶液の水素イオン濃度が変化すれば，それに比例して変化することが期待できる．いま，カロメル電極を半電池にした電池

$$Pt\ |\ H_2\,(g)\ |\ H^+\,(aq)\ |\ Cl^-\,(aq)\ |\ Hg_2Cl_2\,(s)\ |\ Hg\,(l)$$

を考えてみよう．この電池反応は

$$Hg_2Cl_2\,(s) + H_2\,(g) \rightleftarrows 2Hg\,(l) + 2Cl^-\,(aq) + 2H^+\,(aq)$$

となる．ネルンストの式によれば

$$E = E° - \frac{RT}{2F} \ln \frac{[Cl^-]^2\,[H^+]^2}{p_{H_2}}$$

と表すことができる．水素の圧力は標準状態で $p_{H_2} = 1$ であり，Cl^- イオンの濃度はカロメル電極の組成に依存している．いま，Cl^- イオンが多量にあると考えれば，こちらも一定とできる．したがって

$$E = E° - \frac{RT}{2F} \ln[Cl^-]^2 - \frac{RT}{2F} \ln[H^+]^2$$

$$= E' - \frac{RT}{F} \ln[H^+]$$

とおける．ここで，$E' = E° - (RT/2F) \ln[Cl^-]^2$ であり定数となる．

$-\ln[\text{H}^+] = -2.303 \log[\text{H}^+] = 2.303 \times \text{pH}$ より

$$E = E' + \frac{2.303RT}{F} \times \text{pH}$$

となる。このように電池の起電力の値は水素電極の pH に比例していることから，溶液の水素イオン濃度が電気的に測定できることになる。

水素電極の使用は煩雑であり，実際の pH の測定には図11・6 で示したガラス電極 (glass electrode) が使用される。この電極も水素イオン濃度に敏感であり，pH に比例して電位が得られる。これが pH メーターに応用されている。

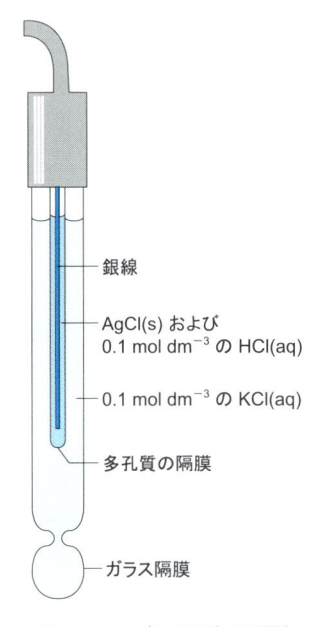

図11・6　ガラス電極の構造

11－8　起電力とギブズの自由エネルギー変化

平衡定数とギブズの標準自由エネルギー変化との間の関係は，(9-15)式から

$$\Delta G^\circ = -RT \ln K_c$$

であり，また，標準起電力との関係は(11-5)式から

$$E^\circ = \frac{RT}{zF} \ln K_c$$

これら二つの式から

$$\Delta G° = -zFE° \tag{11-6}$$

が導かれる。これらの関係は重要である。つまり，標準起電力の情報が得られれば，もとになる電池反応の平衡定数ばかりではなく，ギブズの自由エネルギー変化をも知ることができるのである。また，ギブズの自由エネルギー変化が，この反応から取り出せる電気的な仕事の最大値に等しいことを考えれば，これらの式の有効性が再認識できる。

例題 11・2 ダニエル電池の電池反応である $Zn(s) + CuSO_4 (aq) \rightleftarrows ZnSO_4 (aq) + Cu(s)$ について，25℃におけるギブズの標準自由エネルギー変化および平衡定数を求めよ。

この電池反応に対する標準起電力 $E°$ は，表 11・1 から

$$E° = E°(Cu^{2+} \mid Cu) - E°(Zn^{2+} \mid Zn)$$
$$= (0.337 \text{ V}) - (-0.763 \text{ V}) = 1.100 \text{ V}$$

である。$z = 2$ であり，(11-6)式から $1 \text{ J} = 1 \text{ C V}$ を使って

$$\Delta G° = -zFE° = -2 \times (96485 \text{ C mol}^{-1})(1.100 \text{ V})$$
$$= -2.123 \times 10^5 \text{ C V mol}^{-1} = -212.3 \text{ kJ mol}^{-1}$$

さらに，(9-15)式から平衡定数 K_c は

$$\ln K_c = -\frac{\Delta G°}{RT}$$
$$= -\frac{-2.123 \times 10^5 \text{ J mol}^{-1}}{(8.314 \text{ J K}^{-1} \text{ mol}^{-1})(298 \text{ K})} = 85.7$$

よって　$K_c = 1.66 \times 10^{37}$

新エネルギーの一つとして将来大いに期待されている燃料電池（fuel cell）から取り出せる電気的な仕事の最大値について次に考えてみよう。はじめに，その構造を図 11・7 に示した。

この電池反応は，水素の燃焼反応であり，次のとおりである。

$$H_2 (g) + 1/2 \, O_2 (g) \longrightarrow H_2O (l)$$

アノード，H_2 の酸化：$H_2 \longrightarrow 2H^+ + 2e^-$

カソード，H^+ の還元：$1/2 \, O_2 + 2H^+ + 2e^- \longrightarrow H_2O$

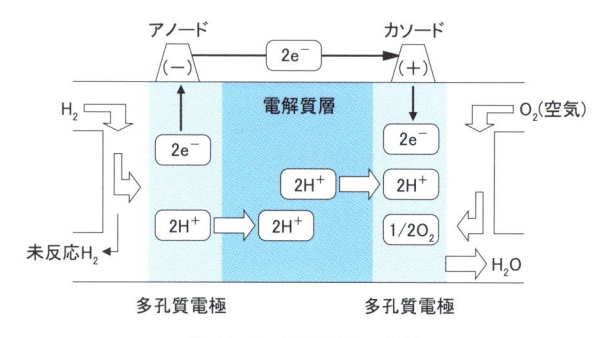

図11・7　燃料電池の構造

　都市部などの電力源として実用化が進んでいる燃料電池は，電解液としてリン酸などの濃厚水溶液を使っており，空気が酸素源である．電解液に代わるものとしてナフィオンなどの高分子膜が開発され，これが燃料電池車に応用されている．

　この電池反応は水素の燃焼反応と同時に水の生成反応でもあるので，そのギブズの標準自由エネルギー変化は，表8・2中にある水の標準生成自由エネルギーの値からただちに求めることができる．

$$\Delta G° = -237 \text{ kJ mol}^{-1} \quad (25°C)$$

このエネルギーは水素 1 mol から取り出せる電気エネルギーの最大値であり，起電力は，(11-6)式の z は 2 であるので

$$E° = -\frac{\Delta G°}{zF} = -\frac{-237 \times 10^3 \text{ J mol}^{-1}}{2 \times (96485 \text{ C mol}^{-1})}$$

$$= 1.23 \text{ J C}^{-1} = 1.23 \text{ V}$$

となる．

問　題

11・1　次の酸化還元反応に対応する半電池反応を記せ．

(a)　$Cr^{2+} \text{ (aq)} + Fe^{3+} \text{ (aq)} \rightleftarrows Cr^{3+} \text{ (aq)} + Fe^{2+} \text{ (aq)}$

(b)　$Pb \text{ (s)} + Sn^{4+} \text{ (aq)} + SO_4^{2-} \text{ (aq)} \rightleftarrows PbSO_4 \text{ (s)} + Sn^{2+} \text{ (aq)}$

(c)　$Ni \text{ (s)} + 2Ce^{4+} \text{ (aq)} \rightleftarrows Ni^{2+} \text{ (aq)} + 2Ce^{3+} \text{ (aq)}$

(d) $I_2\,(s) + Sn\,(s) \rightleftharpoons 2I^-\,(aq) + Sn^{2+}\,(aq)$

11・2 次の化学電池においてカソード（（＋）極＝正極）はどちらかを示せ。
(a) $Zn\,(s) \mid ZnSO_4\,(aq) \mid CuSO_4\,(aq) \mid Cu\,(s)$
(b) $Ag, AgCl \mid HCl\,(aq) \mid HBr\,(aq) \mid AgBr, Ag$
(c) $Ag, AgCl \mid KCl\,(aq) \mid CdCl_2\,(aq) \mid Cd$

11・3 溶液中の金属イオンの濃度がいずれも $1\,mol\,dm^{-3}$ で，ともに $1\,dm^3$ の溶液を持つダニエル電池がある。この電池から $1\,F$ の電気が消費されたとする。このとき 25℃での電池の起電力を求めよ。

11・4 濃度が異なる電解質溶液からなる電極を組み合わせると電池になる。これを電解質濃淡電池という。いま，次の電池図で表される濃淡電池がある。
$$Cu \mid Cu^{2+}\,(aq, 0.10\,mol\,dm^{-3}) \mid Cu^{2+}\,(aq, x\,mol\,dm^{-3}) \mid Cu$$
この電池の半電池反応を記せ。さらに，25℃で起電力が $0.0296\,V$ になるには，右側の電極の電解質濃度はどれだけになるか。

11・5 次の反応が起こる電池の標準起電力が $0.354\,V$ であるとき，以下の問いに答えよ。
$$Zn\,(s) + Fe^{2+}\,(aq) \longrightarrow Zn^{2+}\,(aq) + Fe\,(s)$$
(a) この酸化還元反応に対応する半電池反応と電池図を記せ。
(b) カソードの標準電極電位が $-0.409\,V$ である時，アノードの標準電極電位はいくらか。
(c) この反応の 25℃におけるギブズの標準自由エネルギー変化を求めよ。

11・6 次の電池の標準起電力が $0.010\,V$ であるとき，以下の問いに答えよ。
$$Sn\,(s) \mid Sn^{2+}\,(aq) \mid Pb^{2+}\,(aq) \mid Pb\,(s)$$
(a) 右側の電極の標準電極電位が $-0.126\,V$ であるとき，左側の電極の標準電極電位はいくらか。

(b) 対応する酸化還元反応を記し，その反応の 25 ℃ におけるギブズの標準自由エネルギー変化を求めよ。

(c) この反応の 25 ℃ における平衡定数を求めよ。

12章● 化学変化の速度

化学反応の速さはさまざまである。硝酸銀 $AgNO_3$ の水溶液に塩化ナトリウム $NaCl$ の水溶液を加えると，直ちに白色の塩化銀 $AgCl$ の沈殿が生成する。また，火薬の爆発やガスの燃焼も一瞬のうちに進む。一方，鉄は空気中でゆっくりとさびて酸化鉄になる。これら反応の速さをどのように表したらよいだろうか。そして，反応の速さに影響を与える要因は何だろう。

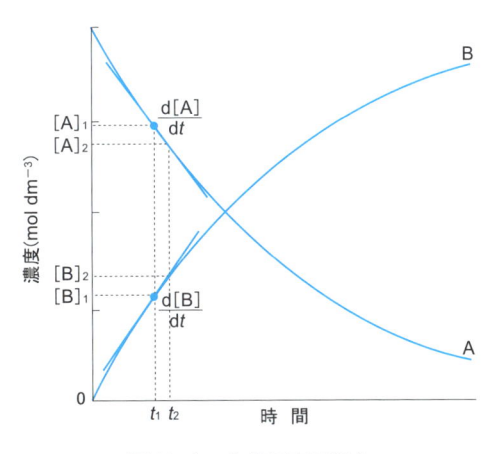

12−1 化学反応速度

12−1−1 化学反応の速さ

自動車の速度は，単位時間（時間，h）に自動車が移動した距離で，たとえば平均時速 60 km h^{-1} と表わされるが，化学反応の速度はどのように考えたらよいだろう。反応物（原料）A が生成物 B に変化する反応での A と B の濃度を一定時間ごとに測定し，グラフに表してみよう（図 12・1）。

$$A \longrightarrow B$$

反応物 A が生成物 B に変化する反応の速度 v は，単位時間（秒, s）あたりの生成物 B の濃度（mol dm^{-3}）の増加量あるいは反応物 A の減少量で表すことができる。

図 12・1 化学反応の速さ

$$v = \frac{[\text{B}]_2 - [\text{B}]_1}{t_2 - t_1} = \frac{\Delta[\text{B}]}{\Delta t} = -\frac{[\text{A}]_2 - [\text{A}]_1}{t_2 - t_1} = -\frac{\Delta[\text{A}]}{\Delta t} \qquad (12\text{-}1)$$

ここで，濃度が減少する速度，すなわちAの減少速度にマイナスがついていることに注意しよう。こうすれば，速度vは正の値で表せるからである。しかしこの式は，時間t_1からt_2の間の平均速度を表していることになる。そこで，時間tから$t + \Delta t$までのΔtを無限に小さくした場合，すなわち時間tにおける接線の傾きで反応速度を表す。つまり，反応速度は次のように表される。

$$v = -\frac{d[\text{A}]}{dt} = \frac{d[\text{B}]}{dt} \qquad (12\text{-}2)$$

また，この反応速度が反応物Aの濃度[A]に比例する場合は次のように表せる。

$$v = -\frac{d[\text{A}]}{dt} = \frac{d[\text{B}]}{dt} = k[\text{A}] \qquad (12\text{-}3)$$

ここで，kを反応速度定数（rate constant）とよび，この式を反応速度式（rate law）という。反応の進行とともに[A]は減少するので，反応速度vも減少するが，kは温度が一定であれば，反応に固有の一定の値となる。

一般に，a A + b B → c C + d D の反応速度は次のように表せる。

$$v = -\frac{1}{a}\frac{d[\text{A}]}{dt} = -\frac{1}{b}\frac{d[\text{B}]}{dt} = \frac{1}{c}\frac{d[\text{C}]}{dt} = \frac{1}{d}\frac{d[\text{D}]}{dt} = k[\text{A}]^\alpha[\text{B}]^\beta \qquad (12\text{-}4)$$

どの反応物あるいは生成物に注目するかによって濃度変化は違ってくるため，反応速度は濃度変化を化学量論係数で割って定義する場合が多い。ここでもそれに従っている。式中のαとβを反応次数（order）という。この場合，化合物Aについてα次，Bについてβ次，全体で$(\alpha + \beta)$次の速度式である。たとえば，$v = k[\text{A}][\text{B}]$のとき，Aについて1次，Bについて1次で，全次数は2次となる。このように，反応速度は反応物の濃度積で表され，一般に濃度が高いほど反応は速くなる。速度式は実験的に求めることができるものであり，反応次数は化学量論式から推定できないことに注意しよう。たとえば，気体の酸化窒素N_2O_5の分解反応は

$$2\,N_2O_5 \longrightarrow 4\,NO_2 + O_2$$

と表されるが，反応速度式は $v = k[N_2O_5]$ であり，N_2O_5の濃度について1次であることが実験的に求められている。

> **例題 12・1** $2\,NO + 2\,H_2 \longrightarrow N_2 + 2\,H_2O$ の反応速度式は $v = k[NO]^2[H_2]$ で表される。NO,H_2 の消費速度および N_2,H_2O の生成速度はどのように表されるか。
>
> $$v = -\frac{1}{2}\frac{d[NO]}{dt} = -\frac{1}{2}\frac{d[H_2]}{dt} = \frac{1}{1}\frac{d[N_2]}{dt} = \frac{1}{2}\frac{d[H_2O]}{dt} = k[NO]^2[H_2]$$
>
> であるので,NO の消費速度 $-d[NO]/dt = 2k[NO]^2[H_2]$,
> H_2 の消費速度 $-d[H_2]/dt = 2k[NO]^2[H_2]$,$N_2$ の生成速度 $d[N_2]/dt = k[NO]^2[H_2]$
> H_2O の生成速度 $d[H_2O]/dt = 2k[NO]^2[H_2]$

12−1−2 1次反応

もっとも単純な次の反応を考えよう。 $A \longrightarrow P$
反応物 A の消費速度が A の濃度 [A] の1次に比例するなら,速度式は

$$v = -\frac{d[A]}{dt} = k[A] \tag{12-5}$$

と表わせる。ここで1次反応速度定数 k の単位を考えてみよう。左辺が単位時間当りの濃度変化(mol dm^{-3} s^{-1})であるので,mol dm^{-3} s^{-1} = k × mol dm^{-3} となる。したがって,k の単位は s^{-1} である。

(12-5)式を変形すると

$$\frac{d[A]}{[A]} = -k\,dt \tag{12-6}$$

となる。ここで,A の濃度が $[A]_0$ である反応開始時($t = 0$)から濃度 [A] の時刻 t までの積分を行うと次式が得られる。

$$\int_{[A]_0}^{[A]} \frac{d[A]}{[A]} = -\int_0^t k\,dt \tag{12-7}$$

$$\ln\frac{[A]}{[A]_0} = -kt \tag{12-8}$$

$$[A] = [A]_0\,e^{-kt} \tag{12-9}$$

したがって,反応物の濃度の時間変化を測定し,$\ln[A]/[A]_0$ の値と時間 t の間に直線関係が成立すれば,その反応は1次反応であり,直線の傾きから速度定数 k を求めることができる(図 12・2)。また(12-8)式は,(12-9)式のように

表すことができ，1次反応は，反応物Aの濃度が時間とともに指数関数的に減少する反応であるといえる。

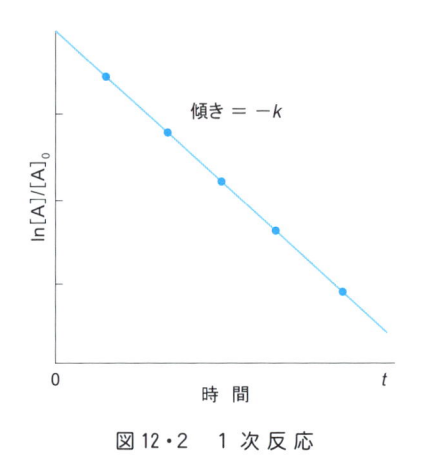

図 12・2　1 次 反 応

また，反応物の濃度が初濃度（反応開始時の濃度）$[A]_0$ の半分になるまでの時間を半減期 $t_{1/2}$（half-life）という（図 12・3）。$t_{1/2}$ のときの反応物の濃度は $\frac{1}{2}[A]_0$ であるので，(12-8)式に代入すると

$$\ln \frac{\frac{[A]_0}{2}}{[A]_0} = -k\, t_{1/2}$$

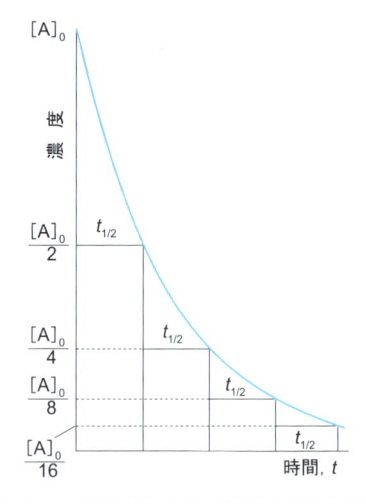

図 12・3　1 次反応における濃度の減少と半減期

したがって

$$t_{1/2} = \frac{\ln 2}{k} \tag{12-10}$$

となる。したがって(12-10)式から，1次反応の半減期は反応物の初濃度には無関係であることがわかる。

$t_{1/2}$が小さいほどその反応は速く進む。そこで，反応速度を比較するのに半減期がよく利用される（放射性同位体の壊変の速度は13章で学ぶ）。

> **例題 12・2** 27℃における，ある1次反応の半減期は17分であった。この反応の速度定数を求めよ。
>
> (12-10)式より，$k = \dfrac{\ln 2}{t_{1/2}} = \dfrac{\ln 2}{17 \times 60} = 6.8 \times 10^{-4}\ \mathrm{s}^{-1}$

12－1－3　2次反応

2次反応には2種類ある。A→Pの反応で，反応速度が反応物Aの2次にしたがう場合と，A+B→Pの反応速度がAとBのそれぞれの1次にしたがう2次反応である。

(1) 反応　A ⟶ P

反応速度が反応物Aの濃度の二乗に比例する場合，速度式は次のように表せる。

$$v = -\frac{d[A]}{dt} = k[A]^2 \tag{12-11}$$

1次反応と同様に変形して積分すると

$$\int_{[A]_0}^{[A]} \frac{d[A]}{[A]^2} = -\int_0^t k\,dt \tag{12-12}$$

$$\frac{1}{[A]} = kt + \frac{1}{[A]_0} \tag{12-13}$$

したがって，反応物の濃度の時間変化を測定し，Aの濃度の逆数と時間との間に直線関係があれば，その反応は2次反応であることがわかり，直線の傾きから速度定数k（単位は$\mathrm{mol}^{-1}\mathrm{dm}^3\mathrm{s}^{-1}$）が得られる（図12・4(a)）。

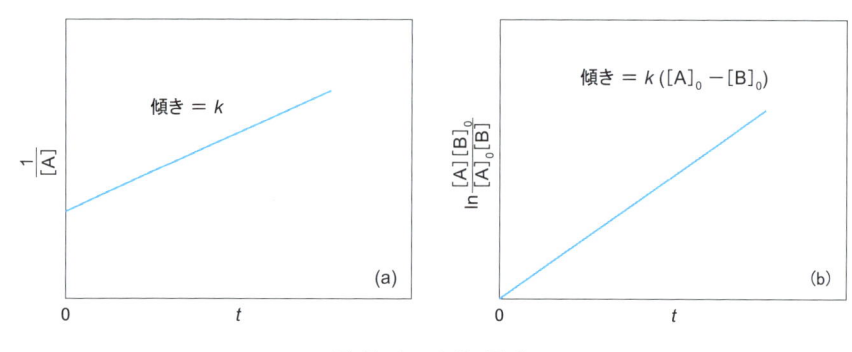

図 12・4 2 次反応
(a) 式(12-13)にもとづいたプロット
(b) 式(12-15)にもとづいたプロット

(2) 反応 A + B ⟶ P

この反応が A と B の濃度についてそれぞれ 1 次であり全次数が 2 次の反応であるとき，速度式は

$$-\frac{d[A]}{dt} = -\frac{d[B]}{dt} = k[A][B] \tag{12-14}$$

と表わせる．A と B の初濃度を $[A]_0, [B]_0$，時間 t における濃度をそれぞれ $[A]$, $[B]$ として解くと次式が得られる．

$$\frac{1}{([A]_0 - [B]_0)} \ln \frac{[A][B]_0}{[A]_0[B]} = kt \tag{12-15}$$

すなわち，$\ln([A][B]_0/[A]_0[B])$ を t に対してプロットしたとき，直線関係となれば，その反応は A と B についてそれぞれ 1 次，全次数 2 次の反応であるといえる（図 12・4 (b)）．

例題 12・3 反応 A → P で反応速度が反応物 A の 2 次にしたがう反応の半減期を表せ．

$t_{1/2}$ のときの反応物の濃度は $[A]_0/2$ であるので，(12-13)式より，$\dfrac{1}{\dfrac{[A]_0}{2}} = kt_{1/2} + \dfrac{1}{[A]_0}$

$t_{1/2} = 1/(k[A]_0)$ が得られる．すなわち，2 次反応の半減期は反応物の初濃度に依存する．

12−2　反応速度の温度依存性

　化学反応は一般に温度を上げると速く進むようになる。1888年Arrheniusは速度定数と温度が次の関係にあることを見いだした。

$$k = A\,\mathrm{e}^{-\frac{E_a}{RT}} \tag{12-16}$$

　　R：気体定数　$8.314\,\mathrm{JK^{-1}\,mol^{-1}}$　　T：絶対温度

このアレニウスの式（Arrhenius equation）で，E_a は活性化エネルギー（単位 kJ mol^{-1} activation energy），A は頻度因子（速度定数 k と同じ単位 pre-exponential factor）とよばれ，それぞれ反応に固有な値である。

　アレニウスの式(12-16)の両辺の対数をとると

$$\ln k = \ln A - \frac{E_a}{RT} \tag{12-17}$$

となる。反応温度 T_1, T_2, T_3, ……における速度定数 k_1, k_2, k_3, ……を求め，$\ln k$ と温度 T の逆数をプロットすれば，(12-17)式より直線関係となるので，直線の傾きから活性化エネルギー E_a を求めることができる（図 12・5）。

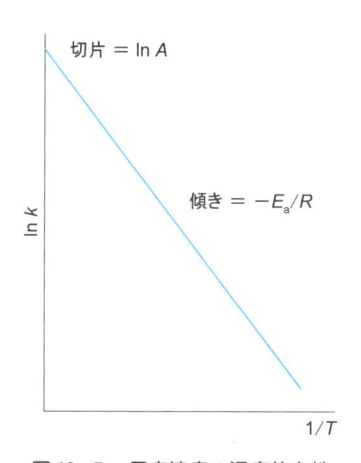

図 12・5　反応速度の温度依存性

　反応速度が温度によってどのくらい変化するか計算してみよう。活性化エネルギー E_a，頻度因子 A の反応で，温度 T_1, T_2 での速度定数をそれぞれ k_1, k_2 とすると

$$\ln k_1 = \ln A - \frac{E_a}{RT_1} \quad , \quad \ln k_2 = \ln A - \frac{E_a}{RT_2}$$

となる。この二つの式の差をとると

$$\ln k_2 - \ln k_1 = -\frac{E_a}{RT_2} + \frac{E_a}{RT_1}$$

$$\ln \frac{k_2}{k_1} = \frac{E_a}{R}\left(\frac{1}{T_1} - \frac{1}{T_2}\right) \tag{12-18}$$

が得られる。したがって，活性化エネルギーが $50\ \text{kJ mol}^{-1}$ の反応では，温度が20℃から30℃に10℃上昇すると

$$\ln \frac{k_2}{k_1} = \frac{(50 \times 10^3\ \text{J mol}^{-1})}{(8.314\ \text{J K}^{-1}\ \text{mol}^{-1})}\left(\frac{1}{293} - \frac{1}{303}\right) = 0.68$$

$$\frac{k_2}{k_1} = e^{0.68} = 2.0$$

反応は約2倍速くなる。

> **例題 12・4** ある反応は，温度を 4℃から25℃に上げたとき，10倍の速さで進行した。この反応の活性化エネルギーを求めよ。
>
> (12-18)式より
>
> $$\ln 10 = \frac{E_a}{(8.314\ \text{J K}^{-1}\ \text{mol}^{-1})}\left(\frac{1}{277\ \text{K}} - \frac{1}{298\ \text{K}}\right) \quad E_a = 75.2\ \text{kJ mol}^{-1}$$

では，この活性化エネルギーや頻度因子とはどのような意味を持っているのだろうか。衝突理論と遷移状態理論で説明しよう。

衝突理論

化学反応が起こるためには，分子やイオンが互いに衝突する必要があるので，衝突回数 Z が多いほど反応速度は大きくなると考えられる。しかし，衝突すれば反応するわけではなく，反応に都合のよい角度で衝突する必要がある。その衝突確率を立体因子 P とよぶ。さらに，酸素と水素を室温で混合しても反応しないが，マッチを点火して温度を上げる，すなわち外からエネルギーを与えると反応が起こることからわかるように，反応が起こるには十分なエネルギーをもった分子同士が衝突することも必要である。温度を上げると図12・6で示した

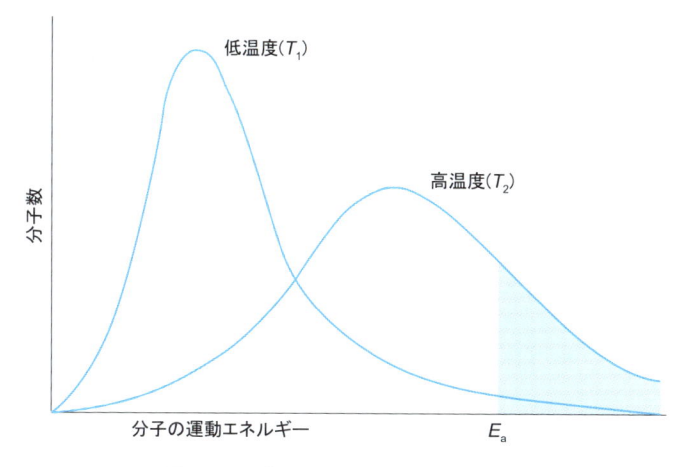

図 12・6　分子の運動エネルギーの分布

ように，一定以上のエネルギーE_aを持った分子の割合が急激に増加する。この割合fは

$$f = e^{-\frac{E_a}{RT}} \tag{12-19}$$

と表せる。以上をまとめると，反応速度は次のように表せる。

$$k = Z \times P \times e^{-\frac{E_a}{RT}} \tag{12-20}$$

この式はアレニウスの(12-16)式と同じであることがわかる。つまり，反応を起こすのに必要な最低限の衝突エネルギーである活性化エネルギーE_aより，大きなエネルギーを持つ分子が有効な衝突をすると反応が起こるといえる。

遷移状態理論

AとBが反応し生成物Pができるとき，中間体に活性錯合体$[A-B]^*$とよばれる遷移状態を形成する（図12・7）。

$$A + B \rightleftarrows [A-B]^* \longrightarrow P \tag{12-21}$$

このとき，反応物A，Bは活性錯合体$[A-B]^*$と平衡関係にあると仮定すると，その平衡定数K^*は次式で表わせる。

$$K^* = \frac{[A-B]^*}{[A][B]} \quad \text{すなわち} \quad [A-B]^* = K^*[A][B] \tag{12-22}$$

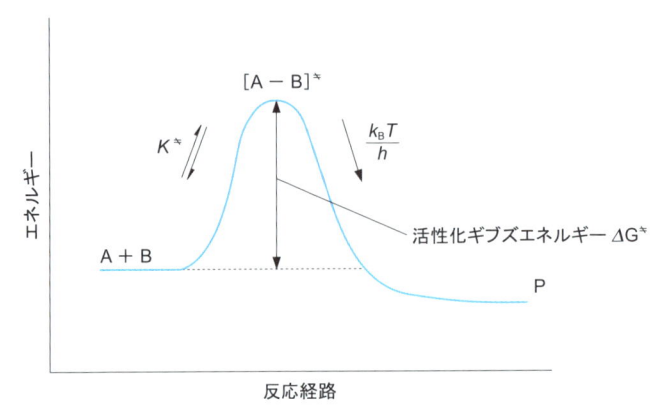

図 12・7　遷移状態理論

活性錯合体 [A − B]‡ は一定速度 $k_\mathrm{B}T/h$ で生成物に変わるとする。ここで，k_B はボルツマン定数（Boltzmann constant），h はプランク定数（Planck constant），T は絶対温度である。またこの反応の反応速度 v は，速度定数を k_r とすれば次式のように表わせる。

$$v = k_\mathrm{r}[\mathrm{A}][\mathrm{B}] = \frac{k_\mathrm{B}T}{h}[\mathrm{A}-\mathrm{B}]^{\ddagger} = \frac{k_\mathrm{B}T}{h} K^{\ddagger}[\mathrm{A}][\mathrm{B}] \tag{12-23}$$

すなわち速度定数 k_r は

$$k_\mathrm{r} = \frac{k_\mathrm{B}TK^{\ddagger}}{h} \tag{12-24}$$

となる。次にこの速度定数を反応の熱力学パラメーターと関連づけてみよう。活性化ギブスエネルギーは　$\Delta G^{\ddagger} = -RT \ln K^{\ddagger}$ 　(12-25)
と表わせるので

$$K^{\ddagger} = \mathrm{e}^{-\frac{\Delta G^{\ddagger}}{RT}} \tag{12-26}$$

これを（12-24）式に代入すると，速度定数 k_r は次式のように表わせる。

$$k_\mathrm{r} = \frac{k_\mathrm{B}T}{h} \mathrm{e}^{-\frac{\Delta G^{\ddagger}}{RT}} \tag{12-27}$$

さらに

$$\Delta G^{\ddagger} = \Delta H^{\ddagger} - T\Delta S^{\ddagger} \tag{12-28}$$

であるので

$$k_\mathrm{r} = \frac{k_\mathrm{B}T}{h}\,\mathrm{e}^{\frac{\Delta S^*}{R}}\,\mathrm{e}^{-\frac{\Delta H^*}{RT}} \tag{12-29}$$

ここで，ΔG^*，ΔH^*，ΔS^* はそれぞれ活性化ギブズエネルギー，活性化エンタルピー，活性化エントロピーである。この(12-29)式をアレニウスの式(12-16)と比較すると，活性化エネルギー E_a は活性錯体を形成するのに必要なエンタルピー変化 ΔH^* に，頻度因子 A は $\left(\dfrac{k_\mathrm{B}T}{h}\right)\exp\left(\dfrac{\Delta S^*}{R}\right)$ に対応していることがわかる。すなわち E_a が大きいと遷移状態を乗り越えるのに必要なエネルギーが大きく，反応は進みにくい。すなわち，速度定数 k_r は小さくなる。

12-3　速度式の解釈—反応機構—

　活性化エネルギーより大きなエネルギーを持つ反応物が衝突して反応が進むことを学んだ。では1次の速度式で表される反応をどのように考えたらよいのだろうか。衝突が必要であるなら，2分子が関与する反応になるのではないか。

　一般に化学反応は一段階で起きる反応ではなく，いくつかの素反応の組合せからなる複合反応である。この素反応の組合せを反応機構(reaction mechanism)という。たとえば，シクロプロパンを加熱してプロペンを生成する反応は1次反応速度式に従うことが，実験的に明らかにされている。

$$\underset{\text{シクロプロパン}}{\mathrm{H_2C}\!-\!\mathrm{CH_2}\text{（環）}\mathrm{CH_2}} \longrightarrow \underset{\text{プロペン}}{\mathrm{CH_3CH=CH_2}}$$

$$v = k[\mathrm{A}] \tag{12-30}$$

シクロプロパンを A，プロペンを P とすれば，この1次反応は次の三つの素反応から構成される反応機構を考えると説明できる。素反応からは直ちに速度式を求めてよいので，三つの素反応の速度式は次のように表せる。

(1) 反応物 A が別の A と衝突し，エネルギーの高い活性化状態の A* となる過程。

$$\mathrm{A + A} \xrightarrow{k_1} \mathrm{A + A^*} \qquad \frac{\mathrm{d}[\mathrm{A}^*]}{\mathrm{d}t} = k_1[\mathrm{A}][\mathrm{A}]$$

(2) 活性化状態の A^* が別の A と衝突し A に戻ってしまう過程。

$$A + A^* \xrightarrow{k_{-1}} A + A \qquad -\frac{d[A^*]}{dt} = k_{-1}[A][A^*]$$

(3) 活性化した A^* が分解し生成物を与える過程。

$$A^* \xrightarrow{k_2} \text{生成物 P} \qquad -\frac{d[A^*]}{dt} = k_2[A^*]$$

(3)の過程がこの反応機構でもっとも遅く,反応全体の速度を支配している段階すなわち律速段階とすると,P の生成速度は

$$\frac{d[P]}{dt} = k_2[A^*] \tag{12-31}$$

となる。活性化状態の A^* は反応性に富んでおり,生成しても直ちに反応してしまうので,反応が起こっている間その濃度は低いと考えられる。そして,反応が進行しているとき,その濃度は一定で変化しないと仮定すれば

$$\frac{d[A^*]}{dt} = 0 \tag{12-32}$$

とすることができる。この取り扱いを定常状態法という。したがって

$$\frac{d[A^*]}{dt} = 0 = k_1[A]^2 - k_{-1}[A][A^*] - k_2[A^*] \tag{12-33}$$

となり

$$[A^*] = \frac{k_1[A]^2}{k_{-1}[A] + k_2} \tag{12-34}$$

が得られる。これを(12-31)式に代入すると

$$\frac{d[P]}{dt} = k_2[A^*] = \frac{k_1 k_2 [A]^2}{k_{-1}[A] + k_2} \tag{12-35}$$

となる。ここで A^* が生成物を与える過程(3)の速度より,失活して元に戻る過程(2)の速度がずっと大きければ

$$k_{-1}[A][A^*] \gg k_2[A^*] \tag{12-36}$$

すなわち,$k_{-1}[A] \gg k_2$ となり,(12-35) 式は次のようになる。

$$\frac{d[P]}{dt} = \left(\frac{k_1 k_2}{k_{-1}}\right)[A] \tag{12-37}$$

つまり，反応は [A] について 1 次であり，実験的に求められた速度式(12-30)に一致する。このように，素反応を考え，ある仮定のもと実験的に得られた速度式を理解できれば，その素反応にしたがって反応が進んでいると解釈できる。

12－4　触媒と酵素

濃度を高くしたり，温度を上げると反応が速くなることがわかった。また，反応が起こるには反応物がエネルギーの高い状態（遷移状態）を乗り越えなければならないことも学んだ。したがって，この遷移状態になるために必要な活性化エネルギーを小さくできれば反応が速くなると考えられる。そのため，触媒 (catalyst) が利用される。触媒は反応速度を増加させるが，それ自身は反応で消費されない物質である。触媒を少量加えると反応物と何らかの相互作用を持ち，活性化エネルギーの低い別の反応経路を進むようになる。

反応物と同じ溶媒に溶けている（同じ相にある）触媒を均一触媒 (homogeneous catalyst)，異なる相たとえば，気相反応に用いられる固体触媒を不均一触媒 (heterogeneous catalyst) という。これらの触媒反応は化学工業プロセスに多用されている。

$$\text{CH}_2=\text{CH}_2 + \text{H}_2\text{O} \xrightarrow{\text{触媒}:\text{H}_2\text{SO}_4} \text{CH}_3\text{CH}_2\text{OH}$$
（エチレン）　　　　　　　　　　　　　　　　（エタノール）

$$\text{CH}_2=\text{CH}_2 \xrightarrow[\text{触媒}:\text{PdCl}_2-\text{CuCl}_2]{\text{H}_2\text{O},\ \text{O}_2} \text{CH}_3\text{CHO} \xrightarrow[\text{触媒}:\text{Mn}^{2+}]{\text{O}_2} \text{CH}_3\text{COOH}$$
（エチレン）　　　　　　　　　　　　　　（アセトアルデヒド）　　　　　　　　（酢酸）

また，酵素 (enzyme) はタンパク質からなる天然の触媒である。たとえば，私たちが食べたご飯やパンの成分であるデンプンは唾液に含まれるアミラーゼとよばれる酵素によってマルトースになり，酵素マルターゼによってグルコースに加水分解される。これらの反応はすべてヒトの体温 37 ℃ 前後で効率よく進行している。このような酵素反応では，基質 S (substrate) の濃度を一定にして酵素 E の濃度を変化させると，反応開始直後の速度すなわち初速度 v_0 と酵素濃度 [E] に直線関係がみられる（図 12・8 (a)）。また，酵素濃度を一定に

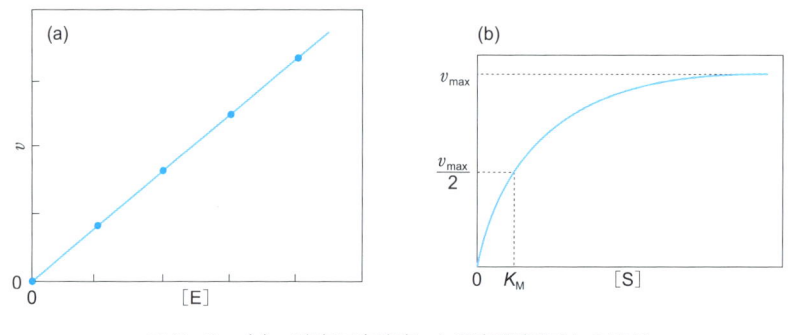

図 12・8　(a)　酵素反応速度 v と酵素濃度 [E] との関係
　　　　　　(b)　酵素反応速度 v と基質濃度 [S] との関係

して基質濃度を増加させていくと，基質濃度が低い場合は，初速度 v_0 は基質濃度 [S] に比例して増加するが，高い基質濃度では飽和してある一定値に達することが観測される（図12・8(b)）。これらを説明するため，つぎのような素反応からなるミカエリス-メンテン機構（Michaelis-Menten mechanism）が提案されている。ここで ES は酵素-基質複合体である。

$$\text{E} + \text{S} \underset{k_{-1}}{\overset{k_1}{\rightleftarrows}} \text{ES} \xrightarrow{k_2} \text{P} + \text{E} \tag{12-38}$$

酵素　　基質　　酵素-基質複合体　　生成物　　酵素

この反応の律速段階が，酵素-基質複合体の生成物 P への分解反応とすると，生成物の生成速度は次式で表される。

$$v = \frac{d[\text{P}]}{dt} = k_2[\text{ES}] \tag{12-39}$$

ここで ES について，定常状態の仮定を用いると

$$\frac{d[\text{ES}]}{dt} = 0 = k_1[\text{E}][\text{S}] - k_{-1}[\text{ES}] - k_2[\text{ES}] \tag{12-40}$$

ここで，酵素の全濃度 $[\text{E}]_0$ は

$$[\text{E}]_0 = [\text{E}] + [\text{ES}] \tag{12-41}$$

であるので

$$\frac{d[\text{ES}]}{dt} = 0 = k_1([\text{E}]_0 - [\text{ES}])[\text{S}] - (k_{-1} + k_2)[\text{ES}] \tag{12-42}$$

$$[\text{ES}] = \frac{k_1[\text{E}]_0[\text{S}]}{k_1[\text{S}] + k_{-1} + k_2} \tag{12-43}$$

これを(12-39)式に代入すれば次式が得られる。

$$v = \frac{d[\text{P}]}{dt} = k_2[\text{ES}] = \frac{k_1 k_2 [\text{E}]_0[\text{S}]}{k_1[\text{S}] + k_{-1} + k_2}$$

$$= \frac{k_2 [\text{E}]_0[\text{S}]}{[\text{S}] + \dfrac{(k_{-1} + k_2)}{k_1}}$$

$$= \frac{k_2[\text{E}]_0[\text{S}]}{K_\text{M} + [\text{S}]} \tag{12-44}$$

この式をミカエリス-メンテンの式といい,$K_\text{M} = (k_{-1} + k_2)/k_1$ をミカエリス定数(Michaelis constant)という。この式は酵素反応の特徴である図12・8によく一致している。すなわち,[S] が一定のとき反応速度は酵素の全濃度 E_0 に比例する(図12・8(a))。また低い基質濃度では [S] $\ll K_\text{M}$ であるので(12-44)式は

$$v = \frac{k_2[\text{E}]_0[\text{S}]}{K_\text{M}} \tag{12-45}$$

となり,[S]の 1 次反応となる。すなわち,[S] が小さいと [ES] は [E] に比例して増加するためである。逆に高い基質濃度では [S] $\gg K_\text{M}$ であるので (12-44)式は

$$v = k_2[\text{E}]_0 \tag{12-46}$$

と表わせ,[S] のゼロ次反応,つまり,基質濃度に依存せず一定値に近づく(図12・8(b))。これは,[S]が大きいと全酵素が ES 複合体として存在するため,基質濃度によらないことを示しており,$k_2[\text{E}]_0$ を最大速度 v_max(maximum velocity)とよぶ。よって(12-44)式は

$$v = \frac{v_\text{max}[\text{S}]}{K_\text{M} + [\text{S}]} \tag{12-47}$$

と表わせる。ここで,$v = v_\text{max}/2$ とおくと $K_\text{M} = [\text{S}]$ となるので,図12・8(b) から v_max と K_M が求まる。しかし,実際には(12-47)式を変形した次式が使われる。

$$\frac{1}{v} = \frac{K_\text{M} + [\text{S}]}{v_\text{max}[\text{S}]} = \frac{1}{v_\text{max}} + \left(\frac{K_\text{M}}{v_\text{max}}\right)\frac{1}{[\text{S}]} \tag{12-48}$$

この式をラインウィーバー-バークの式（Lineweaver-Burk plot）といい，$1/v$ を $1/[S]$ に対してプロットすると，図12・9のように v_{max} と K_M の値を求めることができる。v_{max} と K_M の値は酵素反応の比較に使われる。v_{max} の値が大きいほど，その酵素と基質の組合せで反応が速やかに進む。また，K_M の値が小さいほど，酵素 – 基質複合体を形成しやすいことを意味している。

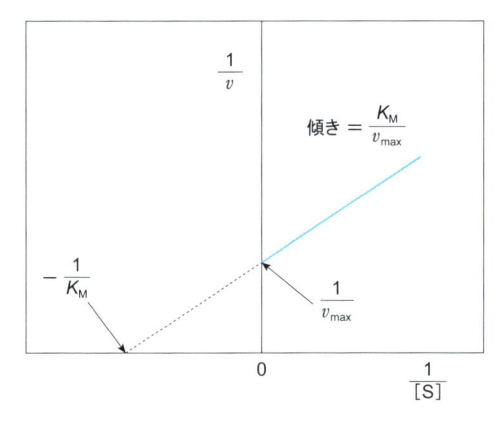

図 12・9　ラインウィーバー - バークプロット

問　題

12・1　反応 3A + 4B → 2C + 6D における C の生成速度が $1.42\ \text{mol dm}^{-3}\ \text{s}^{-1}$ であるとき，A の消失速度および D の生成速度はいくらか。

12・2　化合物 A を反応させたところ，A の濃度は時間の経過とともに，下のように変化した。この反応の次数と速度定数を決定せよ。

時間 (t/min)	0	30.0	60.0	90.0	180.0
A の濃度 ($c_A/\text{mol dm}^{-3}$)	1.00	0.90	0.81	0.73	0.54

12・3　A → B の 1 次反応では 10 分後に原料 A の 20% が反応した。この反応の速度定数を求めよ。また，30 分後に残っている原料 A の割合を % で示せ。

12・4 活性化エネルギーが 50.0 kJ mol^{-1} の反応の反応温度が 30℃ から 50℃ になったとき,速度定数はどうなるか。

12・5 一次反応の反応温度を 10 K 上げたとき,半減期は 1/2 になった。最初の反応温度は何度か。ただし,この反応の活性化エネルギーは 50.0 kJ mol^{-1} である。

12・6 一酸化窒素 NO の酸化反応は次式で示される。$2NO + O_2 \rightarrow 2NO_2$
この反応は次のような素反応からなると考えられる。

$$NO + NO \underset{k_2}{\overset{k_1}{\rightleftarrows}} N_2O_2 \qquad N_2O_2 + O_2 \overset{k_3}{\longrightarrow} 2NO_2$$

(a) 反応中間体である N_2O_2 に定常状態の仮定を用いて,N_2O_2 の濃度を示せ。
(b) NO_2 の生成速度を示す式を求めよ。
(c) NO_2 の生成速度が,NO について 2 次の反応速度式に従うのはどのような場合か。また,その場合の速度式を示せ。

13章● 核　化　学

　1896年フランスの Becquerel がウラン鉱石から，放射線が出ていることを発見したことをきっかけに，Curie 夫妻により放射性元素 Po, Ra が発見され，放射性物質への関心が高まった。そして現在では，放射性元素が持つ性質である放射能は医療をはじめとするさまざまな分野で利用されている。一方，電子が関与する化学反応と異なり，原子核の反応では莫大なエネルギーが生み出されることから原子爆弾の悲劇が生まれた。第2次世界大戦以降，このエネルギーは原子力発電などに平和的に利用されているが，放射線障害や放射能汚染などの危険をはらんでいる。ここでは，これらの化学的理解を深めるための基礎を学ぶことにしよう。

13-1　同位体—放射性核種と安定核種—

　原子番号（陽子数）が同じで，質量数の異なる核種を互いに同位体（アイソトープ isotope）であるという（序章を参照）。たとえば，原子番号1の水素には，質量数1の水素（^1_1H）と質量数2の重水素（^2_1H あるいは D）の二つの同位体があり，それぞれ 99.9885% と 0.0115% の割合で存在する。^1_1H や ^2_1H のような安定な同位体とは異なり，水素には ^3_1H （三重水素，トリチウムともよばれる）のように放射性同位体（ラジオアイソトープ radioisotope，放射性同位元素ともいう）とよばれる不安定な同位体も存在する。一般の化学変化では，原子核は全く変化せず電子状態が変化するだけである。しかし，放射性同位体では，原子核の陽子と中性子との結びつきが不安定なため，ひとりでに核を構成している粒子の一部や余分なエネルギーを放射線（radiation：α 線や β 線などの高速の粒子線や γ 線のような高いエネルギーを持った電磁波）として放出し，より安定な元素へと変化する。このように物質が放射線を放出する性質を放射能(radioactivity)という。天然に存在する放射性同位体には ^3_1H のほか $^{14}_6C$, $^{238}_{92}U$ (uranium)，$^{232}_{90}Th$ (thorium)，$^{224}_{88}Ra$ (radium)，$^{222}_{86}Rn$ (radon) など約70種類ある。また人工的に作られた放射性同位体には $^{60}_{27}Co$ (cobalt)，$^{137}_{55}Cs$ (cesium) など1600種類以上もある。

13-2 放射性壊変と放射線

放射性同位元素がひとりでに放射線を放出して,より安定な別の核種に変化することを放射性崩壊(radioactive decay)あるいは放射性壊変という。そして,放出する放射線の種類により α 崩壊 (α decay), β 崩壊 (β decay), γ 崩壊 (γ decay) の三つに分けられる。α 崩壊では,放射性同位元素は α 粒子の流れである α 線を放出する。α 粒子は,陽子2個,中性子2個から構成されているので,正電荷を持ち中性の He から電子2個が奪われたものと同じであり,ヘリウムの原子核に相当する ($^4\text{He}^{2+}$)。$^{238}_{92}\text{U}$, $^{226}_{88}\text{Ra}$ は α 崩壊をおこし,それぞれ $^{234}_{90}\text{Th}$, $^{222}_{86}\text{Rn}$ という別の放射性同位元素に変化する。以下に示す核化学反応式の両辺では,質量数の和と原子番号の和が変化しないことに注意しよう。

$$^{238}_{92}\text{U} \longrightarrow {}^{234}_{90}\text{Th} + {}^{4}_{2}\text{He}$$

$$^{226}_{88}\text{Ra} \longrightarrow {}^{222}_{86}\text{Rn} + {}^{4}_{2}\text{He}$$

β 線を放出する場合を β 崩壊という。β 線は高速で大きな運動エネルギーを持つ電子 (electron: 以下の核化学反応式で,電子は負の電荷を持ち質量が陽子や中性子の約1840分の1と非常に小さいので $^{0}_{-1}\text{e}$ と表してある)の流れである。中性子の一つが陽子1個と電子1個に分裂し,負電荷を持つ β 線が放出されると,正電荷が一つ増加するので原子番号が一つ増加した別の元素に変わることになる。しかし,その質量数は変化しない。たとえば $^{14}_{6}\text{C}$ や $^{60}_{27}\text{Co}$ は β 線を放出し,それぞれ $^{14}_{7}\text{N}$, $^{60}_{28}\text{Ni}$ に壊変する。

$$^{14}_{6}\text{C} \longrightarrow {}^{14}_{7}\text{N} + {}^{0}_{-1}\text{e}$$

$$^{60}_{27}\text{Co} \longrightarrow {}^{60}_{28}\text{Ni} + {}^{0}_{-1}\text{e}$$

また,α 崩壊や β 崩壊で生成した核種はエネルギーの高い状態(励起状態)になる場合が多い。この過剰なエネルギーを γ 線として放出し最低エネルギー状態(基底状態)になる。これを γ 崩壊という。γ 線は可視光線や赤外線と同じ電磁波であり,質量・電荷を持たない。^{238}U の α 崩壊では α 粒子を放出し,^{234}Th となる。このときはじめに生成した $^{234}\text{Th}^*$ はエネルギーの高い状態(励起状態という)にあり,γ 線としてエネルギーを放出して安定な ^{234}Th が生成する(基底状態という)(図13・1)。

天然に存在する放射性同位元素である原子番号92のウランの放射性崩壊をみてみよう(図13・2)。たとえば,^{238}U は自発的に α 線を発生してトリウム ^{234}Th

$^{234}_{90}\text{Th}^*$

γ崩壊

γ線

$^{234}_{90}\text{Th}$

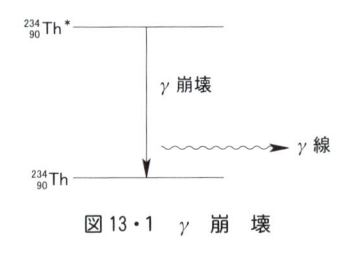

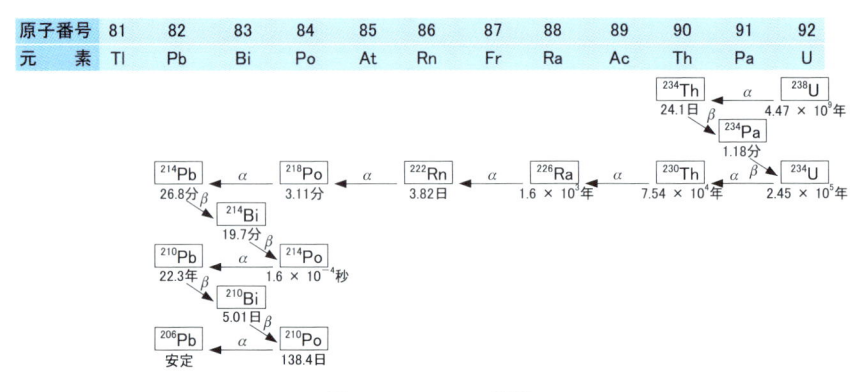

図 13・1　γ 崩　壊

原子番号	81	82	83	84	85	86	87	88	89	90	91	92
元　素	Tl	Pb	Bi	Po	At	Rn	Fr	Ra	Ac	Th	Pa	U

図 13・2　^{238}U の崩壊

に変化する。生成したトリウムはさらに β 崩壊と α 崩壊を繰り返しながら変化して ^{218}Po となる。^{218}Po も不安定であり最終的に安定な鉛 ^{206}Pb となるまで崩壊を繰り返す。

> **例題 13・1**　$^{235}_{92}$U が α 崩壊をおこした後，β 崩壊した。生成物は何か。
>
> $^{235}_{92}\text{U} \longrightarrow\ ^{231}_{90}\text{Th} + ^{4}_{2}\text{He},\quad ^{231}_{90}\text{Th} \longrightarrow\ ^{231}_{91}\text{Pa} + ^{0}_{-1}\text{e}$

　放射線である α 線，β 線，γ 線の性質を表 13・1 にまとめた。α 線の透過性(物質を突き抜ける性質)は弱く，薄い紙で止まってしまう(図 13・3)。しかし，β 線は α 線より透過性が強く紙を透過するが，アルミホイルや木材でさえぎることができる。電磁波である γ 線の透過性がもっとも高く，これを止めるには厚いコンクリートや鉛板が必要である。一方，α 線は原子にあたると電子を引き離しイオン化する性質(電離作用)が強く，細胞を傷つける原因となる。

　これら放射線には，核実験などで人工的に作り出された放射線ばかりでなく，自然放射線とよばれる放射線もある。地球上の地殻や土壌に存在する放射性

表 13・1　α線, β線, γ線の比較

	α線	β線	γ線
本　　体	ヘリウムの原子核	電子	電磁波
透　過　力	もっとも弱い	α線より強い	もっとも強い
感光作用 イオン化作用	もっとも強い	α線より弱い	もっとも弱い
速　　度	放射性元素によって異なる	放射性元素によって異なる	光の速度に等しい

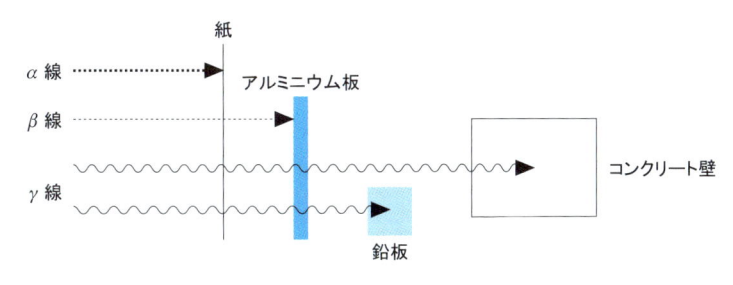

図 13・3　放射線の透過力

物質からの放射線や宇宙から降り注ぐ放射線がこれに相当する。地殻中には，^{238}U，^{232}Th，^{40}K などの天然放射性物質が存在する。^{238}U の崩壊の途中で生成する放射性元素の ^{222}Rn は，不活性ガスであり空気中に拡散し，α崩壊して ^{218}Po や ^{210}Bi などに変化しながら最終的に ^{206}Pb となる。この ^{222}Rn は家屋の床を通して室内に浸入するため，締めきった室内でその濃度が高くなることも知られている。また，宇宙空間からも放射線が降り注いでいる。高いエネルギーの高速の陽子である 1 次宇宙線が，地球の大気中の酸素や窒素に衝突して 2 次宇宙線とよばれる高エネルギーの電子線，γ線などの放射線をつくっている。これらの自然放射線は私たちがさけることのできない放射線である。

　放射能や放射線に関わる単位として，ベクレル (Bq ; becquerel)，グレイ (Gy ; gray)，シーベルト (Sv ; sievert) がある。これらの単位は表す内容によって使い分けられている。ベクレルは，1 秒間に 1 個の放射性核種が崩壊するときに出る放射能の強さの単位である。グレイは放射線のエネルギーを物質がどれだけ吸収したかを表す吸収線量の単位で $1\,\mathrm{Gy} = 1\,\mathrm{J\,kg^{-1}}$ である。シーベルトは

放射線が人体に与える影響の程度を表すための単位である。吸収線量が同じでも放射線の種類やエネルギーによって人体に与える影響が異なる。そこで，β線やγ線が人体に与える影響を1，α線を20とした放射線荷重係数で，吸収線量を補正して求めた値である。自然放射線の吸収線量は一人当たり世界平均で年間2.4ミリシーベルトといわれている。

13-3 半減期

放射性同位体は放射線を放出しながら他の安定な核種に壊変する。放射性核種の数が最初の半分になる時間を半減期（half-life）$t_{1/2}$という（反応速度の項12-1-2を参照）。この反応速度は1次反応に従うので，半減期は次式で表わせる。

$$t_{1/2} = \frac{\ln 2}{k} \tag{13-1}$$

半減期は放射性同位体の種類によって異なる。^{214}Poがα崩壊して^{210}Pbとなる半減期は1.6×10^{-4}秒である（図13・2）。一方，^{222}Rnは3.8日，^{238}Uは45億年後に初めの量の半分になる。物質の放射能の強さも半減期ごとに半分になるので，この値は放射能汚染の期間や放射性廃棄物の保管期間などの推定に利用されている。また，放射性同位元素の半減期は，化石や歴史的出土品の年代測定に利用されている。

^{14}Cの半減期を用いた場合を例に説明しよう。天然の炭素原子は^{12}C (98.9%)，^{13}C (1.1%)および極微量(0.00000000012%)の放射性同位体^{14}Cの混合物である。この中で^{14}Cだけがβ崩壊で^{14}Nへと変化する。その半減期は5730年である。一方，宇宙空間から降り注ぐ宇宙線は大気圏で中性子を生成する。大気中の^{14}Nは，この中性子との核反応で^{14}Cに変化している。この両方の反応がうまくつりあって，大気中の^{14}CO$_2$濃度は一定に保たれている。ところで，地球上の植物は太陽の光を吸収し，空気中の二酸化炭素と水から光合成によってデンプンやセルロースを合成している。その結果，植物中の^{14}C濃度，さらにこの植物を体内に取り入れている動物の^{14}C濃度も一定となる。この動植物が死ぬと大気からの^{14}Cの供給が止まり，^{14}Cは半減期5730年で崩壊して減少するので，^{12}Cに対する^{14}Cの相対存在量から年代を計算できる。

> **例題 13・2** $^{222}_{86}$Rn の α 壊変の半減期は 3.8 日である。この反応式を書き，反応速度定数を求めよ。
>
> $$^{222}_{86}\text{Rn} \longrightarrow {}^{218}_{84}\text{Po} + {}^{4}_{2}\text{He}$$
>
> (13-1)式より
>
> $$k = \frac{\ln 2}{t_{1/2}} = \frac{0.693}{3.8 \times 24 \times 60 \times 60} = 2.1 \times 10^{-6} \text{ s}^{-1}$$

13-4 核の結合エネルギー

すでに序章で学んだように，原子を構成する陽子，中性子，電子の質量は，原子質量単位で表すとそれぞれ 1.007276 u，1.008665 u，0.000549 u である。この値を使って陽子と中性子が各 2 個と電子 2 個からなる $^{4}_{2}$He の質量 m_{He} を求めてみると

$$m_{\text{He}} = 1.007276 \text{ u} \times 2 + 1.008665 \text{ u} \times 2 + 0.000549 \text{ u} \times 2 = 4.032980 \text{ u}$$

となる。ところが，質量分析計を用いて測定された実際の質量は 4.002603 u であり，0.030377 u (モル質量で表せば $0.030377 \times 1.66054 \times 10^{-24}$ g $\times 6.022 \times 10^{23}$ mol^{-1} = 0.030377 g mol^{-1}) 少なくなっている。これは，2 個の陽子と 2 個の中性子からヘリウム原子核が生成するとき，減少した質量に相当するエネルギーを放出して安定化するためである。この質量の減少を質量欠損 (mass defect) といい，放出したエネルギーを核の結合エネルギー (binding energy) という。

核子 ⟶ 原子核 ＋ エネルギー

Einstein はこの質量欠損 (Δm) と結合エネルギー E との間に次の関係があることを明らかにした。

$$E = c^2 \, \Delta m \quad (c \text{ は光速度} \quad 2.9979 \times 10^8 \text{ m s}^{-1}) \tag{13-2}$$

したがって，$^{4}_{2}$He の場合，核の結合エネルギーは，(13-2)式より

$$E = (2.9979 \times 10^8 \text{ m s}^{-1})^2 \times 0.030377 \text{ g mol}^{-1}$$
$$= 2.7301 \times 10^{12} \text{ m}^2 \text{ kg s}^{-2} \text{ mol}^{-1}$$
$$= 2.7301 \times 10^{12} \text{ J mol}^{-1}$$

となり，0.030377 g mol^{-1} の質量は2.7301 × 10^{12} J mol^{-1} のエネルギーに相当することになる。この値を水素分子の結合エネルギー 432 kJ mol^{-1} = 4.32 × 10^5 J mol^{-1} と比較すると，核の結合エネルギーがいかに大きいかわかるであろう。

　次に結合エネルギーを核子数で割った，核子1個あたりの結合エネルギーを見てみよう。この値はその原子核の中で核子がどのくらい強く結合しているかを示す目安となる。この場合単位にJを使うと数値が小さくなって不便なので電子ボルト（electron volt：単位 eV）という単位が使われる。電子ボルトとは1 V の電位差で加速された電子が獲得するエネルギーで 1 eV = 1.60218 × 10^{-19} J である（1 mol 当たりでは，1.60218 × 10^{-19} J × 6.022 × 10^{23} mol^{-1} = 96.48 kJ mol^{-1}）。$^4_2$He の場合，核子は4個であるので

$$\frac{E}{4} = \frac{2.730 \times 10^{12} \text{ J mol}^{-1}}{4 \times 96.48 \text{ kJ mol}^{-1}} = 7.074 \times 10^6 \text{ eV} = 7.074 \text{ MeV}$$

この平均結合エネルギーは原子によって異なる。図13・4の縦軸の値である核子あたりの結合エネルギーが大きなほど質量欠損が大きく，壊れにくい安定な原子核である。すべての元素の中で，^{56}Fe の核がもっとも安定である。鉄より重い核が軽い核に分裂する反応では，質量欠損により結合エネルギーに相当するエネルギーが放出されることになる。

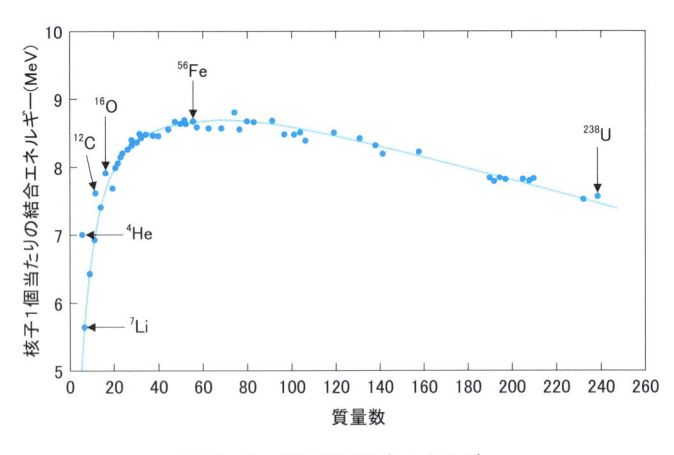

図13・4　原子核の結合エネルギー

> **例題 13・3** つぎの核化学反応で発生するエネルギーを求めよ。
> $$^{7}_{3}\text{Li} + ^{1}_{1}\text{H} \longrightarrow 2\,^{4}_{2}\text{He}$$
> ただし，$^{7}_{3}\text{Li}$，$^{1}_{1}\text{H}$，$^{4}_{2}\text{He}$ の原子質量は，7.01600 u，1.007825 u，4.00260 u である。
> $$\Delta m = 7.01600 + 1.007825 - 2 \times 4.00260 = 0.020625 \text{ u}$$
> $$E = (2.9979 \times 10^8 \text{ m s}^{-1})^2 \times 0.020625 \text{ g mol}^{-1} = 1.854 \times 10^{12} \text{ J mol}^{-1}$$

13−5 核分裂反応と原子力

原子に陽子，α粒子，中性子などを打ち込み人工的に放射性同位元素をつくることができる。しかし，正電荷を持つ原子核に正電荷を持つ陽子やα粒子を打ち込むには高いエネルギーが必要である。一方，中性子（neutron：以下の核化学反応式で，中性子は電荷を持たず質量数が1であるので $^{1}_{0}\text{n}$ と表してある）は電荷を持たないので，核の反発を受けることなく反応する。

陽子
$$^{14}_{7}\text{N} + ^{1}_{1}\text{H} \longrightarrow ^{11}_{6}\text{C} + ^{4}_{2}\text{He}$$

α粒子
$$^{14}_{7}\text{N} + ^{4}_{2}\text{He} \longrightarrow ^{17}_{8}\text{O} + ^{1}_{1}\text{H}$$

中性子
$$^{59}\text{Co} + ^{1}_{0}\text{n} \longrightarrow ^{60}\text{Co}$$

天然のウランには ^{235}U（存在比 0.720%）と ^{238}U（99.275%）が含まれているが，存在比の少ない ^{235}U に中性子を照射すると，いろいろな核種が生成する。例をあげると以下のような核化学反応で2〜3個の中性子が放出される。

$$^{235}_{92}\text{U} + ^{1}_{0}\text{n} \longrightarrow \begin{cases} ^{144}_{54}\text{Xe} + ^{90}_{38}\text{Sr} + 2\,^{1}_{0}\text{n} \\ ^{137}_{55}\text{Cs} + ^{97}_{37}\text{Rb} + 2\,^{1}_{0}\text{n} \\ ^{142}_{56}\text{Ba} + ^{91}_{36}\text{Kr} + 3\,^{1}_{0}\text{n} \end{cases}$$

この中性子はさらに ^{235}U と反応するので，反応は連鎖的に起こり極めて短時間で ^{235}U が反応する（図13・5）。これを核分裂（nuclear fission）という。

次の核反応における質量欠損とエネルギーを計算してみよう。

$$^{235}_{92}\text{U} + ^{1}_{0}\text{n} \longrightarrow ^{142}_{56}\text{Ba} + ^{91}_{36}\text{Kr} + 3\,^{1}_{0}\text{n}$$

^{235}U，^{142}Ba，^{91}Kr，$^{1}_{0}\text{n}$ の質量は，原子質量単位で表すとそれぞれ 235.0439 u，141.91645 u，90.9234 u，1.0087 u であるので，この核反応前後での質量欠損は

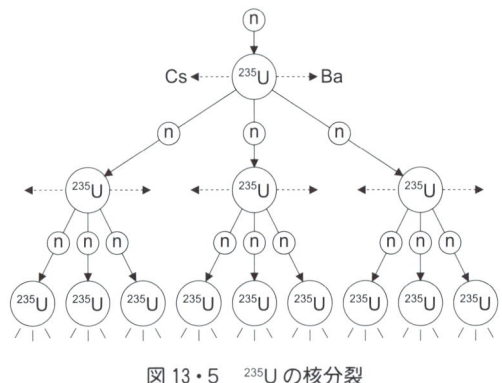

図 13・5　^{235}U の核分裂

$$\Delta m = (235.0439 + 1 \times 1.0087) - (141.91645 + 90.9234 + 3 \times 1.0087)$$
$$= 0.18665 \text{ u}$$

となる。これをエネルギーに換算すると以下のような大きな値となる。

$$E = (2.9979 \times 10^8 \text{ m s}^{-1})^2 \times 0.18865 \text{ g mol}^{-1} = 1.68 \times 10^{13} \text{ J mol}^{-1}$$
$$= 1.68 \times 10^{10} \text{ kJ mol}^{-1}$$

この反応では重い ^{235}U が軽い ^{142}Ba と ^{91}Kr に分裂することにより，大きなエネルギーが放出されている (図13・4)。したがって，核分裂による爆発的な連鎖反応が起これば莫大なエネルギーが発生することになる。これが原子力である。そして，この反応を急激に起こさせるのが原子爆弾，制御剤に中性子を吸収させ，ゆっくりと反応させるのが原子炉 (nuclear reactor) である。

13−6　核 融 合

　太陽の内部では，陽子からヘリウムが合成される核融合反応で太陽エネルギーが作り出されている。これを地球上で実現しようとする試みがある。重水素と三重水素を極めて高い温度 (約1〜2億℃) と高圧の条件におくと，正に荷電した原子核同士が電気的反発力に打ち勝って結合しヘリウムが生成する。これが核融合 (nuclear fusion) である。このとき莫大なエネルギーが発生する。

$$^2_1\text{H} + ^3_1\text{H} \longrightarrow ^4_2\text{He} + ^1_0\text{n}$$

原料となる重水素 ($^2_1$H は D とも記す) は海水中に D_2O あるいは DHO として含まれているので，これを利用する。また，三重水素は天然には微量しか存在

しないが，リチウムに中性子を照射してつくれる。

$$^{6}_{3}\text{Li} + ^{1}_{0}\text{n} \longrightarrow ^{3}_{1}\text{H} + ^{4}_{2}\text{He}$$

したがって，核融合の技術でもっとも大変なのは，融合させるために必要なプラズマ状態（原子が正電荷を持つ原子核と負電荷を持つ電子とに分離している状態）を発生させることであり，現在研究が進められている。

問　題

13・1　周期表の元素のうち，放射性元素はどれか。

13・2　つぎの核化学反応を完成せよ。
(a) $^{235}_{92}\text{U} \longrightarrow \boxed{} + ^{4}_{2}\text{He}$
(b) $\boxed{} \longrightarrow ^{239}_{94}\text{Pu} + ^{0}_{-1}\text{e}$

13・3　$^{32}_{15}\text{P}$, $^{3}_{1}\text{H}$ の β 崩壊の反応式を示せ。

13・4　$^{14}_{7}\text{N}$ に高速の陽子をぶつけると，α 粒子を放出して $^{11}_{6}\text{C}$ が生成した。この反応式を書け。

13・5　^{14}C の半減期は5730年である。2000年後には何%の ^{14}C が残っているか。

13・6　^{222}Rn の半減期は3.8日である。^{222}Rn が放射線崩壊して別の核種に変化し，はじめの量の60%となるのは何日後か。

13・7　つぎの核化学反応で発生するエネルギーを求めよ。

$$2\,^{2}_{1}\text{H} \rightarrow ^{3}_{1}\text{H} + ^{1}_{1}\text{H}$$

ただし，$^{1}_{1}\text{H}$, $^{2}_{1}\text{H}$, $^{3}_{1}\text{H}$ の原子質量は，1.0078250 u, 2.0141018 u, 3.016049 u である。

解　答

序　章

0・1

(a) 6.5×10^{-4}　(b) 8.25×10^{-3}　(c) 1.20×10^{-2}　(d) 1.200×10^{-2}

(e) 3.04×10^{4}　(f) 3.8×10^{3}　(g) 4.80×10^{3}　(h) 5.0×10^{3}

0・2

(a) 13 の方が精密でない測定値である。　$18.7444 + 13 = 31.7444$　四捨五入して 32

(b) 0.12 の方が精密でない測定値である。　$48.743 - 0.12 = 48.623$　四捨五入して 48.62

(c) 正方形の面積は $1.6 \text{ cm} \times 1.6 \text{ cm} = 2.56 \text{ cm}^2$　有効数字 2 桁に四捨五入。2.6 cm^2

(d) 有効数字 2 桁に四捨五入。$\dfrac{20.8 \text{ m}}{4.1 \text{ m}} = 5.073\cdots$　四捨五入して 5.1

0・3

(a) 圧力の単位の一つである気圧(atm)は，SI単位であるパスカル($1 \text{ Pa} = 1 \text{ Nm}^{-2}$) に基づいて，次のように定義されている。　$1 \text{ atm} = 101325 \text{ Pa}$

また，圧力と体積の積はエネルギーの次元を持つから，atm dm³ もエネルギーの単位となる。$1 \text{ J} = 1 \text{ Pa m}^3$ に注意して，気体定数を換算すると　$1 \text{ atm dm}^3 = (101325 \text{ Pa}) \times (10^{-3} \text{ m}^3) = 101.325 \text{ J}$　　$R = 0.082057 \times 101.325 \text{ J K}^{-1} \text{ mol}^{-1} = 8.3144_2 \text{ J K}^{-1} \text{ mol}^{-1}$

さらに，カロリーに換算すると

$$R = (8.3144_2 \text{ J K}^{-1} \text{ mol}^{-1})\left(\frac{1 \text{ cal}}{4.184 \text{ J}}\right) = 1.987_1 \text{ cal K}^{-1} \text{ mol}^{-1} = 1.987 \text{ cal K}^{-1} \text{ mol}^{-1}$$

(b) 時速であるから，km に換算すると，$92.5 \text{ mile h}^{-1} = (92.5 \text{ mile h}^{-1})\left(\dfrac{1.60 \text{ km}}{1 \text{ mile}}\right) = 148 \text{ km h}^{-1}$　となる。$1 \text{ km} = 1000 \text{ m}, 1 \text{ m} = 100 \text{ cm}, 1 \text{ h} = 60 \text{ min}, 1 \text{ min} = 60 \text{ s}$ であるから　$148 \text{ km h}^{-1} = (148 \text{ km h}^{-1})\left(\dfrac{1000 \text{ m}}{1 \text{ km}}\right)\left(\dfrac{100 \text{ cm}}{1 \text{ m}}\right)\left(\dfrac{1 \text{ h}}{60 \text{ min}}\right)\left(\dfrac{1 \text{ min}}{60 \text{ s}}\right)$

$= 4.11_1 \times 10^3 \text{ cm s}^{-1} = 4.11 \times 10^3 \text{ cm s}^{-1}$

0・4

(a) この原子の密度は（原子の質量）/（原子の体積）となる。まず，原子の質量と原子の体積を求める。原子の質量は，$1\,\text{u} = 1.66054 \times 10^{-24}\,\text{g} = 1.66054 \times 10^{-27}\,\text{kg}$。

原子の体積は，$V = \dfrac{4\pi r^3}{3} = \dfrac{4\pi (0.5 \times 10^{-10}\,\text{m})^3}{3} = 5.23_3 \times 10^{-31}\,\text{m}^3$。

なお，ここでは $\pi = 3.14$ とした。

よって，密度 $= \dfrac{1.66054 \times 10^{-27}\,\text{kg}}{5.23_3 \times 10^{-31}\,\text{m}^3} = 3.17 \times 10^3\,\text{kg m}^{-3}$

密度 $= (3.17 \times 10^3\,\text{kg m}^{-3}) \left(\dfrac{1\,\text{m}^3}{10^6\,\text{cm}^3}\right) \left(\dfrac{10^3\,\text{g}}{1\,\text{kg}}\right) = 3.17\,\text{g cm}^{-3}$

(b) 原子核の密度を同様に求める。

原子核の体積 $V' = \dfrac{4\pi r^3}{3} = \dfrac{4\pi (0.5 \times 10^{-14}\,\text{m})^3}{3} = 5.23_3 \times 10^{-43}\,\text{m}^3$

密度を求める式に代入し計算する。密度 $= \dfrac{1.66054 \times 10^{-27}\,\text{kg}}{5.23_3 \times 10^{-43}\,\text{m}^3} = 3.17 \times 10^{15}\,\text{kg m}^{-3}$

0・5

(a) 同位体 ^{1}H と ^{2}H の組合せを考えると，次に示す4通りが考えられる。

^{1}H–^{1}H，^{1}H–^{2}H，^{2}H–^{1}H，^{2}H–^{2}H，このうち2番目と3番目は同じ分子となるから，結局3種類となる。

(b) 水素の原子量 $=$ ^{1}H の相対質量 × 存在比 ＋^{2}H の相対質量×存在比

^{1}H の存在比を x % とすると，^{2}H の存在比は $(100 - x)$% である。したがって

$1.0080 = \dfrac{1.0078 \times x + 2.0141 \times (100 - x)}{100}$　これを解くと　$x = 99.980\%$

^{1}H の存在比は 99.980%，^{2}H の存在比は $100 - 99.980 = 0.020\%$

0・6

(a) 同位体がある炭素と塩素の組合せを考える。それぞれ2種の同位体があるからその組合せは次のように4通りである。したがって ^{12}C F$_3$ ^{35}Cl, ^{12}C F$_3$ ^{37}Cl, ^{13}C F$_3$ ^{35}Cl, ^{13}C F$_3$ ^{37}Cl の4種類の質量の異なる分子が存在する。

(b) 炭素の原子量は　$12 \times 0.9900 + 13.00 \times 0.0100 = 12.01$

であり，塩素の原子量はフロンの分子量から炭素およびフッ素の原子量×原子数を引

いたものに等しい。 塩素の原子量 = 104.51 − 12.01 − 19.00 × 3 = 35.50 したがって，

塩素の原子量 = $\dfrac{35.00 \times x}{100} + \dfrac{37.00 \times (100 - x)}{100} = 35.50$ よって，$x = 75.0\%$

0・7

CO_2 の分子量を 44.0，炭素の原子量を 12.0 とすれば，5.37 mg の CO_2 に含まれる炭素の質量は，$\dfrac{5.37 \text{ mg} \times 12.0}{44.0} = 1.46_4$ mg

同様に，0.687 mg の H_2O に含まれる水素の質量は，$\dfrac{0.687 \text{ mg} \times 2.0}{18.0} = 0.076_3$ mg

また，窒素の質量は 0.214 mg より，酸素の質量は，2.00 mg − (1.46$_4$ mg + 0.076$_3$ mg + 0.214 mg) = 0.24$_5$ mg

したがって，この化合物に含まれる，炭素，水素，窒素および酸素の物質量の比は

$\dfrac{1.46_4 \text{ mg}}{12.0 \text{ g mol}^{-1}} : \dfrac{0.076_3 \text{ mg}}{1.0 \text{ g mol}^{-1}} : \dfrac{0.21_4 \text{ mg}}{14.0 \text{ g mol}^{-1}} : \dfrac{0.24_5 \text{ mg mg}}{16.0 \text{ g mol}^{-1}} = 0.122 : 0.076 : 0.0153 : 0.015$

= 8 : 5 : 1 : 1

したがって，実験式は C_8H_5NO となる。また，C_8H_5NO の原子量の総和は 131 であり，分子量が 262 になるには分子式は $C_{16}H_{10}N_2O_2$ となる。

0・8

(a) a = c = 2　　b = 1　(b) a = c = 2　　b = 1　(c) a = 3　　b = 1　　c = 2　　d = 1　(d) a = 1　　b = c = d = 6

0・9

それぞれの燃焼反応は次のとおり。

① $C + O_2 \longrightarrow CO_2$　② $CH_4 + 2O_2 \longrightarrow CO_2 + 2H_2O$

③ $C_4H_{10} + \dfrac{13}{2} O_2 \longrightarrow 4CO_2 + 5H_2O$　④ $C_6H_{12}O_6 + 6O_2 \longrightarrow 6CO_2 + 6H_2O$

石炭（すべて C とする），メタン，ブタン，グルコースおよび二酸化炭素の分子量は，それぞれ 12, 16, 58, 180 および 44 である。したがって，それぞれの場合の二酸化炭素の発生量は

① （1 トン）× $\dfrac{44}{12}$ = 3.7 トン　② （1 トン）× $\dfrac{44}{16}$ = 2.8 トン

解　答　279

③　$(1 \text{トン}) \times \dfrac{4 \times 44}{58} = 3.0 \text{トン}$　　④　$(1 \text{トン}) \times \dfrac{6 \times 44}{180} = 1.5 \text{トン}$

0・10

それぞれの反応は次のとおりである。

①　$4\text{FeS}_2 + 11\text{O}_2 \longrightarrow 2\text{Fe}_2\text{O}_3 + 8\text{SO}_2$　　②　$2\text{SO}_2 + \text{O}_2 \longrightarrow 2\text{SO}_3$

③　$\text{SO}_3 + \text{H}_2\text{O} \longrightarrow \text{H}_2\text{SO}_4$

① $+ 4 \times$ ② $+ 8 \times$ ③ を考えると

$4\text{FeS}_2 + 15\text{O}_2 + 8\text{H}_2\text{O} \longrightarrow 2\text{Fe}_2\text{O}_3 + 8\text{H}_2\text{SO}_4$，したがって 8 mol の硫酸が生成する。

1 章

1・1

波数 $\tilde{\nu} = 1/\lambda$ から，波長 λ は，$\lambda = \dfrac{1}{\tilde{\nu}} = \dfrac{1}{5.00 \times 10^4 \text{ cm}^{-1}} = 2.00 \times 10^{-5} \text{ cm}$

$= 2.00 \times 10^{-7} \text{ m} = 200 \text{ nm}$

振動数 $\nu = c/\lambda$ から，$\nu = \dfrac{c}{\lambda} = \dfrac{2.9979 \times 10^8 \text{ m s}^{-1}}{2.00 \times 10^{-7} \text{ m}} = 1.50 \times 10^{15} \text{ s}^{-1}$

1・2

光のエネルギー $E = hc/\lambda$ から

(a)　$E = \dfrac{hc}{\lambda} = \dfrac{(6.626 \times 10^{-34} \text{ J s})(2.9979 \times 10^8 \text{ m s}^{-1})}{10^3 \text{ m}} = 1.98_6 \times 10^{-28} \text{ J} = 1.99 \times 10^{-28} \text{ J}$

1 mol 当りでは　$E = (1.98_6 \times 10^{-28} \text{ J})(6.022 \times 10^{23} \text{ mol}^{-1}) = 1.20 \times 10^{-4} \text{ J mol}^{-1}$

以下同様に求めた結果を下にまとめる。

(b)　$E = 1.99 \times 10^{-23} \text{ J}$

　　　$E = 12.0 \text{ J mol}^{-1}$

(c)　$E = 1.99 \times 10^{-20} \text{ J}$

　　　$E = 12.0 \text{ kJ mol}^{-1}$

(d)　$E = 3.31 \times 10^{-19} \text{ J}$

　　　$E = 1.99 \times 10^2 \text{ kJ mol}^{-1}$

(e)　$E = 9.93 \times 10^{-19} \text{ J}$

　　　$E = 5.98 \times 10^2 \text{ kJ mol}^{-1}$

(f)　$E = 1.32 \times 10^{-15}$ J

　　$E = 7.97 \times 10^5$ kJ mol^{-1}

1・3

光のエネルギーは，$E = \dfrac{hc}{\lambda} = \dfrac{(6.626 \times 10^{-34} \text{ J s})(2.9979 \times 10^8 \text{ m s}^{-1})}{300 \times 10^{-9} \text{ m}} = 6.62_1 \times 10^{-19}$ J

飛び出してくる電子の運動エネルギー E (trans) は，

E (trans) $= 6.62_1 \times 10^{-19}$ J $- 3.43 \times 10^{-19}$ J $= 3.19_1 \times 10^{-19}$ J $= 3.19 \times 10^{-19}$ J

また，E(trans)は$(1/2)m_e v^2$に等しいので，$3.19_1 \times 10^{-19}$ J $= \dfrac{1}{2} m_e v^2 = \dfrac{1}{2}(9.10_9 \times 10^{-31} \text{ kg}) v^2$

1 J = 1 kg m^2 s^{-2} であるから，$v = 8.37 \times 10^5$ m

1・4

水素分子のモル質量は，$1.008 \times 2 = 2.016$ g mol^{-1}。したがって，分子 1 個の質量は $2.016/6.022 \times 10^{23} = 3.347_7 \times 10^{-24}$ g である。ド・ブロイの式(1-13)を用いて

$\lambda = \dfrac{h}{mv} = \dfrac{6.626 \times 10^{-34} \text{ J s}}{(3.347_7 \times 10^{-24} \text{ g})(1930 \text{ ms}^{-1})}$　　1 J = 1 kg m^2 s^{-2} より，

$\lambda = \dfrac{6.626 \times 10^{-34} \text{ kg m}^2 \text{ s}^{-2} \text{ s}}{(3.347_7 \times 10^{-24} \text{ g})(1930 \text{ ms}^{-1})} \left(\dfrac{1 \text{ g}}{10^{-3} \text{ kg}} \right) = 1.026 \times 10^{-10}$ m

この値は，水素分子中の原子間距離 0.74×10^{-10} m と比較してもそれほど大きな違いはない。したがって，分子レベルでの波動性も重要である。

1・5

水素原子の場合，軌道のエネルギーはボーア理論と同じ次の(1-10a)式で表される。

$$\Delta E = \dfrac{m_e e^4}{8 \varepsilon_0^2 h^2} \left(\dfrac{1}{n_1^2} - \dfrac{1}{n_2^2} \right)$$

$n_1 = 1 \rightarrow n_2 = 2$　　$\Delta E = \dfrac{m_e e^4}{8 \varepsilon_0^2 h^2} \left(1 - \dfrac{1}{2^2} \right) = \dfrac{m_e e^4}{8 \varepsilon_0^2 h^2} \dfrac{3}{4}$

$n_1 = 2 \rightarrow n_2 = 4$　　$\Delta E = \dfrac{m_e e^4}{8 \varepsilon_0^2 h^2} \left(\dfrac{1}{2^2} - \dfrac{1}{4^2} \right) = \dfrac{m_e e^4}{8 \varepsilon_0^2 h^2} \dfrac{3}{16}$

$n_1 = 3 \rightarrow n_2 = 5$　　$\Delta E = \dfrac{m_e e^4}{8 \varepsilon_0^2 h^2} \left(\dfrac{1}{3^2} - \dfrac{1}{5^2} \right) = \dfrac{m_e e^4}{8 \varepsilon_0^2 h^2} \dfrac{16}{225}$

したがって，エネルギー差が大きい励起は $n_1 = 1 \rightarrow n_2 = 2$ となる。

1・6

副殻	n	l	m	m_s	副殻	n	l	m	m_s
4s	4	0	0	±1/2	4f	4	3	−3	±1/2
4p	4	1	−1	±1/2	4f	4	3	−2	±1/2
4p	4	1	0	±1/2	4f	4	3	−1	±1/2
4p	4	1	1	±1/2	4f	4	3	0	±1/2
4d	4	2	−2	±1/2	4f	4	3	1	±1/2
4d	4	2	−1	±1/2	4f	4	3	2	±1/2
4d	4	2	0	±1/2	4f	4	3	3	±1/2
4d	4	2	1	±1/2					
4d	4	2	2	±1/2					

1・7

(a) 許されない（l は n に対して 0, 1, 2, 3, …, $n-1$ の値をとる）

(b) 許される

(c) 許されない（m は l に関係し，$-l$, $-l+1$, …, 0, …, $l-1$, l の値をとる）

1・8

$_{37}$Rb $1s^2 2s^2 2p^6 3s^2 3p^6 4s^2 3d^{10} 4p^6 5s^1$, $_{37}$Rb$^+$ $1s^2 2s^2 2p^6 3s^2 3p^6 4s^2 3d^{10} 4p^6$

$_{27}$Co $1s^2 2s^2 2p^6 3s^2 3p^6 4s^2 3d^7$, $_{27}$Co^{2+} $1s^2 2s^2 2p^6 3s^2 3p^6 3d^7$

遷移元素では，軌道エネルギーの順序は占有していく序列とは異なる。Co では，7個の電子は 3d 軌道にはいっているが，4s 電子の方が 3d 電子よりエネルギーの高いところにいる。その結果，Co のイオン化では 4s 電子が先に除かれる。

$_{35}$Br $1s^2 2s^2 2p^6 3s^2 3p^6 4s^2 3d^{10} 4p^5$, $_{35}$Br$^-$ $1s^2 2s^2 2p^6 3s^2 3p^6 4s^2 3d^{10} 4p^6$

1・9

照射した光のエネルギーから飛び出した電子のエネルギーを引いたものがイオン化するのに使われたエネルギー，すなわち，イオン化エネルギーである。光のエネルギーは，$E = hc/\lambda = (6.626 \times 10^{-34} \mathrm{Js})(2.9979 \times 10^8 \mathrm{ms^{-1}}) / 200 \times 10^{-9} \mathrm{m} = 9.932 \times 10^{-19}$ J
で与えられるから，イオン化エネルギーは，$I_1 = 9.93_2 \times 10^{-19}$ J $- 1.703 \times 10^{-19}$ J
$= 8.22_9 \times 10^{-19}$ J / Na 原子 1 個

また，1 mol 当りならば，$I_1 = (8.22_9 \times 10^{-19}$ J$)(6.022 \times 10^{23}$ mol$^{-1}) = 496$ kJ mol^{-1}

2 章

2・1

形式電荷を⊕⊖で示した。

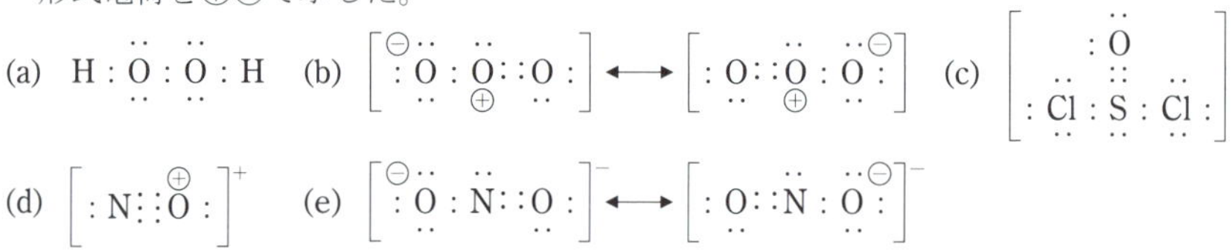

(a) H:Ö:Ö:H (b) [:Ö:Ö::Ö:]⁻ ⟷ [:Ö::Ö:Ö:]⁻ (c) [:Cl:S:Cl:] （中央Sに=Oと⊕⊖、Clに⊖）

(d) [:N::Ö:]⁺ (e) [:Ö:N::Ö:]⁻ ⟷ [:Ö::N:Ö:]⁻

2・2

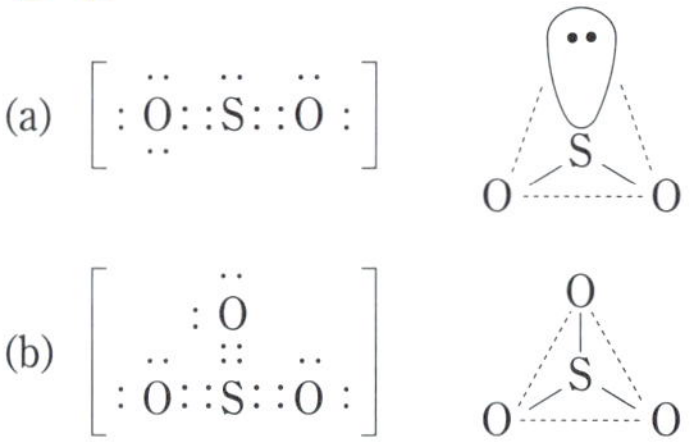

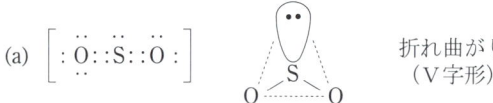

(a) [:Ö::S::Ö:]   S(O,O) V字形   折れ曲がり（V字形）

(b) [:Ö::S:Ö:] (上に:Ö:)   S(O,O,O) 三角形   正三角形

2・3

(a) $CH_3CH_2CH_3$ すべて sp^3 混成軌道

(b) $H_2C=CH-CH_3$ sp^2 sp^2 sp^3

(c) $HC\equiv C-CH_3$ sp sp sp^3

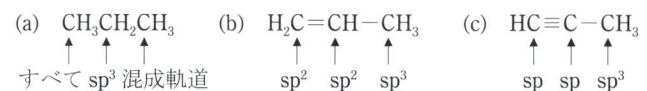

sp^3 混成軌道：炭素まわりの結合角は $109.5°$ と予想できる。 sp^2 混成軌道：炭素まわりの結合角は $120°$ と予想できる。 sp 混成軌道：炭素まわりの結合角は $180°$ と予想できる。

2・4

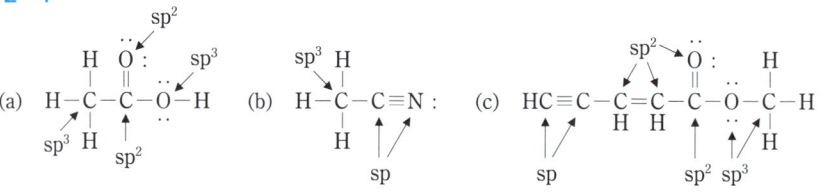

(a) H–C(H,H,sp^3)–C(=O:,sp^2)–O(sp^3)–H

(b) H–C(H,H,sp^3)–C≡N: (sp, sp)

(c) HC≡C–C(H)=C(H)–C(=O:,sp^2)–O(sp^3)–H   (sp, sp, sp^2, sp^2, sp^2, sp^3)

単結合：σ 結合，二重結合：$\sigma + \pi$ 結合，三重結合：$\sigma + \pi + \pi$ 結合

2・5

$H_2C=C=CH_2$ をアレンという。C=C=C は直線状である。しかし，軌道の重なりを考えると，二つの π 結合は直交している。すなわち，アレンの両側の C_A, C_C は sp^2 混成，真ん中の C_B は sp 混成となっている。C_B の直交した p 軌道が両側の炭素の p 軌道と π 結合をつくる。まず，C_A-C_B で π 結合をつくる。すると C_B の残りの p 軌道と C_C の p 軌道が重なるためには，C_B-C_C の結合を 90 度回転させなければなら

解　答　*283*

ない．すなわち C_A-C_B と C_B-C_C の π 結合は直交している．また，σ 結合で構成される分子骨格の左半分と右半分も直交している．

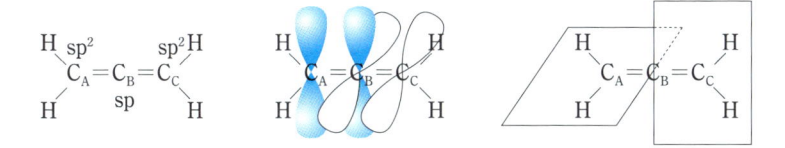

2・6　CO_2 のルイス構造は $\overset{..}{O}::C::\overset{..}{O}$ となる．炭素は sp 混成軌道，酸素は sp^2 混成軌道をとることがわかる．また，VSEPR 理論より分子の形は直線である．軌道の重なりは，問 2.5 のアレンに似ている．

2・7　問 2.2(a)より，SO_2 は折れ曲がり（V 字形）である．S より O の電気陰性度が大きいので，S－O 結合は分極している．分子双極子モーメントは図のような方向を向いているので，SO_2 は極性分子である．CO_2 では，酸素の方が炭素より電気陰性度は大きいので，C‐O 結合は分極している．しかし，分子の形は直線で（問 2.6），結合双極子モーメントは反対方向に向いているので打ち消し合い，分子双極子モーメントはゼロである．

2・8
(a) $\overset{\delta^+}{CH_3}-\overset{\delta^-}{NH_2}$　　(b) $\overset{\delta^-}{CH_3}-\overset{\delta^+}{Li}$　　(c) $\overset{\delta^-}{CH_3}-\overset{\delta^+}{MgBr}$　　(d) $\overset{\delta^+}{CH_3}-\overset{\delta^-}{Br}$

3　章

3・1

理想気体の状態式 $pV = nRT$ から，フラスコ中に残る空気の物質量 n を求め，それにアボガドロ定数 L を掛けて分子数を求める．

$$n = \frac{pV}{RT} = \frac{\left(\dfrac{(4.0 \times 10^{-4} \text{ mmHg})(1 \text{ atm})}{760 \text{ mmHg}}\right)\left(\dfrac{(500 \text{ cm}^3)(1 \text{ dm}^3)}{10^3 \text{ cm}^3}\right)}{(0.082057 \text{ dm}^3 \text{ atm K}^{-1} \text{ mol}^{-1})(293.15 \text{ K})} = 1.0_9 \times 10^{-8} \text{ mol}$$

したがって，分子数は，$(6.022 \times 10^{23} \text{ mol}^{-1}) \times (1.0_9 \times 10^{-8} \text{ mol}) = 6.6 \times 10^{15}$

3・2

理想気体の状態式 $pV = nRT$ からこの気球中のヘリウムの物質量 n_1 を求める。

$$n_1 = \frac{pV}{RT} = \frac{(1.00 \text{ atm})(500 \text{ m}^3)}{(0.082057 \text{ dm}^3 \text{ atm K}^{-1} \text{ mol}^{-1})(298.15 \text{ K})} = \frac{(1.00 \text{ atm})(500 \times 10^3 \text{ dm}^3)}{(0.082057 \text{ dm}^3 \text{ atm K}^{-1} \text{ mol}^{-1})(298.15 \text{ K})}$$

$$= 20437 \text{ mol}$$

次に,高度が上昇したとき気球の体積が同じとして,ヘリウムの物質量 n_2 を求める。

$$n_2 = \frac{pV}{RT} = \frac{(0.750 \text{ atm})(500 \text{ m}^3)}{(0.082057 \text{ dm}^3 \text{ atm K}^{-1} \text{ mol}^{-1})(258.15 \text{ K})} = \frac{(0.750 \text{ atm})(500 \times 10^3 \text{ dm}^3)}{(0.082057 \text{ dm}^3 \text{ atm K}^{-1} \text{ mol}^{-1})(258.15 \text{ K})}$$

$$= 17703 \text{ mol}$$

物質量が小さくなっているので,気球の体積を一定に保つにはヘリウムを除かなくてはならない。ヘリウムのモル質量は $4.0026 \text{ g mol}^{-1}$ より,除くヘリウムの質量は

$$(4.0026 \text{ g mol}^{-1}) \times (20437 \text{ mol} - 17703 \text{ mol}) = 1.09_4 \times 10^4 \text{ g} = 10.9 \text{ kg}$$

3・3

陰極で発生するのは水素ガスである。水素ガスが水上で捕集されているので,この気体は水素と水蒸気からなる混合気体である。乾燥後には水素ガスだけになるので,水素ガスの標準状態での体積を求めればよい。ドルトンの分圧の法則から,混合気体中の水素の分圧は $p_{\text{H}_2} = 760 - 21.1 = 738.9 \text{ mmHg}$ となる。$pV = nRT$ から,$nR = pV/T = $ 一定。したがって,標準状態(0℃,1 atm)での水素ガスの体積を x とおけば

$$\frac{(738.9 \text{ mmHg})(2.2 \text{ dm}^3)}{(273.15 + 23) \text{ K}} = \frac{x \times 760 \text{ mmHg}}{273.15 \text{ K}} \quad \text{となる。よって,} x = 2.0 \text{ dm}^3$$

3・4

メタンの燃焼反応　$CH_4 + 2O_2 \longrightarrow CO_2 + 2H_2O \quad CH_4 + \frac{3}{2}O_2 \longrightarrow CO + 2H_2O$
燃焼したメタンは同じ物質量の炭酸ガスおよび一酸化炭素になるから,燃焼に使われた酸素の分圧だけが減少する。すなわち,650 mmHg − 580 mmHg = 70 mmHg が酸素分圧である。

空気中の窒素分圧は酸素分圧の4倍であるから 70 mmHg × 4 = 280 mmHg
したがって,最初に存在していたメタンの分圧は 650 mmHg − (280 + 70) mmHg = 300 mmHg である。

1:1の量比の炭酸ガスと一酸化炭素が生成したのだから,使用された酸素分圧はそれぞれ40 mmHg,30 mmHg,生成した炭酸ガスと一酸化炭素は20 mmHg となる。す

なわち，燃焼したメタンの分圧は 40 mmHg となり，300 mmHg − 40 mmHg = 260 mmHg のメタンが残ったことになる。まとめると，燃焼後の全圧は，(280 + 260 + 20 + 20) mmHg = 580 mmHg。分圧からそれぞれのモル分率を求めると

$$\text{メタン}: \frac{260 \text{ mmHg}}{580 \text{ mmHg}} = 0.44827 = 0.45$$

$$\text{窒　素}: \frac{280 \text{ mmHg}}{580 \text{ mmHg}} = 0.48275 = 0.48$$

$$\text{炭酸ガス}: \frac{20 \text{ mmHg}}{580 \text{ mmHg}} = 0.03448 = 0.034$$

3・5

(a) 水素の分子量は 2.02 であるから，根平均二乗速度は

$$c_{rms} = \left(\frac{3RT}{M_m}\right)^{1/2} = \left(\frac{3 \times (8.314 \text{ JK}^{-1}\text{mol}^{-1})(298.15 \text{ K})}{2.02 \times 10^{-3} \text{ kg mol}^{-1}}\right)^{1/2} = 1.91_8 \times 10^3 \text{ m s}^{-1} = 1.92 \text{ km s}^{-1}$$

($1 \text{ J} = 1 \text{ kg m}^2 \text{ s}^{-2}$ より)

(b) 分子の拡散速度は根平均二乗速度に比例するから，H_2, HD および D_2 の根平均二乗速度の比を求めればよい。

$$c_{rms}(H_2) : c_{rms}(HD) : c_{rms}(D_2) = \left(\frac{3RT}{M_{m,H_2}}\right)^{1/2} : \left(\frac{3RT}{M_{m,HD}}\right)^{1/2} : \left(\frac{3RT}{M_{m,D_2}}\right)^{1/2} = \left(\frac{1}{2.02}\right)^{1/2} : \left(\frac{1}{3.02}\right)^{1/2} : \left(\frac{1}{4.02}\right)^{1/2}$$

$$= 0.7036 : 0.5754 : 0.4987 = 1.41 : 1.15 : 1$$

3・6

部屋の体積は $V = (22.5 \text{ m}^2) \times (3.00 \text{ m}) = 67.5 \text{ m}^3 = 67.5 \times 10^3 \text{ dm}^3$

窒素の分子量：28.01 から

物質量は $n = \dfrac{100 \text{ kg}}{28.01 \text{ g mol}^{-1}} = \dfrac{100 \times 10^3 \text{ g}}{28.01 \text{ g mol}^{-1}} = 3.5701 \times 10^3 \text{ mol}$

理想気体の状態式から圧力を求めると

$$p = \frac{nRT}{V} = \frac{(3.570_1 \times 10^3 \text{ mol})(0.082057 \text{ dm}^3\text{atm K}^{-1} \text{ mol}^{-1})(273.15 + 25)\text{K}}{67.5 \times 10^3 \text{ dm}^3}$$

$$= 1.29_3 \text{ atm} = 1.29 \text{ atm}$$

実験前の圧力は 1.00 atm であったから，全圧は $P = (1.00 + 1.29) \text{ atm} = 2.29 \text{ atm}$ となる。また，混合気体の各成分の分圧は全圧とモル分率の積に等しいから

$$p(O_2) = x(O_2) P$$

$$x(\text{O}_2) = \frac{p(\text{O}_2)}{P} = \left(1\ \text{atm} \times \frac{1}{5}\right)\Big/(2.29\ \text{atm}) = 0.0873_3 = 8.73 \times 10^{-2}$$

3・7

理想気体の状態式を密度を用いて表すには，(3-6)式から

$$p = \frac{nRT}{V} = \frac{\frac{w}{M_\text{m}}RT}{V} \qquad \rho = \frac{w}{V}\ \text{より，}\ p = \rho RT/M_\text{m}\ \text{となる．これを変形すると}\ p/RT$$

$= \rho/M_\text{m}$ であり，これはこの場合一定となる．よって

$$\frac{\rho(\text{プロパン})}{M_\text{m}(\text{プロパン})} = \frac{\rho(\text{化学兵器ガス})}{M_\text{m}(\text{化学兵器ガス})}\ \text{となる．プロパンの分子式は}\ \text{C}_3\text{H}_8\ \text{であり，その}$$

モル質量は $44.0\ \text{g mol}^{-1}$ であるから

$$M_\text{m}(\text{化学兵器ガス}) = \frac{\rho(\text{化学兵器ガス})M_\text{m}(\text{プロパン})}{\rho(\text{プロパン})} = \frac{(3.44\ \text{g dm}^{-3})(44.0\ \text{g mol}^{-1})^{1/2}}{(1.08\ \text{g dm}^{-3})}$$

$$= 140.14\ \text{g mol}^{-1} = 140\ \text{g mol}^{-1}$$

したがって，分子量は140であり，一つの可能性としてサリン $\text{CH}_3\text{P(O)FOCH(CH}_3)_2$ が考えられる．

3・8

$^{235}\text{UF}_6$ の分子量は $235 + 19.0 \times 6 = 349$ であるから，根平均二乗速度は

$$c_{rms} = \left(\frac{3RT}{M_\text{m}}\right)^{1/2} = \left(\frac{3 \times (8.314\ \text{J K}^{-1}\ \text{mol}^{-1})(273.15 + 25)\text{K}}{349 \times 10^{-3}\ \text{kg mol}^{-1}}\right)^{1/2} = (2.1307 \times 10^4\ \text{J kg}^{-1})^{1/2}$$

$= 145.97\ \text{m s}^{-1} = 146\ \text{m s}^{-1}$

である．同様に $^{238}\text{UF}_6$ の分子量は $238 + 19.0 \times 6 = 352$ であるから，根平均二乗速度

は $c_{rms} = \left(\frac{3RT}{M_\text{m}}\right)^{1/2} = \left(\dfrac{3 \times (8.314\ \text{J K}^{-1}\ \text{mol}^{-1})(273.15 + 25\text{K})}{352 \times 10^{-3}\ \text{kg mol}^{-1}}\right)^{1/2} = (2.1126 \times 10^4\ \text{J kg}^{-1})^{1/2}$

$= 145.35\ \text{m s}^{-1} = 145\ \text{m s}^{-1}$

よって，拡散速度の比は $\dfrac{^{235}\text{UF}_6}{^{238}\text{UF}_6} = \dfrac{145.97\ \text{m s}^{-1}}{145.35\ \text{m s}^{-1}} = 1.00426 = 1.004$ である．

別解）$^{235}\text{UF}_6$ と $^{238}\text{UF}_6$ の根平均二乗速度の比は $\dfrac{\left(\dfrac{3RT}{349}\right)^{1/2}}{\left(\dfrac{3RT}{352}\right)^{1/2}} = \left(\dfrac{352}{349}\right)^{1/2} = 1.004$

3・9

(a) 理想気体の状態式から $V = \dfrac{nRT}{p}$

$= \dfrac{(1.00\ \text{mol})(0.082057\ \text{dm}^3\ \text{atm}\ \text{K}^{-1}\ \text{mol}^{-1})(273.15\ \text{K})}{(5.00\ \text{atm})} = 4.48_2\ \text{dm}^3 = 4.48\ \text{dm}^3$

(b) 気体1 mol についてのファンデルワールスの状態式 $(p + a/V_\text{m}^2)(V_\text{m} - b) = RT$ から

$p = \dfrac{RT}{V_\text{m} - b} - \dfrac{a}{V_\text{m}^2} = \dfrac{(0.082057\ \text{dm}^3\ \text{atm}\ \text{K}^{-1}\ \text{mol}^{-1})(273.15\ \text{K})}{4.48_2\ \text{dm}^3\ \text{mol}^{-1} - 0.0391\ \text{dm}^3\ \text{mol}^{-1}} - \dfrac{1.41\ \text{dm}^6\ \text{atm}\ \text{mol}^{-2}}{(4.48_2\ \text{dm}^3\ \text{mol}^{-1})^2}$

$= 5.04_4\ \text{atm} - 0.0701_9\ \text{atm} = 4.97_3\ \text{atm} = 4.97\ \text{atm}$

4 章

4・1

ファンデルワールスの式を書き直せば $\quad p = \dfrac{RT}{V_\text{m} - b} - \dfrac{a}{V_\text{m}^2} \qquad (1)$

臨界温度 T_c での等温線の変曲点が臨界点になる。変曲点は，1階と2階の導関数がともに0のときに起こる。したがって

$$\dfrac{\text{d}p}{\text{d}V_\text{m}} = -\dfrac{RT}{(V_\text{m} - b)^2} - \dfrac{2a}{V_\text{m}^3} = -\dfrac{RT_\text{c}}{(V_\text{c} - b)^2} - \dfrac{2a}{V_\text{c}^3} = 0 \qquad (2)$$

$$\dfrac{\text{d}^2 p}{\text{d}V_\text{m}^2} = \dfrac{2RT}{(V_\text{m} - b)^3} - \dfrac{6a}{V_\text{m}^4} = \dfrac{2RT_\text{c}}{(V_\text{c} - b)^3} - \dfrac{6a}{V_\text{c}^4} = 0 \qquad (3)$$

(1)は p_c, T_c および V_c でも成り立つので $\quad p_\text{c} = \dfrac{RT_\text{c}}{V_\text{c} - b} - \dfrac{a}{V_\text{c}^2} \qquad (4)$

となる。(2)から $\dfrac{RT_\text{c}}{(V_\text{c} - b)^2} = \dfrac{2a}{V_\text{c}^3} \qquad (5)$

(3)を書き直したあとに，(5)を代入して $\dfrac{2RT_\text{c}}{(V_\text{c} - b)^3} = \dfrac{6a}{V_\text{c}^4} = \dfrac{3}{V_\text{c}}\dfrac{2a}{V_\text{c}^3} = \dfrac{3}{V_\text{c}}\dfrac{RT_\text{c}}{(V_\text{c} - b)^2}$ が得られる。したがって，$\dfrac{2}{V_\text{c} - b} = \dfrac{3}{V_\text{c}} \quad V_\text{c} = 3b$ これを(2)に代入して $\quad T_\text{c} = \dfrac{8a}{27Rb}$

これら V_c, T_c を(4)に代入して $\quad p_\text{c} = \dfrac{a}{27b^2}$

4・2

クラウジウス-クラペイロンの式から

$p_1 = 1\ \text{atm} = 760\ \text{mmHg}, \quad T_1 = 61.3\ \text{℃} = 334.45\ \text{K}, \quad p_2 = 25\ \text{mmHg}$

$\Delta H_{vap} = 29.5 \text{ kJ mol}^{-1} = 29.5 \times 10^3 \text{ J mol}^{-1}$

$\ln \dfrac{p_2}{p_1} = -\dfrac{\Delta H_{vap}}{R} \times \left(\dfrac{1}{T_2} - \dfrac{1}{T_1} \right)$

$\ln \dfrac{25 \text{ mmHg}}{760 \text{ mmHg}} = -\dfrac{29.5 \times 10^3 \text{ J mol}^{-1}}{8.314 \text{ J K}^{-1} \text{ mol}^{-1}} \times \left(\dfrac{1}{T_2} - \dfrac{1}{334.45 \text{ K}} \right)$

これを解いて，$T_2 = 252.966 \text{ K} = -20.18℃ = -20.2℃$

4・3

クラウジウス–クラペイロンの式から

$p_1 = 1 \text{ atm}, \quad T_1 = 100℃ = 373.15 \text{ K}, \quad p_2 = 0.63 \text{ atm}$

$\Delta H_{vap} = 40.6 \text{ kJ mol}^{-1} = 40.6 \times 10^3 \text{ J mol}^{-1}$

$\ln \dfrac{p_2}{p_1} = -\dfrac{\Delta H_{vap}}{R} \times \left(\dfrac{1}{T_2} - \dfrac{1}{T_1} \right)$

$\ln \dfrac{0.63 \text{ atm}}{1 \text{ atm}} = -\dfrac{40.6 \times 10^3 \text{ J mol}^{-1}}{8.314 \text{ J K}^{-1} \text{ mol}^{-1}} \times \left(\dfrac{1}{T_2} - \dfrac{1}{373.15 \text{ K}} \right)$

これを解いて，$T_2 = 360.4 \text{ K} = 87℃$

4・4

(a) 曲線　　共存する相

O_1A　　斜方硫黄と気相　　　斜方硫黄の昇華曲線

O_2B　　液相と気相　　　　液体の硫黄の蒸気圧曲線

O_3C　　斜方硫黄と液相　　　斜方硫黄の融解曲線

O_1O_2　　単斜硫黄と気相　　　単斜硫黄の昇華曲線

O_1O_3　　斜方硫黄と単斜硫黄　転移曲線(二つの固相が共存する温度,すなわち,転移点の圧力変化を表す)

O_2O_3　　単斜硫黄と液相　　　単斜硫黄の融解曲線

(b) その温度と圧力で三つの相が共存する。

O_1(斜方硫黄，単斜硫黄，気相)，O_2(単斜硫黄，液相，気相)，O_3(斜方硫黄，単斜硫黄，液相)

(c) 95.5℃で単斜硫黄に転移し，119℃付近で融解し，445℃で沸騰する。

4・5

(a) 体心立方格子の8個の頂点にある塩化物イオンは，それぞれ隣接する8個の体心立方格子と共有している。したがって，単位格子には $8 \times (1/8) = 1$ 個の塩化物イオンが含まれることになる。さらに，体心立方格子の中心にセシウムイオンが1個含まれる。すなわち，単位格子にはセシウムイオン1個と塩化物イオン1個が含まれる。

(b) 塩化セシウム1 molの質量は $132.9 + 35.45 = 168.35$ g である。

単位格子の一辺の長さが 4.124×10^{-10} m であるから

単位格子の体積 $= (4.124 \times 10^{-10}\,\text{m})^3 = (4.124 \times 10^{-8}\,\text{cm})^3$ である。

また，塩化セシウム1個の質量は密度と体積の関係（密度 = 質量/体積）から

質量 = 密度×体積 $= (3.983\,\text{g cm}^{-3})(4.124 \times 10^{-8}\,\text{cm})^3 = 2.79361 \times 10^{-22}$ g である。

以上から，塩化セシウム1 molの質量を塩化セシウム1個の質量で割ればアボガドロ定数が求まる。よって

$$\frac{168.35\,\text{g mol}^{-1}}{2.79361 \times 10^{-22}\,\text{g}} = 6.02625 \times 10^{23}\,\text{mol}^{-1} = 6.026 \times 10^{23}\,\text{mol}^{-1}$$

4・6

面心立方格子では単位格子の頂点にある原子は8個の単位格子と共有している。また，単位格子の面にある原子は二つの単位格子と共有している。よって，単位格子には $1/8 \times 8 + 1/2 \times 6 = 4$ 個の原子が含まれていることになる。したがって，単位格子の体積から4個の原子の体積を引いた体積が金属原子により占められない空所となる。単位格子1辺の長さを d ，原子の半径を r とすると $\{(d^3 - 4 \times 4\pi r^3/3)/d^3\} \times 100$ を計算すればよい。ここで，単位格子と原子の半径の関係（ピタゴラスの定理）は $d^2 + d^2 = (4r)^2$ であるから $d = 2\sqrt{2}\,r$　よって，金属原子で占められない空所の割合（百分率）は

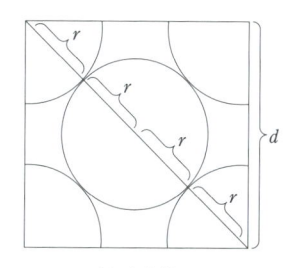

面心立方格子

$$\left(\frac{d^3 - 4 \times \dfrac{4\pi r^3}{3}}{d^3}\right) \times 100 = \left(1 - \frac{16\pi r^3}{3d^3}\right) \times 100 = \left(1 - \frac{16\pi r^3}{3 \times \left(2\sqrt{2}\, r\right)^3}\right) \times 100 = \left(1 - \frac{\pi}{3\sqrt{2}}\right) \times 100$$

$= 25.98 = 26\%$

4・7

体心立方格子では原子半径 x はその $1/2$ つまり立方体の対角線の長さの $1/4$ となる。立方体の一辺の長さを d とすればピタゴラスの定理から

$$(4x)^2 = 3d^2 \quad \therefore\ x = \frac{(3d^2)^{1/2}}{4} = \frac{3^{1/2} \times 4.09 \times 10^{-10}}{4}\ \mathrm{m} = 1.77 \times 10^{-10}\ \mathrm{m} \quad となる。$$

4・8

(a) 密度 = 質量 / 体積

$$\rho = \frac{w}{V} = \frac{w}{\dfrac{4\pi r^3}{3}} = \frac{1.8405\ \mathrm{g}}{\dfrac{4 \times 3.1415 \times (0.5 \times 1.0000\ \mathrm{cm})^3}{3}} = 3.515199\ \mathrm{g\ cm^{-3}} = 3.5152\ \mathrm{g\ cm^{-3}}$$

(b) 単位格子の頂点にある原子は 8 個の単位格子と共有しているから, 単位格子 1 個に含まれる原子数は $1/8 \times 8 = 1$ 個である。

単位格子の面にある原子は 2 個の単位格子と共有しているから, 単位格子 1 個に含まれる原子数は $1/2 \times 6 = 3$ 個である。これに単位格子内にある原子 4 個を加えたものが単位格子に含まれる炭素原子の個数となる。 $\dfrac{1}{8} \times 8 + \dfrac{1}{2} \times 6 + 4 = 8$ 個

(c) 単位格子の一辺の長さが 3.5669×10^{-10} m であるから, その体積は

単位格子の体積 $= (3.5669 \times 10^{-10}\ \mathrm{m})^3 = (3.5669 \times 10^{-8}\ \mathrm{cm})^3$

密度が $3.5152\ \mathrm{g\ cm^{-3}}$ であり, この中に 8 個の炭素原子が含まれるから炭素原子 1 個の質量は

$$炭素原子 1 個の質量 = \frac{3.5152\ \mathrm{g\ cm^{-3}} \times (3.5669 \times 10^{-8}\ \mathrm{cm})^3}{8} = 1.994035 \times 10^{-23}\ \mathrm{g}$$

炭素の同位体存在比から炭素の原子量を求めると

$$12 \times 0.9893 + 13.00335 \times 0.0107 = 11.8716 + 0.1391 = 12.01_0 \text{ g mol}^{-1}$$

アボガドロ定数は炭素の原子量を炭素原子1個の質量で割ればよいから

$$\frac{12.01_0 \text{ g mol}^{-1}}{1.9940_3 \times 10^{-23} \text{ g}} = 6.023 \times 10^{23} \text{ mol}^{-1} \quad \text{となる。}$$

5 章

5・1

(a) 100 g の硫酸を仮定する。12.0 wt% の硫酸 100 g は，硫酸 12.0 g と水 (100 − 12.0) g = 88.0 g からなる溶液である。

この溶液に含まれる硫酸の物質量は $\dfrac{12.0 \text{ g}}{98.1 \text{ g mol}^{-1}} = 0.1223 \text{ mol}$

この溶液の密度 1.08 g cm^{-3} から，体積は

$$\text{体積} = \frac{100 \text{ g}}{1.08 \text{ g cm}^{-3}} = 92.59 \text{ cm}^3 = 0.09259 \text{ dm}^3 \quad \text{となり，モル濃度は}$$

$$c_\text{B} = \frac{0.1223 \text{ mol}}{0.09259 \text{ dm}^3} = 1.32 \text{ mol dm}^3$$

重量モル濃度は，$m_\text{B} = \dfrac{0.1223 \text{ mol}}{88.0 \times 10^{-3} \text{ kg}} = 1.39 \text{ mol kg}^{-1}$

(b) 1.00 mol dm^{-3} のモル濃度の硫酸 100 cm^3 に含まれる硫酸の物質量は 0.100 mol である。また，12.0% の硫酸すなわち 1.32 mol dm^{-3} の硫酸 1 cm^3 に含まれる硫酸の物質量は 1.32 × 10^{-3} mol である。ゆえに，$\dfrac{0.100 \text{ mol}}{1.32 \times 10^{-3} \text{ mol cm}^{-3}} = 75.7 \text{ cm}^3$ を採り 100 cm^3 にすればよい。

5・2

57.6 wt% の硝酸 100 cm^3 の質量は，(1.36 g cm^{-3})(100 cm^3) = 136 g 160 cm^3 の水，すなわち 160 g の水を加え，体積が 255 cm^3 になったのだからこの希釈液の密度は，$\dfrac{136 \text{ g} + 160 \text{ g}}{255 \text{ cm}^3} = 1.16_0 \text{ g cm}^{-3} = 1.16 \text{ g cm}^{-3}$

もとの溶液中，硝酸と水の質量は，それぞれ，(136 g) × 0.576 = 78.336 g (136 − 78.336) g = 57.664 g

であるから，質量百分率は，$\dfrac{78.336 \text{ g} \times 100}{136 \text{ g} + 160 \text{ g}} = 26.4_6\% = 26.5\%$

この溶液に含まれる硝酸の物質量は，$\dfrac{78.336 \text{ g}}{63.0 \text{ g mol}^{-1}} = 1.2434 \text{ mol}$

この溶液の体積は 255 cm^3 であるから，モル濃度は

$$c_\text{B} = \dfrac{(1.2434 \text{ mol})(1000 \text{ cm}^3)}{(255 \text{ cm}^3)(1 \text{ dm}^3)} = 4.87_6 \text{ mol dm}^{-3} = 4.88 \text{ mol dm}^{-3}$$

5・3

エタノールと水の分子量を 46.07 および 18.02 とする。15 vol% のエタノール溶液であるから，たとえば 15 cm^3 のエタノールと 85 cm^3 の水を混合したものである。

(a) エタノールの質量 $w_\text{B} = 15 \text{ cm}^3 \times (0.7947 \text{ g cm}^{-3}) = 11.92_0 \text{ g}$

水の質量 $w_\text{A} = 85 \text{ cm}^3 \times (0.9991 \text{ g cm}^{-3}) = 84.92_3 \text{ g}$

$$\text{wt\%} = \dfrac{w_\text{B}}{w_\text{A} + w_\text{B}} \times 100 = \dfrac{11.92_0}{11.92_0 + 84.92_3} \times 100 = 12.31\%$$

(b) エタノールの物質量 $n_\text{B} = \dfrac{11.92_0}{46.07} = 0.2587_3 \text{ mol}$

水の物質量 $n_\text{A} = \dfrac{84.92_3}{18.02} = 4.712_7 \text{ mol}$

$$x_\text{B} = \dfrac{n_\text{B}}{n_\text{A} + n_\text{B}} = \dfrac{0.2587_3}{0.2587_3 + 4.712_7} = 0.05204$$

(c) 溶液の体積 V は

$$V = \dfrac{11.92_0 + 84.92_3}{0.9867} = 98.14_8 \text{ cm}^3$$

$$c_\text{B} = \dfrac{n_\text{B}}{V} = \dfrac{1000 \times 0.2587_3}{98.14_8} = 2.636 \text{ mol dm}^{-3}$$

(d) m_B は溶媒 1 kg に溶けている溶質の物質量であるから

$$m_\text{B} = \dfrac{n_\text{B}}{w_\text{A}} \times 1000 = \dfrac{0.2587_3}{84.92_3} \times 1000 = 3.047 \text{ mol kg}^{-1}$$

5・4

(a) $M_\text{B} = \dfrac{M_\text{A} w_\text{B}}{w_\text{A}} \dfrac{p_\text{A}^*}{p_\text{A}^* - p_\text{A}} = \dfrac{(78.1 \text{ g mol}^{-1})(1.50 \text{ g})}{100 \text{ g}} \times \dfrac{74.66}{74.66 - 74.13} = 165 \text{ g mol}^{-1}$

ただし，M_A はベンゼンのモル質量，w_A はベンゼンの質量，w_B は溶質の質量，p_A^* は純

ベンゼンの蒸気圧，p_A は溶液の蒸気圧。すなわち，この炭化水素の分子量は 165 である。

(b) 重量モル濃度は，$m_B = \dfrac{(1.50\text{ g})(1000\text{ g kg}^{-1})}{(165\text{ g mol}^{-1})(100\text{ g})} = 9.09 \times 10^{-2}\text{ mol kg}^{-1}$

5・5

(a) $M_B = \dfrac{M_A\, w_B}{w_A}\dfrac{p_A{}^*}{p_A{}^* - p_A} = \dfrac{(18.0\text{ g mol}^{-1})(1.48\text{ g})}{100\text{ g}} \times \dfrac{17.535}{17.535 - 17.503}$

$= 145.98\text{ g mol}^{-1} = 146\text{ g mol}^{-1}$

すなわち，このオリゴマーの分子量は 146 である。

また，オリゴマーの分子量は $(18 + 44n)$ であらわされるから $(18 + 44n) = 146$
$n = 2.91 \fallingdotseq 3$ したがって真の分子量は，$18 + 44 \times 3 = 150$

(b) 重量モル濃度は

$$m_B = \dfrac{(1.48\text{ g})(1000\text{ g kg}^{-1})}{(150\text{ g mol}^{-1})(100\text{ g})} = 9.87 \times 10^{-2}\text{ mol kg}^{-1}$$

5・6

$\Delta T_b = K_b m_B$ より，$m_B = \dfrac{(56.50 - 55.95)\text{ K}}{1.69\text{ K mol}^{-1}\text{ kg}} = 0.325_4\text{ mol kg}^{-1}$

いま，炭化水素の分子量を x とおけば

$$0.325_4 = \dfrac{3.75}{x} \times \dfrac{1000}{95} \qquad x = 121$$

5・7

(a) $\Pi = c_B RT$ を変形し $c_B = \Pi/RT$

$$c_B = \dfrac{0.469\text{ atm}}{(0.082057\text{ dm}^3\text{ atm K}^{-1}\text{ mol}^{-1})(293.15\text{ K})} = 0.0195\text{ mol dm}^{-3}$$

(b) 飽和水溶液 10.0 g を 1 dm³ に定容したのだから，ここに含まれるショ糖の物質量は 0.0195 mol。質量は $(342\text{ g mol}^{-1}) \times 0.0195\text{ mol} = 6.67\text{ g}$ となる。水は $(10.0 - 6.67)\text{ g} = 3.33\text{ g}$ から，水 100 g に対するショ糖の溶解度を求めると，$\dfrac{(100\text{ g}) \times (6.67\text{ g})}{3.33\text{ g}} = 200\text{ g}$

5・8

(a) $Mg(OH)_2$ の式量は $24.305 + 2 \times 17.01 = 58.325$

$\therefore c_B = \dfrac{(1.00\text{ g})(1000\text{ cm}^3\text{ dm}^{-3})}{(58.325\text{ g mol}^{-1})(50\text{ cm}^3)} = 0.34291\text{ mol dm}^{-3}$

マグネシウムイオンの濃度も同じ 0.34291 mol dm^{-3} となる。$\Pi = c_\mathrm{B}RT$ から,

$\Pi = (0.34291$ mol dm$^{-3})(0.082057$ dm^3 atm K^{-1} mol$^{-1})(310.15$ K$) = 8.72_7$ atm $= 8.73$ atm

(b)　1 atm $= 760$ mmHg であるから　$\dfrac{(8.72_7 \text{ atm})(760 \text{ mm atm}^{-1})(13.546 \text{ g cm}^{-3})}{1.000 \text{ g cm}^{-3}}$

$= 89844$ mm $= 89.8$ m

6 章

6・1

(a)　ヘキサシアノ鉄（III）酸カリウムを単位粒子と考えると，その式量は 329 であるから，この溶液のモル濃度 c_B は，$c_\mathrm{B} = \dfrac{(1.00 \text{ g})(1000 \text{ cm}^3 \text{ dm}^{-3})}{(329 \text{ g mol}^{-1})(100 \text{ cm}^3)} = 0.030395$ mol dm^{-3}

浸透圧とファントホッフ係数 i との関係 $\Pi = ic_\mathrm{B}RT$ から

$i = \dfrac{\Pi}{c_\mathrm{B}RT} = \dfrac{2.38 \text{ atm}}{(0.030395 \text{ mol dm}^{-3})(0.082057 \text{ dm}^3 \text{ atm K}^{-1} \text{ mol}^{-1})(298 \text{ K})} = 3.20$

(b)　ヘキサシアノ鉄（III）酸カリウムの解離は次のようになる。

$\mathrm{K_3[Fe(CN)_6]} \longrightarrow 3\mathrm{K^+} + \mathrm{[Fe(CN)_6]^{3-}}$

この反応の解離度を α とおけば，ファントホッフ係数 i は　$i = 4\alpha + (1-\alpha) = 1 + 3\alpha$

$\alpha = \dfrac{i-1}{3} = \dfrac{3.20-1}{3} = 0.733$

6・2

$$\Delta T_\mathrm{f} = iK_\mathrm{f}m_\mathrm{B} \quad \text{より} \quad i = \dfrac{\Delta T_\mathrm{f}}{K_\mathrm{f}m_\mathrm{B}}$$

水のモル凝固点降下定数 K_f は 1.86 K mol^{-1} kg であるので，

$i = \dfrac{0.344 \text{ K}}{(1.86 \text{ K mol}^{-1} \text{ kg})(0.100 \text{ mol kg}^{-1})} = 1.85$

解離度を α とすれば　$i = (1-\alpha) + 2\alpha = 1 + \alpha$　　$\alpha = i - 1 = 1.85 - 1 = 0.85$

6・3

$\varLambda = \kappa/c$ から伝導率は $\kappa = \varLambda c$ となる。

$\kappa = \varLambda c = (129 \times 10^{-4}$ S m^2 mol$^{-1})(0.100$ mol dm$^{-3}) = (129 \times 10^{-4}$ S m^2 mol$^{-1})(0.100 \times 10^3$ mol m$^{-3})$
$= 1.29$ S m^{-1}

6・4

この溶液の濃度は，$c = \left(\dfrac{7.50 \times 10^{-2} \text{ g}}{60.0 \text{ g mol}^{-1}}\right)\bigg/ 100 \text{ cm}^3 = 1.25 \times 10^{-5} \text{ mol cm}^{-3}$

したがって，モル伝導率は，$\varLambda = \dfrac{\kappa}{c} = \dfrac{1.81 \times 10^{-4} \text{ S cm}^{-1}}{1.25 \times 10^{-5} \text{ mol cm}^{-3}} = 14.4_8 \text{ S cm}^2 \text{ mol}^{-1}$

$= 14.5 \text{ S cm}^2 \text{ mol}^{-1} = 14.5 \times 10^{-4} \text{ S m}^2 \text{ mol}^{-1}$

6・5

(a) コールラウシュのイオン独立移動の法則から

$\varLambda^\infty(\text{HNO}_3) = \varLambda_+(\text{H}^+) + \varLambda_-(\text{NO}_3^-) = 421.2 \times 10^{-4}$ (1)

$\varLambda^\infty(\text{CH}_3\text{COOK}) = \varLambda_+(\text{K}^+) + \varLambda_-(\text{CH}_3\text{COO}^-) = 114.4 \times 10^{-4}$ (2)

$\varLambda^\infty(\text{KNO}_3) = \varLambda_+(\text{K}^+) + \varLambda_-(\text{NO}_3^-) = 144.9 \times 10^{-4}$ (3)

となる。酢酸の極限モル伝導率は (1) + (2) − (3) で計算されるから，

$\varLambda^\infty(\text{CH}_3\text{COOH}) = \varLambda_+(\text{H}^+) + \varLambda_-(\text{CH}_3\text{COO}^-) = 390.7 \times 10^{-4} \text{ S m}^2 \text{ mol}^{-1}$

(b) 弱電解質の解離度は，その濃度におけるモル伝導率と極限モル伝導率の比であるから $\alpha = \varLambda/\varLambda^\infty$。これを変形し

$\varLambda = \alpha\varLambda^\circ = 0.0371 \times (390.7 \times 10^{-4} \text{ S m}^2 \text{ mol}^{-1}) = 14.4_9 \times 10^{-4} \text{ S m}^2 \text{ mol}^{-1}$

$= 14.5 \times 10^{-4} \text{ S m}^2 \text{ mol}^{-1}$

6・6

(a) 最初は溶液に Na^+ と OH^- のイオンが含まれているから伝導率は高い。滴定が進むにつれ OH^- イオンは Cl^- イオンに代わっていき，伝導率は著しく減少する（右図）。酸によってアルカリをちょうど中和した点，すなわち終点では OH^- イオンはすべて Cl^- イオンにおき代わり，溶液は塩化ナトリウム水溶液と同じ程度の伝導率を示す。終点をすぎてさらに酸を加えれば，溶液中には H^+ イオンが存在することになり，したがって伝導率は再び著しく上昇する。終点は伝導率のグラフで極小としてはっきりと現れる。

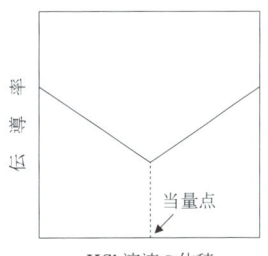

(b) アンモニア水溶液を酢酸で滴定する場合，最初はわずかに解離したアンモニアだけが存在する。これに酢酸を加えると強電解質の塩ができるので，伝導率は右図に示すように上昇していく。しかし終点をすぎると，わずかしか解離していない酸を加

えても伝導性を持つイオンの数はさほど多くならないので，伝導率はほとんど変化しなくなる。このように終点で傾きの変化がはっきりとみられるので，終点の位置を容易にみつけることができる。

(縦軸: 伝導率, 横軸: 酢酸溶液の体積, 当量点)

6・7

(a) 陰極での反応は $2H_2O + 2e^- \rightarrow H_2 + 2OH^-$ となり水素が発生する。通電した電気量は，

$(100 \text{ A}) \times (30 \text{ min} \times 60 \text{ s min}^{-1}) = 1.80 \times 10^5$ C よって

$$\frac{1.80 \times 10^5 \text{ C}}{9.6485 \times 10^4 \text{ C mol}^{-1}} = 1.8655 \text{ mol}$$ の電子が反応したことになる。生成する水素はその半分の量になるから，理想気体の状態式 $pV = nRT$ から

$$V = \frac{nRT}{p} = \frac{\left(\frac{1.8655 \text{ mol}}{2}\right)(0.082057 \text{ dm}^3 \text{ atm K}^{-1} \text{ mol}^{-1})(298.15 \text{ K})}{1.00 \text{ atm}} = 22.8 \text{ dm}^3$$

(b) 1.8655 mol の NaOH が生じることであるから，$\frac{1.8655 \text{ mol}}{200 \text{ dm}^3} = 9.33 \times 10^{-3} \text{ mol dm}^{-3}$ の水酸化ナトリウム水溶液となる。

6・8

Cl^- の輸率は $t_- = 1 - 0.4479 = 0.5521$ であるから，(6-15b)式より

$\Lambda_- = t_- \Lambda^\infty = 0.5521 \times 138.2 \times 10^{-4} \text{ S m}^2 \text{ mol}^{-1} = 76.30 \text{ S m}^2 \text{ mol}^{-1}$

7 章

7・1

体積変化 $\Delta V = (12.0 - 5.0) \text{ dm}^3 = 7.0 \text{ dm}^3$ による仕事は

$w = -p_e \Delta V = -(1 \text{ atm})(7.0 \text{ dm}^3) = -(101325 \text{ Pa})(7.0 \times 10^{-3} \text{ m}^3) = -709.275 \text{ Pa m}^3$

1 Pa m^3 = 1 J より $w = -7.1 \times 10^2$ J

7・2

体積変化 ΔV による仕事は $w = -p_e \Delta V = -p_e(V_{水蒸気} - V_水) \approx -p_e V_{水蒸気}$

いま，外圧 p_e は系の圧力 p に等しいとおいて $w = -p_e V_{水蒸気} = -p \frac{RT}{p} = -RT$

$= -(8.314 \text{ J K}^{-1} \text{ mol}^{-1})(373.15 \text{ K}) = -3102 \text{ J mol}^{-1} = -3.10_2 \text{ kJ mol}^{-1}$

内部エネルギー変化 ΔU は $\Delta U = q + w$

で表される。いま，熱 q は蒸発エンタルピー ΔH_{vap} であるから

$$\Delta U = q + w = (40.66 \text{ kJ mol}^{-1}) + (-3.10_2 \text{ kJ mol}^{-1}) = 37.56 \text{ kJ mol}^{-1}$$

7・3

アルゴンの物質量 n は，$n = \dfrac{pV}{RT} = \dfrac{(1 \text{ atm})(10.0 \text{ dm}^3)}{(0.082057 \text{ atm dm}^3 \text{ K}^{-1} \text{ mol}^{-1})(298.15 \text{ K})} = 0.408_7 \text{ mol}$

定圧での変化なので，吸収する熱は系のエンタルピー変化に等しい。

$$q = \Delta H = C_p \Delta T = \frac{5}{2} nR\Delta T = \frac{5}{2} \times (0.408_7 \text{ mol})(8.314 \text{ J K}^{-1} \text{ mol}^{-1})(373.15 - 298.15)\text{K} = 637 \text{ J}$$

外界に対して行う仕事 w は

$$w = -p\Delta V = -nR\Delta T = -(0.408_7 \text{ mol})(8.314 \text{ J K}^{-1} \text{ mol}^{-1})(373.15 - 298.15)\text{K} = -255 \text{ J}$$

内部エネルギー変化 ΔU は $\Delta U = q + w = 637 + (-255) = 382 \text{ J}$

7・4

(a) 対応する化学反応とその標準反応エンタルピーは

燃料電池：$H_2 \text{ (g)} + \dfrac{1}{2} O_2 \text{ (g)} \longrightarrow H_2O \text{ (l)}$　　　$\Delta H° = -285.8 \text{ kJ}$

火力発電：$C \text{ (graphite)} + O_2 \text{ (g)} \longrightarrow CO_2 \text{ (g)}$　　　$\Delta H° = -393.5 \text{ kJ}$

それぞれの60%と45%が有効であるから $-285.8 \text{ kJ} \times 0.60 = -171.4_8 \text{ kJ}$，$-393.5 \text{ kJ} \times 0.45 = -177.0_7 \text{ kJ}$

となる。したがって，水素ガス2.0トンは $(2.0 \text{トン}) \times \dfrac{12.0}{2.0} \times \dfrac{-171.4_8}{-177.0_7} = 11.6 \text{トン}$

石炭11.6トンに対応する。したがって，発生する炭酸ガスは $(11.6 \text{トン}) \times \dfrac{44.0}{12.0} = 42.53$

$= 43 \text{トン}$

(b) メタンの標準反応エンタルピーは

$$CH_4 \text{ (g)} + 2O_2 \text{ (g)} \longrightarrow CO_2 \text{ (g)} + 2H_2O \text{ (l)}$$

$$\Delta H° = -393.5 + 2 \times (-285.8) - (-74.7) = -890.4 \text{ kJ}$$

この45%が有効であるから，$-890.4 \text{ kJ} \times 0.45 = -400.6_8 \text{ kJ}$

したがって，水素ガス2.0トンは $(2.0 \text{トン}) \times \dfrac{16.0}{2.0} \times \dfrac{-171.4_8}{-400.6_8} = 6.8_4 \text{トン}$

よって，発生する炭酸ガスは $(6.8_4 \text{トン}) \times \dfrac{44.0}{16.0} = 18.8 = 19 \text{トン}$

7・5

ルビジウム原子のイオン化エンタルピーを x とおけば，ボルン-ハーバーサイクルを用いて $351.5 + 665 = 439 + 84 + x + \dfrac{242}{2}$ $x = 372.5 \text{ kJ mol}^{-1}$

7・6

(a) メタンの標準燃焼エンタルピーは $\Delta H° = -890.4 \text{ kJ mol}^{-1}$ (25℃)であり，この温度の範囲で変わらないものとする．空気の物質量 n は

$$n = \frac{pV}{RT} = \frac{(1 \text{ atm})(10 \times 3 \times 10^3 \text{ dm}^3)}{(0.082057 \text{ atm dm}^3 \text{ K}^{-1} \text{ mol}^{-1})(278 \text{ K})} = 1.31_5 \times 10^3 \text{ mol}$$

必要なメタンの物質量を x とおけば

$x \times (890.4 \times 10^3 \text{ J mol}^{-1}) = (1.31_5 \times 10^3 \text{ mol})(29.3 \text{ J K}^{-1} \text{ mol}^{-1})(298 - 278) \text{ K}$

$x = 0.865 \text{ mol}$

(b) $1 \text{ W} = 1 \text{ J s}^{-1}$ であるから，かかる時間を x とおけば

$(1000 \text{ J s}^{-1}) \times x = (1.31_5 \times 10^3 \text{ mol})(29.3 \text{ J K}^{-1} \text{ mol}^{-1})(298 - 278) \text{ K}$

$x = 771 \text{ s} = 12.8 \text{ min}$

7・7

②＋③－④から，$CH_3CHCH_2 \text{ (g)} + \dfrac{9}{2} O_2 \text{ (g)} \longrightarrow 3CO_2 \text{ (g)} + 3H_2O \text{ (l)}$

$\Delta H° = -124 + (-2220) - (-286) = -2058 \text{ kJ mol}^{-1}$

これを①から引いて，$C_3H_6 \text{ (g)} \longrightarrow CH_3CHCH_2 \text{ (g)}$

$\Delta H° = -2091 - (-2058) = -33 \text{ kJ mol}^{-1}$

となり，この異性化にはわずかな発熱が伴うことがわかる．

7・8

(a) それぞれの反応の反応エンタルピーは次のとおり．

		$\Delta H°$
①	$C_6H_6 \text{ (l)} + 3H_2 \text{ (g)} \longrightarrow C_6H_{12} \text{ (l)}$	-205 kJ mol^{-1}
②	$C_6H_{12} \text{ (l)} + 9O_2 \text{ (g)} \longrightarrow 6CO_2 \text{ (g)} + 6H_2O \text{ (l)}$	$-3920 \text{ kJ mol}^{-1}$
③	$H_2 \text{ (g)} + \dfrac{1}{2} O_2 \text{ (g)} \longrightarrow H_2O \text{ (l)}$	-286 kJ mol^{-1}

①＋②－3×③より

$C_6H_6 \text{ (l)} + \dfrac{15}{2} O_2 \text{ (g)} \longrightarrow 6CO_2 \text{ (g)} + 3H_2O \text{ (l)}$

$\Delta H° = -205 + (-3920) - 3 \times (-286) = -3267 \text{ kJ mol}^{-1}$

(b)　$\Delta H°(373\,\mathrm{K}) = \Delta H°(298\,\mathrm{K}) + \Delta C_p \times \Delta T$

　　　$\Delta C_p = 156.5 - 136.1 - 3 \times 28.8 = -66.0\,\mathrm{J\,K^{-1}\,mol^{-1}}$

したがって，$\Delta H°(373\,\mathrm{K}) = -205\,\mathrm{kJ\,mol^{-1}} + (-66.0\,\mathrm{J\,K^{-1}\,mol^{-1}})(373 - 298)\mathrm{K} \times 10^{-3}$
$= -210\,\mathrm{kJ\,mol^{-1}}$

8 章

8・1

(a)　25 ℃における標準エントロピー $S°$ は H_2 (g): 130.6 J K^{-1} mol^{-1}，O_2 (g): 205.0 J K^{-1} mol^{-1}，H_2O (l): 69.9 J K^{-1} mol^{-1} である。したがって，標準エントロピー変化 $\Delta S°$ は　$\Delta S° = 2 \times 69.9 - 2 \times 130.6 - 205.0 = -326.4$ J K^{-1}

(b)　H_2O (l) の標準生成エンタルピーは，25 ℃で -285.8 kJ mol^{-1} である。したがって，外界の 25 ℃ における標準エントロピー変化 $\Delta S°_\mathrm{surrounding}$ は

$$\Delta S°_\mathrm{surrounding} = -\frac{\Delta H°}{T} = -\frac{-285.8 \times 10^3 \times 2}{298.15} = 1917\,\mathrm{J\,K^{-1}}$$

(c)　$\Delta S°_\mathrm{total} = \Delta S° + \Delta S°_\mathrm{surrounding} = -326.4 + 1917 = 1591\,\mathrm{J\,K^{-1}}$

(d)　$\Delta S°_\mathrm{total} > 0$ より，この反応は自発的に起こる。

(e)　標準自由エネルギー変化 $\Delta G°$ は　$\Delta G° = -T\Delta S_\mathrm{total} = -298.15 \times 1591 \times 10^{-3}$
$= -474.3$ kJ　また，水の25℃での標準生成自由エネルギーの値 ($\Delta G_f° = -237$ kJ mol^{-1}) を使えば，同じ結果が得られる。　$\Delta G° = 2 \times (-237) - (0 + 0) = -474$ kJ

8・2

反応から取り出すことができる電気的な仕事の最大値は，その反応の自由エネルギー変化に等しい。それぞれの物質の25℃での標準生成自由エネルギーを下にまとめた。

$$\mathrm{CH_3OH\,(l)} + \frac{3}{2}\mathrm{O_2\,(g)} \longrightarrow \mathrm{CO_2\,(g)} + 2\mathrm{H_2O\,(l)}$$

$\Delta G_f°$/kJ mol^{-1}　　-166　　　　0　　　　　-394　　-237

標準自由エネルギー変化は

　　$\Delta G° = -394 + 2 \times (-237) - (-166) = -702$ kJ

同じ反応の標準燃焼エンタルピー $\Delta H°$ は -726 kJ であるから，この反応熱の97%が電気エネルギーとして取り出せることがわかる。

8・3

O_3 から O_2 への変化は次の式で表される。　　$2O_3$ (g) ⟶ $3O_2$ (g)
O_3(g) の標準生成自由エネルギーは $\Delta G_f^\circ = 163.2$ kJ mol^{-1}，標準生成エンタルピーは $\Delta H_f^\circ = 142.7$ kJ mol^{-1}。よって，この反応の標準自由エネルギー変化は

$$\Delta G^\circ = 0 - 2 \times 163.2 = -326.4 \text{ kJ}$$

したがって，$\Delta G^\circ < 0$ より，自然に起こる変化である。また，$\Delta G^\circ = \Delta H^\circ - T\Delta S^\circ$

から　　$\Delta S^\circ = \dfrac{\Delta H^\circ - \Delta G^\circ}{T} = \dfrac{-2 \times 142.7 \times 10^3 - (-326.4 \times 10^3)}{298.15} = 137.5$ J K^{-1}

8・4

CCl_2F_2 の生成反応は次のとおりである。　　C (s) + Cl_2 (g) + F_2 (g) ⟶ CCl_2F_2 (g)
それぞれの単体の標準エントロピーは，C (s): 5.74 J K^{-1} mol^{-1}，Cl_2 (g): 223.07 J K^{-1} mol^{-1}，F_2 (g): 202.78 J K^{-1} mol^{-1} であるから，この生成反応のエントロピー変化は

$$\Delta S_f^\circ = 300.9 - 5.74 - 223.07 - 202.78 = -130.69 \text{ J K}^{-1} \text{ mol}^{-1}$$

したがって，標準生成自由エネルギー ΔG_f° は $\Delta G_f^\circ = \Delta H_f^\circ - T\Delta S_f^\circ = -491.6$ kJ mol^{-1} $-$ (298.15 K)(-130.69 J K^{-1} mol^{-1})(10^{-3} kJ/J) $= -452.6$ kJ mol^{-1}

8・5

ΔG は状態量であり，ΔH の場合と同様に加え合わせてよい。したがって

①－②より　　CCl_2F_2 (g) + H_2O (l) ⟶ COF_2 (g) + 2HCl (g)　　$\Delta G^\circ = -124.17$ kJ
①－③より　　CCl_2F_2 (g) + H_2O (l) ⟶ $COCl_2$ (g) + 2HF (g)　　$\Delta G^\circ = -63.47$ kJ

これらの標準自由エネルギーの変化の値から，はじめの加水分解では，COF_2 が生成する方が進みやすいと考えられる。

8・6

(8-10)式から　　$G - A = pV$　　または　　$\Delta G - \Delta A = \Delta(pV)$

温度一定では，$\Delta(pV) = \Delta n_g RT$　　Δn_g は，気体の物質量変化である。$\Delta n_g = 3 - 1 - 5 = -3$ mol　　したがって，$\Delta G^\circ - \Delta A^\circ = \Delta n_g RT = (-3 \text{ mol})(8.314 \text{ J K}^{-1} \text{ mol}^{-1})(298 \text{ K}) = -7433$ J $= -7.43$ kJ

9 章

9・1

(a) 右, (b) 左, (c) 移動しない, (d) 1段目と2段目の反応の平衡定数を, それぞれ K_1 と K_2 おけば

$$K_1 = \frac{[C]}{[A][B]} \quad K_2 = \frac{[D]}{[C]}$$

全反応の平衡定数 K は $K_1 \times K_2$ と表わすことができる。

$$K = K_1 K_2 = \left(\frac{[C]}{[A][B]}\right)\left(\frac{[D]}{[C]}\right) = \frac{[D]}{[A][B]}$$

したがって, 加圧すると平衡は右に移動し, 生成物 D が増える。

9・2

(a) はじめに酢酸およびエタノールがそれぞれ 1 mol あったとすれば, 平衡時には, 酢酸エチルおよび水がそれぞれ 0.667 mol 生成し, 酢酸およびエタノールがそれぞれ 0.333 mol 残っている。いま, 混合液の体積を V とおけば

$$K_c = \frac{\left(\dfrac{0.667 \text{ mol}}{V}\right)^2}{\left(\dfrac{0.333 \text{ mol}}{V}\right)^2} = 4.01_2 = 4.01$$

(b) 酢酸とエタノールの分子量はそれぞれ 60.05, 46.07 である。反応によって生成する酢酸エチルと水の物質量を x mol とすれば

$$K_c = \frac{\left(\dfrac{x}{V}\right)^2}{\left(\dfrac{\dfrac{50.0}{60.05} - x}{V}\right)\left(\dfrac{\dfrac{20.0}{46.07} - x}{V}\right)} = 4.01$$

とおける。これを解けば

$$x = 0.363_6 \text{ mol} \quad \text{or} \quad 1.32_3 \text{ mol}$$

となる。生成する酢酸エチルは $(20.0/46.07)$ mol を超えることはないので, 意味のある解は $x = 0.363_6$ mol である。酢酸エチルの分子量は 88.10 であるから, その質量は

$$(88.10 \text{ g mol}^{-1})(0.363_6 \text{ mol}) = 32.0_3 \text{ g} = 32.0 \text{ g}$$

(c) 水 10.0 g を加えた後の平衡混合物を考える。水の分子量は 18.02 である。反応によって生成する酢酸エチルと水の物質量を x mol とすれば, 平衡混合物中の水の物

質量は $\{(10.0/18.02) + x\}$ mol となる．したがって

$$K_c = \cfrac{\left(\cfrac{x}{V}\right)\left(\cfrac{\cfrac{10.0}{18.02} + x}{V}\right)}{\left(\cfrac{\cfrac{50.0}{60.05} - x}{V}\right)\left(\cfrac{\cfrac{20.0}{46.07} - x}{V}\right)} = 4.01$$

とおける．これを解けば

$$x = 0.307_8 \text{ mol} \quad \text{or} \quad 1.56_3 \text{ mol}$$

となり，意味のある解は $x = 0.307_8$ mol である．その質量は

$$(88.10 \text{ g mol}^{-1})(0.307_8 \text{ mol}) = 27.1_2 \text{ g} = 27.1 \text{ g}$$

9・3

$\Delta \nu = 0$ の気体反応では $K_p = K_c$ であるから濃度平衡定数を用いる．生成する水素を x mol，混合気体の体積を V とすると

$$K_c = \frac{[\text{H}_2]^{1/2}\,[\text{I}_2]^{1/2}}{[\text{HI}]} = \cfrac{\left(\cfrac{x}{V}\right)^{1/2}\left(\cfrac{x}{V}\right)^{1/2}}{\cfrac{1-2x}{V}} = \frac{x}{1-2x} = 0.120$$

これを解けば

$$x = \frac{0.120}{1.240} = 0.0968$$

0.0968 mol の水素が生成する．

9・4

(a) 四酸化二窒素の物質量を x とすれば

$$K = \frac{[\text{N}_2\text{O}_4]}{[\text{NO}_2]^2} = \cfrac{\cfrac{x}{4.0}}{\left(\cfrac{2.0}{4.0}\right)^2} = 3.0 \quad x = 3.0 \text{ mol}$$

(b) 左　この系には，すべて四酸化二窒素だけだとすると 4 mol の量がある．あらたな平衡で，そのうちの x mol が二酸化窒素になったとすれば

$$K = \frac{[\text{N}_2\text{O}_4]}{[\text{NO}_2]^2} = \cfrac{\cfrac{4-x}{8.0}}{\left(\cfrac{2x}{8.0}\right)^2} = 3.0 \quad x = 1.3_3 \text{ (mol)} \quad \text{したがって，二酸化窒素の物質量}$$

は $1.3_3 \times 2 = 2.6_6 = 2.7$ mol

9・5

(a)

	$\frac{1}{2}$ N$_2$ (g)	+	$\frac{3}{2}$ H$_2$ (g)	⇌	NH$_3$ (g)
最初の物質量 (mol)	2		6		0
平衡における物質量 (mol)	2 − 0.18 = 1.82		6 − 0.54 = 5.46		0.36
平衡におけるモル濃度 (mol dm^{-3})	1.82/2=0.91		5.46/2=2.73		0.36/2=0.18

$$K_c = \frac{[\text{NH}_3]}{[\text{N}_2]^{1/2}[\text{H}_2]^{3/2}} = \frac{0.18 \text{ mol dm}^{-3}}{(0.91 \text{ mol dm}^{-3})^{1/2}(2.73 \text{ mol dm}^{-3})^{3/2}} = 0.0418 \text{ mol}^{-1}\text{ dm}^3 = 0.042 \text{ mol}^{-1}\text{ dm}^3$$

(b) $\Delta\nu = 1 - (1/2 + 3/2) = -1$ であるから

$$K_p = K_c (RT)^{\Delta\nu} = (0.042 \text{ mol}^{-1}\text{ dm}^3)\{(0.082057 \text{ dm}^3 \text{ atm K}^{-1} \text{ mol}^{-1})(873 \text{ K})\}^{-1} = 5.9 \times 10^{-4} \text{ atm}^{-1}$$

(c) 平衡状態における NH$_3$ の物質量を x mol とすると濃度平衡定数は

$$K_c = \frac{[\text{NH}_3]}{[\text{N}_2]^{1/2}[\text{H}_2]^{3/2}} = \frac{x}{\left(2-\frac{x}{2}\right)^{\frac{1}{2}}\left(6-\frac{3x}{2}\right)^{\frac{3}{2}}} = 0.042$$

これを解くと x は 0.62 mol となる。

9・6

最初の物質量を n_0, 解離度を α, 平衡にある混合気体の体積を V とすると, 濃度平衡定数は

$$K_c = \frac{[\text{H}_2][\text{CO}_2]}{[\text{CO}][\text{H}_2\text{O}]} = \frac{\left(\frac{n_0\alpha}{V}\right)\left(\frac{n_0\alpha}{V}\right)}{\left(\frac{n_0(1-\alpha)}{V}\right)\left(\frac{n_0(1-\alpha)}{V}\right)} = \frac{\alpha^2}{(1-\alpha)^2}$$

$\Delta\nu = 0$ の気体反応では $K_p = K_c$ である。n_0 が 1 mol で, 平衡に達したとき水素が x mol 生成しているとすると, $\alpha = x$ となる。

$$K_p = K_c = \frac{x^2}{(1-x)^2} = 9.00$$

これを解くと, $x = 1.50$ or 0.750 $x < 1$ から x は 0.750 mol   分圧 = 全圧 × モル分率であるから $1 \text{ atm} \times \frac{0.750 \text{ mol}}{2 \text{ mol}} = 0.375$ atm

9・7

(a) 平衡における各気体の分圧を $p(\text{NH}_3) = p(\text{H}_2\text{S}) = x$ とすると, 圧平衡定数は

$K_p = p(\text{NH}_3)\, p(\text{H}_2\text{S}) = x^2 = 0.11 \text{ atm}^2$ これを解くと $x = 0.332$ atm   各気体の分圧の和

が解離圧となるから　　$2x = 0.664 \text{ atm} = 0.66 \text{ atm}$

(b)　平衡における H_2S の圧力を y とすると，$K_p = p(NH_3)\,p(H_2S) = (y + 0.50 \text{ atm})\,y$ = 0.11 atm^2　　$y^2 + 0.50\,y - 0.11 = 0$
これを解くと　$y = 0.17 \text{ atm}$　　$p(H_2S) = 0.17 \text{ atm}$,　　$p(NH_3) = (y + 0.50 \text{ atm}) = 0.67 \text{ atm}$

(c)　固体の NH_4HS を等量加えても圧平衡定数に変化はないから解離圧も変化しない NH_4HS の解離圧は 0.66 atm である。

9・8

AgCl の溶解度積は $1.8 \times 10^{-10} \text{ mol}^2 \text{ dm}^{-6}$ である。NaCl を加えたときの AgCl の溶解度を s とおけば，$K_{sp} = [\text{Ag}^+][\text{Cl}^-] = s \times (s + 1.0 \times 10^{-4}) = 1.8 \times 10^{-10}$
s が 1.0×10^{-4} よりもはるかに小さいと仮定すれば，$s \times (1.0 \times 10^{-4}) \approx 1.8 \times 10^{-10}$
したがって，s は $1.8 \times 10^{-6} \text{ mol dm}^{-3}$

例題 9・2 から AgCl の溶解度は $1.3 \times 10^{-5} \text{ mol dm}^{-3}$，AgCl のモル質量は 143.4 g mol^{-1} より，沈殿してくる AgCl の質量は $(143.4 \text{ g mol}^{-1})(1.3 \times 10^{-5} - 1.8 \times 10^{-6}) \text{ mol} = 1.6 \times 10^{-3} \text{ g}$

9・9

$\ln\{K_p(T_2)/K_p(T_1)\} = -\Delta H^\circ/R \times (1/T_2 - 1/T_1)$ から

$$\ln\frac{K_p(T_2)}{6.76 \times 10^{-4}} = -\frac{40.3 \times 10^3 \text{ J mol}^{-1}}{8.314 \text{ J K}^{-1} \text{ mol}^{-1}} \times \left(\frac{1}{1073 \text{ K}} - \frac{1}{673 \text{ K}}\right) \quad K_p(T_2) = 9.91 \times 10^{-3}$$

9・10

B の分子量を M_B，抽出された B の質量を x g とすれば

$$K = \frac{[B]_{クロロホルム}}{[B]_{水}} = \frac{\left(\dfrac{x}{M_B}\right)/50}{\left(\dfrac{5.0-x}{M_B}\right)/200} = 10.0 \quad \text{これを解くと } x \text{ は 3.6 g となる。}$$

同様に，25 cm^3 のクロロホルムでは，1 回目では 2.78 g が，続いて 2 回目では 1.23 g の B が抽出される。したがって，総量は $2.78 + 1.23 = 4.01 = 4.0$ g となり，2 回に分けて抽出する方がより効果的であることがわかる。

10 章

10・1 酢酸の濃度を C_A mol dm^{-3}，解離度を α とすると，解離平衡における濃度は以下のように表せる．

$$CH_3COOH \rightleftharpoons CH_3COO^- + H^+$$
$$C_A(1-\alpha) \qquad C_A\alpha \qquad C_A\alpha$$

(10-23)式より，$\alpha = \left(\dfrac{K_a}{C}\right)^{1/2} = \left(\dfrac{1.8 \times 10^{-5}}{0.15}\right)^{1/2} = 1.1 \times 10^{-2}$

$[CH_3COO^-] = [H^+] = C_A\alpha = 0.15 \times 1.1 \times 10^{-2} = 1.7 \times 10^{-3}$ mol dm^{-3}

$[CH_3COOH] = C_A(1-\alpha) = 0.15(1 - 1.1 \times 10^{-2}) = 1.5 \times 10^{-1}$ mol dm^{-3}

$[OH^-] = \dfrac{1.0 \times 10^{-14}}{[H^+]} = \dfrac{1.0 \times 10^{-14}}{1.7 \times 10^{-3}} = 5.9 \times 10^{-12}$ mol dm^{-3}

10・2

(a) ホウ酸の pK_a は 9.24（表 10・1）であり，弱酸なので(10-24)式に値を代入すると

$$pH = \frac{1}{2}pK_a - \frac{1}{2}\log C = \frac{1}{2} \times 9.24 - \frac{1}{2}\log 0.010 = 5.62$$

(b) 塩化アンモニウム（$NH_4^+Cl^-$）水溶液は，アンモニア（$K_b = 4.75$）の共役酸の水溶液，すなわち，(10-30)式より $pK_a = 14.0 - 4.75 = 9.25$ の酸の溶液と考えることができる．したがって，(10-24)式に値を代入し，$pH = \dfrac{1}{2}pK_a - \dfrac{1}{2}\log C$

$= \dfrac{1}{2} \times 9.25 - \dfrac{1}{2}\log 0.010 = 5.63$　となり，この水溶液は酸性を示す．

10・3

(a) $pH = \dfrac{1}{2} \times 3.85 - \dfrac{1}{2} \times \log 0.10 = 1.925 + 0.50 = 2.43$

(b) $pH = 3.85 + \log\left(\dfrac{0.20 \times 5 \times \dfrac{1}{1000}}{0.10 \times \dfrac{25}{1000} - 0.20 \times \dfrac{5}{1000}}\right) = 3.67$

(c) 初めに存在していた乳酸は $0.10 \times 25 \div 1000 = 2.5 \times 10^{-3}$ mol であるので，中和に必要な水酸化ナトリウム水溶液の体積は，2.5×10^{-3} mol/0.20 mol dm^{-3} = 12.5 cm^3　したがって，中和時の全体積は 37.5 cm^3 となる．

$$pH = \frac{1}{2} \times 14.00 + \frac{1}{2} \times 3.85 + \frac{1}{2}\log\left(\dfrac{2.5 \times 10^{-3}}{0.0375}\right) = 8.34$$

10・4

HCl を加えると,その分だけ CH_3COOH 濃度は高くなり CH_3COO^- 濃度が低くなる。

$$pH = 4.75 + \log\left(\frac{\frac{0.10(100-4.00)}{104}}{\frac{0.10(100+4.00)}{104}}\right) = 4.75 - 0.03 = 4.72$$

一方,NaOH を加えるとその逆になるので

$$pH = 4.75 + \log\left(\frac{\frac{0.10(100+4.00)}{104}}{\frac{0.10(100-4.00)}{104}}\right) = 4.75 + 0.03 = 4.78$$

10・5

加えた塩酸を y cm³ とすると,

$$pH = pKa + \log\frac{[CH_3COO^-]}{[CH_3COOH]} = 4.75 + \log\left(\frac{0.02\times 100 - 0.10\,y}{0.10\,y}\right) = 5.0$$

これから y を求めると,y = 7.2 cm³

11 章

11・1

(a) アノード,酸化: Cr^{2+} (aq) $\rightleftarrows$ Cr^{3+} (aq) + e^-
 カソード,還元: Fe^{3+} (aq) + e^- $\rightleftarrows$ Fe^{2+} (aq)

(b) アノード,酸化: Pb (s) + SO_4^{2-} (aq) $\rightleftarrows$ $PbSO_4$ (s) + $2e^-$
 カソード,還元: Sn^{4+} (aq) + $2e^-$ $\rightleftarrows$ Sn^{2+} (aq)

(c) アノード,酸化: Ni (s) $\rightleftarrows$ Ni^{2+} (aq) + $2e^-$
 カソード,還元: $2Ce^{4+}$ (aq) + $2e^-$ $\rightleftarrows$ $2Ce^{3+}$ (aq)

(d) アノード,酸化: Sn (s) $\rightleftarrows$ Sn^{2+} (aq) + $2e^-$
 カソード,還元: I_2 (s) + $2e^-$ $\rightleftarrows$ $2I^-$ (aq)

11・2

(a) 標準起電力は,右側の極の標準電極電位から左側の極の標準電極電位を引いたものであるから $E°$(電池) = 0.337 − (−0.763) = 1.100 V
電池の起電力が正のときには,右側がカソードになる。

(b)　$E°(電池) = 0.071 - 0.222 = -0.151$ V

電池の起電力が負なので左側がカソードになる。

(c)　$E°(電池) = -0.403 - 0.222 = -0.625$ V

電池の起電力が負なので左側がカソードになる。

11・3

$1F$ の電気が消費されたときには，Zn^{2+} は 0.5 mol 増加し，逆に Cu^{2+} は 0.5 mol 減少する。溶液の体積は変化しないとすれば，それぞれの金属イオンの濃度は，$[Zn^{2+}] = 1.5$ mol dm^{-3}　$[Cu^{2+}] = 0.5$ mol dm^{-3} となる。ネルンストの式 (11-2) から

$$E = E° - \frac{RT}{2F} \ln \frac{[Zn^{2+}]}{[Cu^{2+}]} = 1.100 \text{ V} - \frac{(8.314 \text{ J K}^{-1} \text{ mol}^{-1})(298 \text{ K})}{2 \times (96485 \text{ C mol}^{-1})} \ln \frac{1.5}{0.5} = 1.086 \text{ V}$$

11・4

アノード，酸化：　$Cu \longrightarrow Cu^{2+}$ (aq, 0.1 mol dm^{-3}) + 2e$^-$

カソード，還元：　Cu^{2+} (aq, x mol dm^{-3}) + 2e$^-$ $\longrightarrow Cu$

　　全体の反応：　Cu^{2+} (aq, x mol dm^{-3}) $\longrightarrow Cu^{2+}$ (aq, 0.10 mol dm^{-3})

ともに 1 mol dm^{-3} のときには濃度に差はなく電流は流れない。つまり，標準起電力は $E° = 0$ である。したがって，ネルンストの式より

$$E = -\frac{RT}{2F} \ln \frac{0.10 \text{ mol dm}^{-3}}{x \text{ mol dm}^{-3}}$$

$$0.0296 \text{ V} = -\frac{(8.314 \text{ J K}^{-1} \text{ mol}^{-1})(298 \text{ K})}{2 \times (96485 \text{ C mol}^{-1})} \ln \frac{0.10 \text{ mol dm}^{-3}}{x \text{ mol dm}^{-3}}$$

これを解けば　$x = 1.0$ mol dm^{-3}

濃淡電池の起電力は，このように濃度に依存することがわかる。電池内反応の進行にともなって濃度の濃い方から薄い方へ $CuSO_4$ (Cu^{2+} の塩) が移動する際の自由エネルギー変化を電気エネルギーとして取り出したものである。

11・5

(a)　アノード，酸化：　$Zn (s) \longrightarrow Zn^{2+}$ (aq) + 2e$^-$

　　カソード，還元：　Fe^{2+} (aq) + 2e$^-$ $\longrightarrow Fe (s)$

　　$Zn (s) | Zn^{2+}$ (aq) $| Fe^{2+}$ (aq) $| Fe (s)$

(b)　アノードの標準電極電位を x とおけば　$E°(電池) = -0.409 - x = 0.354$

$x = -0.763$ V

(c) (11-6)式から　　$\Delta G° = -zFE° = -2 \times (96485 \text{ C mol}^{-1})(0.354 \text{ V})$
$= -6.83 \times 10^4 \text{ C V mol}^{-1} = -68.3 \text{ kJ mol}^{-1}$

11・6

(a) 左側のアノードの標準電極電位を x とおけば　　$E°(電池) = -0.126 - x = 0.010$
$x = -0.136 \text{ V}$

(b) 酸化還元反応　　$\text{Sn (s)} + \text{Pb}^{2+} \text{(aq)} \rightleftharpoons \text{Sn}^{2+} \text{(aq)} + \text{Pb (s)}$　　(11-6)式から
$\Delta G° = -zFE° = -2 \times (96485 \text{ C mol}^{-1})(0.010 \text{ V}) = -1.92 \times 10^3 \text{ C V mol}^{-1} = -1.9 \text{ kJ mol}^{-1}$

(c) (9-15)式から

$$\ln K_c = -\frac{\Delta G°}{RT} = -\frac{-1.92 \times 10^3 \text{ J mol}^{-1}}{(8.314 \text{ J K}^{-1} \text{ mol}^{-1})(298 \text{ K})} = 0.774$$

したがって, $K_c = e^{0.774} = 2.2$

12 章

12・1

(12-4)式より　　$-\dfrac{1}{3}\dfrac{d[A]}{dt} = -\dfrac{1}{4}\dfrac{d[B]}{dt} = \dfrac{1}{2}\dfrac{d[C]}{dt} = \dfrac{1}{6}\dfrac{d[D]}{dt}$

ここで, $d[C]/dt = 1.42 \text{ mol dm}^{-3} \text{ s}^{-1}$ であるから, $-\dfrac{d[A]}{dt} = \dfrac{3}{2}\dfrac{d[C]}{dt} = \dfrac{3}{2} \times 1.42$

$= 2.13 \text{ mol dm}^{-3} \text{ s}^{-1}$　　$\dfrac{d[D]}{dt} = \dfrac{6}{2}\dfrac{d[C]}{dt} = \dfrac{6}{2} \times 1.42 = 4.26 \text{ mol dm}^{-3} \text{ s}^{-1}$

12・2

$\ln([A]_0/[A])$ を時間 t / min に対してプロットし, 直線となれば 1 次反応である。$t = 0, 30.0, 60.0, 90.0, 180.0$ のときの $\ln([A]_0/[A])$ の値は, それぞれ, 0, 0.105, 0.211, 0.315, 0.616である。直線となるので, 1 次反応。また, 直線の傾きから, 速度定数は $3.4 \times 10^{-3} \text{ min}^{-1}$

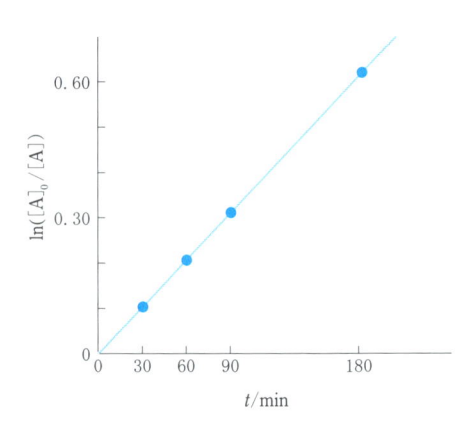

12・3

(12-8)式より, $\ln\left(\dfrac{1}{0.8}\right) = k \times 10 \times 60$

したがって, $k = \dfrac{\ln\left(\dfrac{1}{0.8}\right)}{10 \times 60} = 3.7 \times 10^{-4}\ \text{s}^{-1}$

よって, 30分後に残っている原料Aの割合をxとすれば $\ln\left(\dfrac{1}{x}\right) = 3.7 \times 10^{-4}\ \text{s}^{-1} \times 30 \times 60\ \text{s}$

$-\ln x = 0.666$

したがって, $x = e^{-0.666} = 0.51$ すなわち 51%

12・4

(12-18)式より $\ln\dfrac{k_2}{k_1} = \dfrac{50.0 \times 10^3\ \text{J mol}^{-1}}{8.314\ \text{J K}^{-1}\ \text{mol}^{-1}} \times \left(\dfrac{1}{303} - \dfrac{1}{323}\right) = 1.23$

$\dfrac{k_2}{k_1} = e^{1.23}$ すなわち $k_2 = e^{1.23} \times k_1 = 3.42\ k_1$ となり, 速度定数は3.42倍となる。

12・5

温度Tのときの反応速度定数をk_T, 半減期を$t_{1/2}^T$とすれば, $t_{1/2}^T = (\ln 2)/k_T$ であるので, $k_T = (\ln 2)/t_{1/2}^T$ と表せる。温度$(T+10)$のときの反応速度定数をk_{T+10}, 半減期を$t_{1/2}^{T+10}$とすれば, $t_{1/2}^{T+10} = \dfrac{t_{1/2}^T}{2} = \dfrac{\ln 2}{k_{T+10}}$

よって, $k_{T+10} = (2\ln 2)/t_{1/2}^T$

したがって, $k_{T+10} = 2\ k_T$ となる。

$\ln\left(\dfrac{k_{T+10}}{k_T}\right) = \ln\left(\dfrac{2\ k_T}{k_T}\right) = \dfrac{E_a}{R}\left(\dfrac{1}{T} - \dfrac{1}{T+10}\right)$ $\ln 2 = \dfrac{50000}{8.314}\dfrac{10}{T(T+10)}$

$T^2 + 10\ T = 86800$ したがって, $T = 2.9 \times 10^2$ K

12・6

(a) $\dfrac{d[N_2O_2]}{dt} = k_1[NO]^2 - k_2[N_2O_2] - k_3[N_2O_2][O_2] = 0$ $[N_2O_2] = \dfrac{k_1[NO]^2}{(k_2 + k_3[O_2])}$

(b) $\dfrac{d[NO_2]}{dt} = 2\ k_3[N_2O_2][O_2] = \dfrac{2\ k_1\ k_3[NO]^2[O_2]}{(k_2 + k_3[O_2])}$

(c) $k_3[O_2] \gg k_2$, あるいは $k_3[O_2][N_2O_2] \gg k_2[N_2O_2]$

すなわち $N_2O_2 + O_2 \rightarrow 2NO_2$ の反応が，$N_2O_2 \rightarrow 2NO$ の反応より速いとき

$$\frac{d[NO_2]}{dt} = 2k_1[NO]^2$$

13 章

13・1

$_{43}$Tc, $_{61}$Pm, および $_{84}$Po 以降のすべての元素。

13・2

(a) $^{235}_{92}U \longrightarrow {}^{231}_{90}Th + {}^{4}_{2}He$ (b) $^{239}_{93}Np \longrightarrow {}^{239}_{94}Pu + {}^{0}_{-1}e$

13・3

$^{32}_{15}P \longrightarrow {}^{32}_{16}S + {}^{0}_{-1}e$ $^{3}_{1}H \longrightarrow {}^{3}_{2}He + {}^{0}_{-1}e$

13・4

$^{14}_{7}N + {}^{1}_{1}H \longrightarrow {}^{11}_{6}C + {}^{4}_{2}He$

13・5

半減期 $t_{1/2} = \ln 2/k$ よって，$k = \dfrac{\ln 2}{5730} = 1.21 \times 10^{-4}$ $\ln([A]/[A]_0) = -kt$ より

$\dfrac{[A]}{[A]_0} = e^{-kt} = e^{(-1.210 \times 10^{-4} \times 2000)} = 0.785$ よって，78.5%。

13・6

半減期 $t_{1/2} = \ln 2/k$ よって，$k = \dfrac{\ln 2}{3.8} = 0.18$

$\ln([A]/[A]_0) = -kt$ より，$t = \dfrac{\ln 0.6}{-0.18} = 2.8$ よって，2.8 日

13・7

$\Delta m = 2 \times 2.0141018 - (3.016049 + 1.007825) = 0.0043296 \text{ u}$

$E = (2.9979 \times 10^8 \text{ m s}^{-1})^2 \times 0.0043296 \text{ g mol}^{-1} = 3.891 \times 10^{11} \text{ J mol}^{-1}$

参　考

　基礎的な化学の計算をする上で，それほど複雑な数学の知識は必要としない。ここでは，参考のために，本書で扱われている化学計算で用いられる数学の知識についてまとめた。

1. 指数と対数

(a) 指　数

$$A^m \times A^n = A^{m+n}$$

$$A^m \div A^n = A^{m-n}$$

$$(A^m)^n = A^{mn}$$

$$(AB)^n = A^n B^n$$

(b) 対　数

　y が x の関係で，

$$y = a^x \quad (a \neq 1,\ a > 0)$$

のとき，指数 x を a を底とする y の対数（logalism）といい，

$$x = \log_a y$$

のように表す。

　また y を対数 x の真数（anti-logalism）という。対数の四則計算の法則は，指数法則から容易に導かれる。結果だけを次に示しておく。

$$\log_a (MN) = \log_a M + \log_a N$$

$$\log_a \frac{M}{N} = \log_a M - \log_a N$$

$$\log_a M^n = n \times \log_a M$$

$$\log_a a = 1$$

$$\log_a 1 = 0$$

　通常の対数計算には，10進法との関係から10を底とする対数が用いられ，これを常用対数（common logalism）という。常用対数は，底 10 を省略して $\log N$ のように表示される。

　対数関数の微分に関連する値 e（e = 2.71828…）を底とする対数 $\log_e N$ を自然対数（natural logalism）といい，$\log_e N$ を $\ln N$ と表す。

$\log N$ と $\ln N$ との間には次の関係が成立する。

$$\ln N = 2.30258 \times \log N$$

２．高次方程式の解の求め方

(a) 二次方程式

$$f(x) = ax^2 + bx + c = 0$$

$$x = \frac{-b \pm \sqrt{b^2 - 4ac}}{2a}$$

(b) 三次方程式

$f(x) = ax^3 + bx^2 + cx + d = 0$ を満足する x の近似値の求め方

① $f(x) = ax^3 + bx^2 + cx + d$ の x にいろいろな数値を代入してみて $|f(x)|$ がなるべく 0 に近い値 α を見つける。

② $f(x)$ が正または負になるように三つほどの x について計算する。

③ 次に $x = \alpha + h$ とおいて h を求める。ただし $\alpha \gg h$ となるようにする。

上の式で

$$f(\alpha + h) = a(\alpha + h)^3 + b(\alpha + h)^2 + c(\alpha + h) + d$$

ここで $\alpha \gg h$ だから h^2 以上の h の項を無視しても差し支えないから

$$f(\alpha + h) = \left[a\alpha^3 + b\alpha^2 + c\alpha + d\right] + \left(3a\alpha^2 + 2b\alpha + c\right)h$$

$$= f(\alpha) + \left(3a\alpha^2 + 2b\alpha + c\right)h$$

これを 0 とおくと h に関する 1 次式だから h は容易に求まる。

さらに近似のよい解を得たければ上の操作を繰り返せばよい（ニュートンの試行錯誤法）。

３．微分・積分の公式

(a) 微分法の公式

$$\frac{d}{dx}x^n = nx^{n-1} \qquad \frac{d}{dx}c = 0 \quad (c \text{ は定数})$$

$$\{f(x) \pm g(x)\}' = f'(x) \pm g'(x) \qquad \{cf(x)\}' = cf'(x) \quad (c \text{ は定数})$$

$$\{f(x)g(x)\}' = f'(x)g(x) + f(x)g'(x)$$

$$\left\{\frac{f(x)}{g(x)}\right\}' = \frac{f'(x)g(x) - f(x)g'(x)}{\{g(x)\}^2} \qquad \frac{dy}{dx} = \frac{dy}{dt}\frac{dt}{dx}$$

$(\log_a x)' = \dfrac{1}{x}\log_a e \qquad (\log_e x)' = \dfrac{1}{x}$

$(e^x)' = e^x \qquad (a^x)' = a^x \log_e a$

(b) 積分法の公式

$$\int a\,dx = ax + C \qquad \int dx = x + C \qquad \int 0\,dx = C \quad (C \text{ は積分定数})$$

$$\int \{f(x) \pm g(x)\}\,dx = \int f(x)\,dx \pm \int g(x)\,dx$$

$$\int af(x)\,dx = a\int f(x)\,dx$$

$$\int x^m\,dx = \dfrac{x^{m+1}}{m+1} \quad (m \text{ は定数},\ m \neq -1) \qquad \int \dfrac{1}{x}\,dx = \log_e x$$

$$\int e^x\,dx = e^x \qquad \int a^x\,dx = \dfrac{a^x}{\log_e a} \quad (a > 0,\ a \neq 1)$$

$$\int \log_e x\,dx = x\log_e x - x = x(\log_e x - 1)$$

$$\int \log_a x\,dx = x(\log_a x - \log_a e)$$

索　　　引

■あ 行

アクチノイド元素　45
アセチレン　77
圧力－温度図　132
圧力－組成図　132
圧平衡定数　191
アノード　235
アボガドロ数　16
アボガドロ定数　16, 83
アボガドロの法則　82, 85
アモルファス　121
アルカリ金属　14
アルカリ土類金属　14
アルカリマンガン電池　241
アレニウス　209
アレニウスの式　255

イオン化エネルギー　48
イオン化エンタルピー　168
イオン化列　239
イオン結合　55
イオン結晶　110
イオン式　18
イオン独立移動の法則　143
イオン半径　114
イオン反応式　21
1次電池　241
1次反応　251
移動度　148
異方性　120
陰極　146
陰性　56

ウラン　267

液晶　119
液相線　134
エタン　72
エチレン　73
塩基　209
塩基解離定数　213
塩基定数　213
塩橋　234

エンタルピー　156
鉛蓄電池　242
エントロピー　176

オキソニウムイオン　59, 139
オクテット則　57
オームの法則　141
温度－組成図　132, 134

α 線　267
α 崩壊　267
SI 単位　6
sp 混成軌道　77
sp^2 混成軌道　73
sp^3 混成軌道　71

■か 行

外界　152
解離度　144, 217
化学式　17
化学電池　234
化学反応式　20
化学平衡　189
化学平衡の移動　193
化学平衡の法則　191
化学ポテンシャル　199
化学量論　17
化学量論係数　20
可逆過程　156, 178
可逆反応　189
殻　37
角運動量　30
拡散　94
核子　9
核種　10
核の結合エネルギー　271
核分裂　273
核融合　274
加水分解　220
仮数　4
価数　214
カソード　235
活性化エネルギー　255

活性化エンタルピー　259
活性化エントロピー　259
活性化ギブスエネルギー　258
活量　201
価電子　43, 58
価標　59
カーボンナノチューブ　117
ガラス　119
ガラス電極　244
過冷却液体　119
カロメル電極　239
還元　146, 231
還元剤　232
換算係数表示法　8
緩衝作用　228
完全気体　84
官能基　17

希ガス　14
気相線　134
気体分子運動論　87
気体定数　84
基底状態　43
起電力　235
軌道　36
軌道図表　43
ギブズの自由エネルギー　182
基本単位　6
逆浸透　130
境界面　38
凝固　106
凝固点　106
凝固点降下　129, 139
凝固点降下定数　129
凝縮　102
凝縮曲線　134
強電解質　139
共通イオン効果　198
共鳴構造　60, 76
共鳴混成体　60
共沸混合物　135

共役塩基　210
共役酸　210
共役二重結合　76
共有結合　56
共有結合結晶　110
極限構造　60
極限モル伝導率　142
極性分子　67
キルヒホッフの法則　171
金属結合　65
金属結晶　110
金属元素　14

空間格子　110
組立て単位　6
クラウジウス-クラペイロンの式　105
グラハムの法則　92
グラファイト　117
グレイ　269
クーロン力　55

系　152
形式電荷　59
系列極限　29
結合エネルギー　57
結合エンタルピー　169
結合解離エネルギー　57
結合距離　57
ケルビン温度　6
原子化エンタルピー　162
原子核　9
原子質量単位　12
原子スペクトル　27
原子半径　50
原子番号　9
原子量　12
元素　9
元素分析　19
原子記号　10
原子力　274
元素記号　10

光子　24
格子　110
格子エンタルピー　167
格子定数　110
格子点　110

格子面　111
酵素　261
構造式　17
光電効果　26
国際単位系　6
孤立系　152
孤立電子対　59
コレステリック　120
混成軌道　71
根平均二乗速度　89

γ線　267
γ崩壊　267

■さ 行
最外殻電子　43
最大確率速度　91
最大速度　263
最密構造　1134
錯イオン　198
酸　209
酸化　146, 231
酸解離定数　212
酸化還元反応　232
酸化銀電池　241
酸化剤　232
酸化数　232
三重結合　78
三重点　108
酸定数　212

示強性　152
式量　15
磁気量子数　37
仕事関数　26
指示薬　223
シス(cis)体　74
示性式　17
実験式　17
実在気体　83, 93
質点　87
質量-エネルギーの等価性　33
質量欠損　271
質量作用の法則　191
質量数　9
質量スペクトル　11
質量分析計　10

質量分率　124
自発的　175
指標　4
シーベルト　269
ジーメンス　142
弱電解質　139
遮蔽効果　41
シャルルの法則　80, 83
10億分率　125
周期　14
周期表　13
周期律　13
自由電子　65
重量モル濃度　125
縮退　41
主量子数　37
シュレーディンガーの波動方程式　35
昇位　71
昇華　107
昇華曲線　108
蒸気圧曲線　108
蒸気圧降下　126, 139
状態図　108
状態量　152
衝突理論　257
焼熱エンタルピー　162
蒸発エンタルピー　159
触媒　261
示量性　152
芯電子　43
浸透　42, 130
浸透圧　130, 139

水銀電池　241
水素イオン指数　216
水素結合　68
水素結合性結晶　110
水和　138
スピン量子数　40
スペクトル系列　28
スメクティック　120

生成エンタルピー　162
静電気力　55
絶対温度　6
絶対零度　83
接頭語　6

索　引　*317*

セルシウス温度　6
全圧　85
遷移元素　14, 48
遷移状態理論　257

双極子－双極子相互作用　98
双極子モーメント　66
相対質量　11
族　14
束一的性質　124, 139
組成式　17
素反応　259

σ結合　71, 74

■た　行
第一イオン化エネルギー　49
第一遷移元素　45
体心立方格子　111
体積分率　124
第二イオン化エネルギー　49
第二遷移元素　45
ダイヤモンド　117
多電子原子　41
ダニエル電池　234
単位格子　110
単純立方格子　110

抽出　205
中性子　9
中和　222
中和エンタルピー　162
超臨界流体　109

定圧過程　155
定圧熱容量　157
抵抗率　141
定在波　35
定常状態　30
定常状態法　260
ディスコティック　120
定容過程　155
定容熱容量　157
滴定　225
滴定曲線　223
電解質　138
電気陰性度　65
電気分解　148

電気素量　9
典型元素　4, 45
電子　9
電子雲　36
電子獲得エンタルピー　168
電子構造　42
電子親和力　49, 52
電磁スペクトル　24
電子配置　42, 54
電磁放射　24
電池図　235
伝導率　141
電離作用　268

同位体　10, 266
等温線　100
同素体　117
等方性　120
当量点　223
閉じた系　152
ド・ブロイの仮定　35
トランス(*trans*)体　74
ドルトンの法則　85

DNA　69

■な　行
内部エネルギー　155

2次電池　241
2次反応　253
二重結合　74
ニッケル-カドミウム電池　243

熱化学　152
熱力学温度　6
熱力学の第一法則　152
熱力学の第二法則　177
熱力学の第三法則　178
熱容量　157
熱量計　160
ネマティック　120
ネルンストの式　236, 237
燃料電池　245

濃淡表示　38
濃度　124

濃度平衡定数　190

■は　行
配位結合　64
配位数　113
ハイゼンベルグの不確定性原理　32, 36
パウリの禁制原理　42
波数　24
波長　24
発光スペクトル　27
パッシェン系列　27
波動関数　35
バルマー系列　29
ハロゲン　14
半減期　253, 270
半電池　234
半透膜　130
反応機構　259
反応次数　250
反応速度　250
反応速度式　250
反応速度定数　250
ハンフリース系列　29

非共有電子対　59, 62
非局在化　75, 76
非金属元素　14
非晶質　119
ヒットルフの装置　149
比熱容量　157
百万分率　125
標準エントロピー　179
標準起電力　236
標準自由エネルギー　182
標準状態　163
標準水素電極　238
標準生成エンタルピー　164
標準生成自由エネルギー　183
標準電極電位　236, 238
標準燃焼エンタルピー　163
標準反応エンタルピー　163
標準沸点　104
標準融解エンタルピー　159
開いた系　152
頻度因子　255

ファラデー定数　147
ファラデーの法則　147
ファンデルワールス係数　95
ファンデルワールスの実在気体の状態方程式　95
ファンデルワールス力　98
ファントホッフ係数　140
ファントホッフの式　131
ファントホッフの定圧平衡式　202
不可逆過程　178
不均一平衡　192
副殻　37
1,3-ブタジエン　75
物質波　33
物質量　15
沸騰　104
沸騰曲線　134
沸点　104
沸点上昇　127, 139
沸点上昇定数　128
沸点図　134
物理量　5
ブラケット系列　29
ブラッグの式　112
フラーレン　117
プランク定数　24, 258
フレーム熱量計　160
ブレンステッド-ローリー　210
分圧　85
分極　65
分子　15
分子軌道　70
分子結晶　110
分子式　17
分子量　15
フント系列　29
フントの規則　32
分配係数　205
分配平衡　205
分別蒸留　134
分布平衡　203
分留　134

閉殻　43
閉殻構造　57
閉殻配置　44

平均結合エンタルピー　170
平均速度　91
平均二乗速度　89
平衡　102
平衡定数　190
並進運動　88
ベクレル　269
ヘスの法則　164
ヘルツ　24
ヘルムホルツの自由エネルギー　187
ベンゼン　76
ヘンダーソン-ハッセルバルヒの式　227
ヘンリーの法則　204

ボーアの振動数条件　30
ボーアの水素原子モデル　29
ボーア半径　30
ボイルの法則　80, 82
方位量子数　37
放射性同位体　266
放射線　266
放射能　266
飽和溶液　196
ボルツマン定数　258
ボルン-ハーバーのサイクル　168
ボンベ熱量計　160

β線　267
β崩壊　267
π(パイ)結合　74
pH　216
VSEPR法　61

■ま　行
マックスウエル-ボルツマンの速度分布則　91
マンガン電池　241

ミカエリス定数　263
ミカエリス-メンテン機構　262
水のイオン積　215

無極性(nonpolar)分子　67

メタン　58, 71
面間隔　111
面心立方格子　111

モル　15
モルイオン伝導率　143
モル質量　16
モル昇華熱　107
モル昇華エンタルピー　107
モル蒸発エンタルピー　104
モル体積　83
モル伝導率　142
モル熱容量　157
モル分率　125
モル濃度　125
モル融解エンタルピー　106
モル融解熱　106

■や　行
融解　106
融解曲線　108
有効核電荷　41
有効数字　1
融点　106
誘電率　30
誘導単位　6
輸率　148

溶液　124
溶解エンタルピー　162
溶解度　196
溶解度積　196
陽極　146
陽子　9
溶質　124
陽性　56
溶媒　124
溶媒和　138

■ら　行
ライマン系列　28
ラインウィーバー-バークの式　264
ラウールの法則　126
ラスト法　129
ランタノイド元素　45

理想気体　82, 84

理想気体の状態式　84
理想溶液　132
リチウム電池　241
律速段階　260
立方最密充てん　113
立方晶系　111
リュードベリ定数　28
リュードベリーリッツの式　28
流出　92

量子化　32
量子条件　30
量子数　30, 36
量子力学　32
臨界圧　101
臨界温度　101
臨界定数　101
臨界点　101
臨界モル体積　101

ルイス　211
ルイス構造　58
ルシャトリエの原理　193

励起　27
連結線　134

六法最密充てん　113
ロンドン力　98

著者略歴

田 中　　潔（たなか　きよし）

1979年　東京工業大学大学院理工学研究科博士課程修了
現　　在　成蹊大学名誉教授
　　　　　工学博士
専　　攻　分子制御化学，物理有機化学

荒 井 貞 夫（あらい　さだお）

1977年　東京都立大学大学院工学研究科博士課程修了
現　　在　法政大学生命科学部教授
　　　　　東京医科大学名誉教授
　　　　　工学博士
専　　攻　機能有機化学

フレンドリー物理化学

2004年　4月15日　初版第 1 刷発行
2024年　3月30日　初版第18刷発行

　　　　　　　　　　Ⓒ　著　者　田　中　　　潔
　　　　　　　　　　　　　　　　荒　井　貞　夫
　　　　　　　　　　　　発行者　秀　島　　　功
　　　　　　　　　　　　印刷者　荒　木　浩　一

発行所　三 共 出 版 株 式 会 社　　郵便番号 101-0051
　　　　　　　　　　　　　　　　　東京都千代田区神田神保町3の2
　　　　　　　　　　　　　　　　　振替 00110-9-1065
　　　　　　　　　　　　　　　　　電話 03-3264-5611　FAX 03-3265-5149
　　　　　　　　　　　　　　　　　https://www.sankyoshuppan.co.jp/

　　　一般社団法人 日本書籍出版協会・一般社団法人 自然科学書協会・工学書協会　会員

Printed in Japan　　　　　　　　　　印刷・製本　アイ・ピー・エス

JCOPY ＜(一社)出版者著作権管理機構　委託出版物＞

本書の無断複写は著作権法上での例外を除き禁じられています．複写される場合は，そのつど事前に，(一社)出版者著作権管理機構（電話 03-5244-5088，FAX 03-5244-5089，e-mail:info@jcopy.or.jp）の許諾を得てください．

ISBN 978-4-7827-0482-0